安全健康新知丛书

ANQUAN JIANKANG XINZHI CONGSHU

第三版

员工安全行为管理

第二版

◎罗云 主编 ◎李 峰 王永潭 副主编

YUANGONG
ANQUAN
XINGWEI
GUANLI

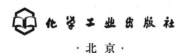

化学工业出版社

·北京·

《员工安全行为管理》(第二版)能够给出实现提高安全领导力水平、提升员工执行力程度的基本途径和方法,系统地论述了员工安全行为的规律,理论知识和管理方法,以提高控制和驾驭员工安全行为的能力。全书共 11 章,主要内容包括人的安全行为模式及特点、影响人行为的因素分析、人的事故心理分析、人为失误分析与控制、人的安全素质分析、员工行为激励与管理、员工安全心理测评方法技术、安全行为管理的应用、现场员工安全行为管理、基础建设与行为管理等。

《员工安全行为管理》(第二版)能够给出实现提高安全领导力水平、提升员工执行力程度的基本途径和方法,可供企业的安全管理人员和政府各级安全监管人阅读,也可供安全工程专业师生参考。

图书在版编目(CIP)数据

员工安全行为管理/罗云主编 . —2 版 . —北京:
化学工业出版社,2016.12(2019.5 重印)
(安全健康新知丛书)
ISBN 978-7-122-28220-0

Ⅰ.①员… Ⅱ.①罗… Ⅲ.①企业管理-安全管理
Ⅳ.①X931

中国版本图书馆 CIP 数据核字(2016)第 235517 号

责任编辑:杜进祥　　　　　　　　　　文字编辑:孙凤英
责任校对:边　涛　　　　　　　　　　装帧设计:史利平

出版发行:化学工业出版社(北京市东城区青年湖南街 13 号　邮政编码 100011)
印　　装:北京虎彩文化传播有限公司
710mm×1000mm　1/16　印张 20½　字数 360 千字　2019 年 5 月北京第 2 版第 2 次印刷

购书咨询:010-64518888　　　　　　　　　　售后服务:010-64518899
网　　址:http://www.cip.com.cn
凡购买本书,如有缺损质量问题,本社销售中心负责调换。

定　　价:68.00 元

《员工安全行为管理》（第二版）编写人员

主　　编　罗　云

副 主 编　李　峰　　王永潭

参编人员　裴晶晶　　樊运晓　　曾　珠　　张志伟

　　　　　孔繁臣　　许文峰　　李　平　　台宝灿

　　　　　党梅梅　　黄玥诚　　李泽华　　于亚男

　　　　　徐丽丽　　王新浩　　黄西菲　　罗斯达

　　　　　李佳赛　　李　鑫　　徐沛歆　　杨　芳

　　　　　史　凯　　张　岚　　刘　斌

前　言

　　国际企业成功的安全管理有两条经验，一是安全领导力（safety leadership），二是安全执行力（safety executive power）。对于企业，安全领导力是指为了实现企业的安全生产，在管理范围内充分利用企业现有人力、财力和物力资源以及客观条件，带领和组织企业上下，以最合理的安全成本和最科学有效的安全措施，实现最大安全成效的能力。执行力是指践行企业安全核心理念，贯彻企业或组织的安全方针、安全规程、安全规章、安全标准，实现安全生产目标的程度或能力，包括科学践行安全理念、有效落实安全责任、精确执行安全规范、充分完成安全目标的高度、热度、力度和程度。显然，强化领导力需要企业决策层高度重视安全，提高执行力水平需要员工的自爱、自觉、自律。总之，安全生产的保障要求从决策层到管理层，从管理层到执行层，全员参与、人人有责，人人需要、人人共享。

　　《员工安全行为管理》（第二版）能够给出实现提高安全领导力水平、提升员工执行力程度的基本途径和方法。

　　事故致因理论的"4M要素"理论表明，在人、机、环、管四个事故致因要素中，人的因素是主因。长期以来，一些重特大事故案例分析表明，事故的人为因素突出。人们基于问题导向，认识到员工安全行为管理的重要和必要。因此，本书第一版应运而生，获得读者的关注和好评。近年来发生的重大事故也还是以人因为主导，责任事故不断出现。这也反证了安全生产工作是一项长期、艰巨、复杂的工作，"安全没有最好，只有更好；没有终点，只有起点"。这是因为人的因素复杂而易变，不同的人在不同发展阶段具有不同的思维和行为特性；同一个员工在不同的时空和情形下具有不同的行为方式和表现，因而，控制和管理员工行为将是一项持久的工作和任务。

　　本书第二版的出版，一方面由于第一版客观存的不足和错漏，需要修改和完善；另一方面是由于学科专业的进步和实践发展，能够提供更为进步的员工安全行为管理的理论和方法。

第二版既有内容的增减，也有内容的修改和完善。增加的主要内容：一是安全领导力与执行力方面，二是安全文化管控的理论方法，三是企业安全生产"三基"建设与行为管理等方面。修改和完善的内容主要包括：安全行为科学的重要性认识、安全心理的控制、安全行为的激励方法等。

我们期望《员工安全行为管理》（第二版）能够给读者带来更为完整的行为管理理论知识，以及企业人因控制和预防的更好的方法和措施。同时，也期望读者对第二版的不足和错误提出批评指正。

罗 云

2016 年 6 月于北京

第一版前言

　　安全科学的公理提示我们，人类生产过程中发生的各类事故是由于人的不安全行为（人因），物的不安全状态（物因），作业环境不良（环境因素）和管理欠缺（管理因素）导致。这一理论称为事故致因的"4M"要素理论。这一理论将人的因素放在了首要的位置。这不仅是理论研究的结果，从国内外、各行业安全事故发生的原因统计分析也充分证明，80%以上的事故与人为因素有关。人为因素一方面表现为作业现场的不安全行为，如违反劳动纪律，违章作业，违章指挥。这种表现是事故的直接原因；另一方面还表现为管理人员重视不够，安全管理措施不力、责任不落实，员工安全规章执行力低，安全培训不到位，从业人员安全素质低下等。这些是事故的间接因素。无论是直接因素还是间接因素，都是人为因素的表现。因此，人为因素不仅涉及执行层，还涉及决策层和管理层。随着安全生产理论进步和实践研究的发展，近年，理论界和业界都有了共同的认识：人为因素是事故首要、重要的因素。

　　人为因素成为事故主因的原因在于，人因形成的复杂性，表现的多样性，控制和管理较为困难，不能一劳永逸，不能一蹴而就。这是由于人在生产活动中是最活跃、最富有创造性和主观能动性的因素。人的行为受主观和客观、生理和心理、外部和内部等多种因素的影响，是工业生产事故 4M 要素中，最难以控制和驾驭的因素。

　　人为因素具体的表现是人的不安全行为，是指能引发事故的人的差错或不良行为。在人机系统中，人的操作或行为超越或违反系统所允许的范围时就会发生人的行为差错。这种行为可以是有意识的行为，也可能是无意识的行为，表现的形式多种多样。虽然有意识的不安全行为是一种由人的思想占主导地位、明知故犯的行为，但依然存在主观和客观两方面的原因。从主观上讲，操作者的心理因素占据了重要位置。侥幸心理，急功近利心理，急于完成任务而冒险的心理，都容易忽略安全的重要性，目的仅仅是为了达到某种不适当的需求，如图省力、赶时间、走捷径等。抱着这些心理的人为了获得小的利益而甘愿冒着受到伤害的风险，正是由于对危险发生的可能性估计不当，心存侥幸，在避免风险和获得利益之间做出了错误的选择。非理性从众心理，明知违章但因为看到其他人违章没有造成事故或没有受罚而放纵自己的行为。过于自负、逞强，认为自己可以依靠较高的个人能力避免风险。在客观上说，管理的松懈和规章制度的操作性差给人的不安全行为的发生创造了条件。

在安全管理中，没有一支高素质的员工队伍，安全管理和规章制度只能是纸上谈兵，无法落到实处。那么提高员工的素质不仅是企业长远的、具有战略意义的工作，也是具体、实效和具有现实意义的措施和方法。提高员工的素质一是靠教育与培训；二是靠管理监督；三要靠文化力。员工安全素质提升需要长期不断的行为管理和文化建设。

当前，我们需要强化"人因为先"的认识。为此，需要"以人为本，全员参与，依靠员工"。对于人、机、环、管各安全要素中，员工——人因既是安全生产的主体——保护者，又是安全生产的客体——被保护者。人因不仅是根本的安全因素，同时还是技术和管理效能的决定因素，所以，人因既是安全生产工作的归宿，更是安全生产命运的根本性、决定性因素。

安全生产状况是企业安全工作的综合反映，是一项复杂的系统工程，只有决策层的重视和热情不行，仅有部分员工的参与和能力也不行，因为个别员工、个别工作环节上的缺陷和失误，就会破坏安全生产保障系统的整体。因此，提高企业安全生产的保障能力，需要控制和管理人因，从而消除或减少人为因素事故。可以说，对员工的安全行为进行科学、合理、全面、有效的管理，是控制事故发生根源，强化源头管理，落实管理重心下移，安全标本兼治的具体体现。

我们编写本书，即是基于上述的分析和认识。通过本书出版发行，我们期望无论是政府的各级安监人员的读者，或是企业的安全管理人员读者，甚或在学的安全工程专业学生，能够了解和掌握管理员工安全行为的规律、理论知识和管理方法，从而提高控制和驾驭员工安全行为的能力，能够为实现"人人都是安全人""人人都是安全员"的美好理想作出努力和贡献。

由于我们的能力和水平所限，书中必定存在错漏或谬误。我们衷心期望读者给予批评指正。

罗　云

2011 年 5 月于北京

目 录

第一章　概论 /1

第一节　员工安全行为管理的目的 …………………………………… 1
第二节　安全行为科学的发展状况 …………………………………… 2
第三节　安全行为科学与有关学科的关系 …………………………… 2
　一、安全科学与安全行为科学 ……………………………………… 2
　二、安全原理与安全行为科学 ……………………………………… 3
　三、行为科学与安全行为科学 ……………………………………… 4
　四、心理科学与安全行为科学 ……………………………………… 4
　五、安全管理科学与安全行为管理 ………………………………… 6
第四节　人因的重要性 ………………………………………………… 6
第五节　安全行为科学基本理论 ……………………………………… 8
　一、安全行为科学的研究对象 ……………………………………… 8
　二、安全行为科学的研究任务 ……………………………………… 10
　三、安全行为科学的研究原则与方法 ……………………………… 10
　四、安全行为科学的理论基础 ……………………………………… 11
　五、安全行为科学的研究内容 ……………………………………… 12
　六、借鉴行为科学的方法来发展安全行为科学 …………………… 13

第二章　人的安全行为模式及特点 /14

第一节　生理学意义的行为模式 ……………………………………… 14
　一、人的生理学行为模式分析 ……………………………………… 14
　二、人的生理学安全行为规律 ……………………………………… 15
第二节　社会学意义的行为模式 ……………………………………… 16
　一、人的高级行为模式分析 ………………………………………… 16
　二、人的高级行为控制 ……………………………………………… 18
　三、人的"安全需要"行为模式分析 ……………………………… 20

四、人的安全行为的一般控制方法 ……………………………………… 20

第三章　影响人行为的因素分析　/24

第一节　个性心理因素 …………………………………………………… 24

一、个性心理特征对人的行为的影响 ………………………………… 24

二、个性倾向性对人的行为的影响 …………………………………… 32

第二节　社会心理因素 …………………………………………………… 35

一、社会知觉对人的行为的影响 ……………………………………… 35

二、价值观对人的行为的影响 ………………………………………… 37

三、角色对人的行为的影响 …………………………………………… 38

第三节　社会因素 ………………………………………………………… 40

一、社会舆论对个人行为的影响 ……………………………………… 40

二、风俗与时尚对个人行为的影响 …………………………………… 41

三、正确看待各种社会因素对个人行为的影响 ……………………… 42

第四节　生理因素 ………………………………………………………… 42

一、年龄 ………………………………………………………………… 42

二、人的感官系统 ……………………………………………………… 43

三、人体自身变化规律——人体生物节律 …………………………… 43

四、人体常见的生理反应——疲劳 …………………………………… 44

第五节　环境、物的因素 ………………………………………………… 44

第四章　人的事故心理分析　/46

第一节　事故心理结构的测评 …………………………………………… 46

一、概述 ………………………………………………………………… 46

二、事故心理结构的要素 ……………………………………………… 47

三、可能造成事故的心理因素及估量 ………………………………… 48

第二节　人因事故模型 …………………………………………………… 51

一、瑟利事故模型 ……………………………………………………… 52

二、威格里斯沃思事故模型 …………………………………………… 54

三、劳伦斯事故模型 …………………………………………………… 55

四、安德森事故模型 …………………………………………………… 57

第三节　事故心理因素分析 ……………………………………………… 58

一、心理素质在事故致因中的地位 …………………………………… 58

二、事故发生前的心理分析 …………………………………………… 59

三、发生事故的心理因素 ……………………………………………… 60

第四节　导致事故的心理预测和探讨 ……………………………… 62
　　一、性格与事故的关系 ………………………………………… 62
　　二、情感与事故的关系 ………………………………………… 63
　　三、造成事故心理预测的可能性和必要性 …………………… 64
　　四、造成事故心理的预防 ……………………………………… 65
第五节　事故心理的控制 ………………………………………… 65

第五章　人为失误分析与控制　/67

第一节　人为失误概念 …………………………………………… 67
第二节　人为失误的表现形式 …………………………………… 68
　　一、感知差错 …………………………………………………… 68
　　二、判断、决策差错 …………………………………………… 69
　　三、行为差错 …………………………………………………… 70
第三节　人为失误产生的过程 …………………………………… 71
第四节　人为失误的类型 ………………………………………… 72
第五节　人为失误的控制对策 …………………………………… 73
　　一、防止人为失误的技术措施 ………………………………… 73
　　二、防止人为失误的管理措施 ………………………………… 73
　　三、防止人为失误的文化措施 ………………………………… 75

第六章　人的安全素质分析　/77

第一节　人的安全素质 …………………………………………… 77
　　一、人的安全素质的内涵 ……………………………………… 77
　　二、提高人的安全素质的手段 ………………………………… 78
第二节　人的安全意识 …………………………………………… 78
　　一、感觉、知觉与行为安全 …………………………………… 79
　　二、记忆、思维与行为安全 …………………………………… 89
　　三、情感、情绪与行为安全 …………………………………… 95
　　四、意志与行为安全 …………………………………………… 99
第三节　人的安全态度 …………………………………………… 101
　　一、人的态度与安全行为 ……………………………………… 101
　　二、对不良安全态度的改变 …………………………………… 102
第四节　安全观念和安全责任分析 ……………………………… 103
　　一、人的安全观念评析 ………………………………………… 103
　　二、安全责任体系 ……………………………………………… 107

第七章 员工行为激励与管理 /109

第一节 领导理论 …………………………………………… 109
  一、领导力的概念 ………………………………………… 109
  二、几种典型的领导理论 ………………………………… 111
  三、领导者的功能、素质及决策行为 …………………… 114
  四、安全领导与安全管理的联系和区别 ………………… 116

第二节 员工行为激励理论 ………………………………… 117
  一、员工行为激励的基本概念 …………………………… 117
  二、行为激励的过程 ……………………………………… 118
  三、行为激励的主要原则 ………………………………… 119
  四、员工安全行为激励的理论 …………………………… 120

第三节 员工安全行为激励方法 …………………………… 136
  一、激励方法的分类 ……………………………………… 137
  二、常用的激励方法 ……………………………………… 138

第八章 员工安全心理测评方法技术 /142

第一节 员工安全心理测评指标体系的设计 ……………… 142
  一、员工安全心理测评指标体系的建立 ………………… 142
  二、员工安全心理测评方法的选择 ……………………… 142

第二节 员工安全心理测评工具 …………………………… 143
  一、量表设计原则 ………………………………………… 143
  二、量表设计程序 ………………………………………… 143
  三、测评量表 ……………………………………………… 144

第三节 员工安全心理干预与管理 ………………………… 151
  一、员工精神状态的干预与管理 ………………………… 151
  二、员工自信安全感的干预与管理 ……………………… 153
  三、员工意志力的干预与管理 …………………………… 155
  四、员工乐观程度的干预与管理 ………………………… 156
  五、员工性格类型的干预与管理 ………………………… 157
  六、员工心理承受力的干预与管理 ……………………… 159
  七、员工气质类型的干预与管理 ………………………… 160
  八、员工性格倾向的干预与管理 ………………………… 162

第四节 员工安全心理测评应用实例 ……………………… 164
  一、测评实例概况 ………………………………………… 164

二、测评指标统计分析 ·· 165

第九章　安全行为管理的应用　/171

第一节　员工行为管理技术 ·· 171
一、行为管理的行政手段 ·· 171
二、行为管理的经济手段 ·· 173
三、行为管理的文化手段 ·· 174
第二节　人为因素的安全管理 ·· 176
一、人的可靠性分析与评价 ·· 176
二、安全行为抽样技术 ·· 177
三、特种作业人员安全管理 ·· 178
四、安全行为"十大禁令" ·· 179
第三节　安全行为科学的具体应用 ·· 180
一、用安全行为科学分析事故原因和责任 ·· 180
二、在安全管理中运用安全行为科学 ·· 181
三、运用安全行为科学进行安全宣传与教育 ·· 183
四、用安全行为科学指导安全文化建设 ·· 183
五、塑造安全监管人员良好的心理素质 ·· 183
六、组织心理在安全中的应用 ·· 184
第四节　安全行为科学的应用分析实例 ·· 188
一、一起机械事故的行为分析 ·· 188
二、飘带的启示——安全环境对工作心理的作用 ·· 189
三、美国公司推行的"工人自我管理" ·· 190
四、用行为科学分析事故行为的实例 ·· 190

第十章　现场员工安全行为管理　/196

第一节　班组安全管理方法 ·· 196
一、班组安全管理的概述 ·· 196
二、班组安全管理的原则 ·· 196
三、班组安全管理的方法 ·· 197
第二节　班组安全文化建设与行为管控 ·· 199
一、班组安全文化建设理论 ·· 199
二、班组安全文化建设团体方法体系 ·· 209
三、班组安全文化建设个人方法体系 ·· 241
第三节　人为因素事故预防技术 ·· 267

一、事故可预防性理论 ·· 267

二、事故的宏观战略预防对策 ·· 267

三、人为事故的预防 ·· 271

第十一章　基础建设与行为管理　/275

第一节　安全生产"三基"建设概述 ·································· 275

第二节　安全生产"三基"建设体系及模式 ·························· 276

一、"三基"体系结构 ·· 276

二、"三基"体系建设模式 ·· 277

三、"三基"体系建设要素 ·· 277

第三节　安全生产"三基"建设任务 ·································· 278

一、强化和落实人员行为规范 ·· 278

二、强化生产作业过程管理 ·· 280

三、加强班组基层建设 ·· 281

四、加强岗位基层建设 ·· 282

附录　员工安全心理测评量表　/290

附录1　精神状态测试 ·· 290

附录2　自信安全感测试 ·· 294

附录3　意志力测试 ·· 295

附录4　乐观程度测试 ·· 298

附录5　性格类型测试 ·· 299

附录6　心理承受力测试 ·· 303

附录7　气质类型测试 ·· 305

附录8　性格趋向测试 ·· 307

参考文献　/311

第一章 概 论

安全是人类生存与发展的最基本需要之一。无论社会的任何领域，或是人类活动的任何方式，都离不开安全这一前提。人类为了保护自己身心的安全与健康，为了减轻来自于自然和人为事故给人类带来的危害及造成的损失而进行的认识和探索的活动，就是发展安全科学技术。为了更大地满足人类的安全需要，安全科学技术需要发展起一个学科群，适于员工安全行为管理的安全行为科学就是学科群中重要的一员。它是建立在社会学、心理学、生理学、人类学、文化学、经济学、语言学、法律学等学科基础上发展起来的，是分析、认识、研究影响人的安全行为因素及模式，掌握人的安全行为规律，以实现激励安全行为、防止行为失误和抑制不安全行为的应用性科学。安全行为科学的研究对象是以安全为内涵的个体行为、群体行为和领导行为，它与安全管理学、安全心理学、安全人机学、安全系统工程等学科有着密切的关系。

第一节 员工安全行为管理的目的

通过对事故规律的研究，人们已认识到：生产事故发生的重要原因之一是人的不安全行为。因此。研究人的行为规律，以激励安全行为，管理安全行为，以消除和控制作业过程中员工的不安全行为，对于预防事故有重要作用和积极的意义。

由于人的行为千差万别，不尽相同，影响人行为安全的因素也多种多样：同一个人在不同的条件下有不同的安全行为表现，不同的人在同一条件下也会有各种不同的安全行为表现。通过安全行为科学的研究，实现人为因素的科学管理，就是要从复杂纷纭的现象中揭示人的安全行为规律，以便有效地预测和控制人的不安全行为，使作业人员能按照安全规程和规定进行作业或操作活动、行事，以符合安全生产的需要，更好地预防各类事故，保护员工自身的安全与健康，促进和保障安全生产的发展和顺利进行，维护经济生产及社会生活的正常秩序和安全发展。

第二节 安全行为科学的发展状况

20世纪90年代以前，安全科学技术体系中更多的是研究安全心理学。显然，对于事故心理的研究，其目的是控制人的不安全行为，这是预防人为事故的重要方面。但是，仅仅考虑心理内因，仅仅从不安全行为出发，是不能全面解决"人因"问题的，是不能使预防事故的效能达到应有高度的。也可以说，如果从人的角度，安全管理和安全教育仅仅依靠心理学是不足够的，必须从心理学、生理学、社会学、人类学等更为广泛的学科角度，既考虑内因又考虑外因。安全管理和安全教育不仅强调对不安全行为的控制，更要重视对人的安全行为的激励；这样，才能使安全管理和教育的效果更为理想，使预防事故的境界更为提高。而这一目标的实现，就是安全行为科学的任务。

因此，进入20世纪90年代中期以后，安全行为科学逐步地引起了重视，从80年代当时的一种现代安全理论（通常作为现代安全管理的一个章节），发展成为90年代的一个独立学科。

安全行为科学的基本任务是通过对安全活动中各种与安全相关的人的行为规律的揭示，有针对性和实用性地建立科学的安全行为激励理论和不安全行为的控制理论及方法，并应用于指导安全管理和安全教育等安全对策，从而实现高水平的安全生产和安全生活。

第三节 安全行为科学与有关学科的关系

一、安全科学与安全行为科学

安全行为科学是一门研究安全活动过程中伴随人的行为和人际交往而产生的心理和生理活动的规律的学科，它属于应用科学的范畴。

只要我们了解、分析一下安全管理的基本理论，就能清楚这一学科是安全管理科学的一个分支。这一学科的主要意义就在于探索如何把行为科学中的基础理论和研究成果具体应用到安全管理领域中去的问题。而安全管理学是安全科学技术体系中的三大支柱之一。因此，安全行为科学是安全科学技术体系中重要的分支学科。

通过人类长期的安全生产活动实践，以及安全科学与事故理论的研究和发展，人们已清楚地认识到，要有效地预防生产与生活中的事故、保障人类的安全生产和安全生活，人类有三大安全对策：一是安全工程技术对策，这是技术系统本质安全化的重要手段；二是安全教育对策，这是人因安全素质的重要保障措施；第三就是安全管理对策，这一对策既涉及物的因素，即对生产过程中设备、设施、工具和生产环境的标准化、规范化管理，也涉及人的因素，即作业人员的行为科学管理等。安全行为科学就是承担对人的因素的研究，因此，安全行为科学实际上是安全科学的一个组成部分，它是通过揭示人们在劳动生产和组织管理中的安全行为及其规律，去研究如何进行有效的安全管理和安全作为的一门科学。

二、安全原理与安全行为科学

安全原理以安全系统作为研究对象，建立了人—物—能量—信息的安全系统要素体系，提出系统自组织的思路，确立了系统本质安全的目标。通过安全系统论、安全控制论、安全信息论、安全协同学、安全行为科学、安全环境学、安全文化建设等科学理论研究，提出在本质安全化认识论基础上全面、系统、综合地发展安全科学理论。

安全原理的理论系统还在发展和完善之中，目前已有的初步体系有安全的哲学原理、安全系统论原理、安全控制论原理、安全信息论原理、安全法学原理、安全经济学原理、安全组织学原理、安全教育学原理、安全工程技术原理等，目前还在发展中的安全理论还有安全仿真理论、安全专家系统、系统灾变理论、本质安全化理论、安全文化理论等。

根据对自组织思想和本质安全化的认识，安全原理要求从系统的的本质入手，要求主动、协调、综合、全面的方法论。其具体表现为：从人与机器和环境的本质安全入手，人的本质安全指不但要解决人的知识、技能、意识、素质，还要从人的观念、伦理、情感、态度、认知、品德等人文素质入手，从而提出安全文化建设的思路；物和环境的本质安全化就是要采用先进的安全科学技术，推广自组织、自适应、自动控制与闭锁的安全技术；研究人、物、能量、信息的安全系统论、安全控制论和安全信息论等现代工业安全原理；技术项目中要遵循安全措施与技术设施同时设计、施工、投产的"三同时"原则；企业在考虑经济发展、进行机制转换和技术改造时，安全生产方面要同时规划、发展、同时实施，即所谓"三同步"的原则；还包括"三点控制工程""定置管理""四全管理""三治工程"等超前预防型安全活动；推行安全目标管理、无隐患管理、安全经济分析、危险预知活动、事故判定技术等安全系统科学方法。其中对人的因素的研究，就涉及了安全行为科学的领域。

三、行为科学与安全行为科学

行为科学是从社会学和心理学的角度研究人的行为的一门科学。它研究人的行为规律，主要研究工作环境中个人和群体的行为。目的在于控制并预测行为，强调做好人的工作，通过改善社会环境以及人与人之间的关系来提高工作效率。行为科学的研究对象是人的行为规律，研究的目的是揭示和运用这种规律为预测行为、控制行为服务。这里，预测行为是指根据行为规律预测人们在某种环境中可能产生的言行；控制行为是指根据行为规律纠正人们的不良行为，引导人们的行为向社会规范的方向发展。行为科学是一个由多种学科组成的学科。人的行为是个人生理因素、心理因素和社会环境因素相互作用的结果，因此，行为研究广泛地涉及许多学科的知识，例如生理学、医学、精神病学、政治学，等等。在广泛的学科中居于核心地位的是心理学、社会学和人类学。行为科学是一门应用极其广泛的学科，例如，可以应用于企业管理，为调动人的积极性和提高工作效率服务；可以应用于教育与医疗工作，研究纠正不良行为、治疗精神病的有效方法；可以应用于政治领域，作为寻求缓和矛盾、解决冲突的理论依据，等等。

显然，安全行为科学是行为科学的重要应用分支。安全行为科学不但要应用行为科学研究的成果为其服务，同时，安全行为科学丰富了行为科学的内容，扩大了其内涵。因此，安全行为科学是行为科学在安全中应用而发展起来的应用性学科。

四、心理科学与安全行为科学

安全行为科学必须应用管理心理学的理论和方法。管理心理学是研究管理过程中人的心理及其活动规律的科学。它是管理学和心理学的有机结合，是管理学和心理学的交叉学科。由于管理心理学侧重于以心理分析为主，管理分析为辅，所以，一般把管理心理学看作心理学的分支学科。随着人们对管理心理研究的深入和扩展，管理心理学的门类逐渐增加，每个门类都有自己的研究对象和目的。

从当前管理心理学发展的形势来看，主要有两类管理心理学。

第一类是研究管理过程中人的一般心理活动规律，研究管理心理学的基本原理和方法。这一类管理心理学的主干是普通管理学，即组织管理心理学，它研究组织系统中人们相互作用所产生的一般心理活动规律。

第二类是研究具体领域或部门的管理心理问题。这一类管理心理学的研究领域深入到社会实践的各个领域或部门，将发展为复杂的管理心理学分支学科。安全管理心理学就是属于第二类管理心理学，它是研究安全管理领域的管理心理学问题，是管理心理学的分支学科之一。

（1）安全行为科学与普通心理学的关系。普通心理学是研究正常成人心理活动规律的一门科学，它是整个心理学科的基础。普通心理学的研究范围极其广泛，内容相当丰富，概括起来有两个方面，即人的心理过程和个性。心理过程包括认识过程、情感过程和意志过程；个性包括个性倾向和个性心理特征。

安全行为科学的研究对象是处于安全活动中的人的行为。处于安全管理过程这一特定情境的人的心理和行为，其规律虽然具有一定的特殊性，但往往是人们在一般状况下心理活动规律的再现或演变，两者之间存着必然的内在联系。因而，人们必须在普通心理学的研究基础上，具体地运用普通心理学的基本理论与基本原则，为解决安全生产和管理过程中的各种问题服务。如果我们把普通心理学看作是心理科学系统中的主干或基础学科的话，那么安全行为科学则是心理科学的一个应用分支，两者是基本理论与具体应用的关系。

（2）安全行为科学与工程心理学、劳动心理学的关系。工程心理学、劳动心理学和管理心理学都是研究工业生产中的心理学问题，它们都是工业心理学的重要组成部分。作为安全管理学分支学科的安全行为科学，与工程心理学和劳动心理学的关系是密切的。工程心理学是以工业组织中"人—机"关系的正确处理为研究对象的一门学科，它研究生产系统中人对机器提供的信息进行接受、加工、储存以及操纵机器时的心理规律。现代社会里，随着生产技术水平的不断提高，劳动对工人的体力要求逐步减轻，但心理负荷则越来越重。例如，在许多自动化、半自动化的生产岗位上，操作工人与机器之间的距离拉开了，人无法用肉眼直接观察，而必须借助各种信息显示器了解、判断机器的工作状况，并通过操作系统来控制机器。在这种人—机系统中，人们对机器提供的信息如何接受，如何分析，如何根据已有的知识与经验提出相应对策，以及如何通过自身活动来控制机器，这一切均属于工程心理的研究课题。

劳动心理学是从人与劳动工具、人与劳动环境的关系上研究人的心理活动规律的一门学科。它研究人在劳动过程中伴随着生产活动与人际协作而产生的生理和心理变化的规律，研究职工选择、培训、考核、奖励的方法及其心理效应，研究时间动作分析原则及其运用方法，研究劳动方法，研究劳动环境对人的心理影响以及实行文明生产的保健措施。这里包含了安全行为科学的目标和方法。

五、安全管理科学与安全行为管理

这里所说的安全管理，一般主要指安全生产安全和安全生产管理。安全管理是一门科学。所谓科学是人类社会历史生活过程中所积累起来的关于自然、社会和思维的各种知识的体系，是人类知识长期发展的总结。科学研究的任务在于揭示社会现象和自然现象的客观规律，找出事物的内在联系和法则，解释事物现象，推动事物发展。社会科学就是研究社会现象，正确认识人类社会发展的规律；自然科学就是研究自然界的现象，正确认识自然规律，为人类服务。安全管理就是研究人和人的关系以及研究人和自然关系的科学。具体地说，就是研究劳动生产过程中的不安全、不卫生因素与劳动生产之间的矛盾及其对立统一的规律；研究劳动生产过程中劳动者与生产工具、机器设备和工作环境等方面的矛盾及其对立统一的规律，以便应用这些规律保护劳动者在生产过程中的安全与健康，保障机器设备在生产过程中保持正常运行，促进生产发展，提高劳动生产率。

根据安全管理的职能来看，其管理的内容同其他安全学科一样，分为两个范畴：对人的管理和对组织经济技术的管理。在这两大范畴中，人的因素显得重要得多，因此，安全管理要注重人的因素，强调对人正确管理，这就必须要求对企业劳动生产过程中的人的心理活动规律以及人们在安全生产过程中的行为规范与行为模式等问题进行必要的分析和深入的研究。安全行为科学就是承担这一任务的，安全行为科学实际上是安全管理科学的一个组成部分，它是通过揭示人们在劳动生产和组织管理中的安全行为及其规律，去研究如何进行有效的安全管理和安全作为的一门科学。

第四节　人因的重要性

工业发达国家和我国安全生产实践的研究均已证明人的不安全行为是最主要的事故原因。现代安全原理也揭示出人、机、环境、管理是事故系统的四大要素；人、物、能量、信息是安全系统的四大因素。无论是理论分析还是实践研究结果，都强调"人"这一要素在安全生产和事故预防中的重要性。

我国《安全生产法》在总则第三条明确了"以人为本"的原则，除了强调"生命至上、安全为天"的理念以外，它还包含着"一切依靠人"的思想。从目前我国安全事故发生的原因来看，绝大多数事故与人为因素有关。管理不善、人员素质低下是事故发生的根本原因，从业人员安全素质与履行工作职责之间的矛盾是引发我国各类安全事故的主要原因之一。我国安全事故多，与不重视人、不尊重人、不了解人的心理行为特点有着非常大的关系。而不重视人的因素的安全管理，就不会达到预期的效果。

从人的角度看，要实现绝对安全也是不可能的。人在生产活动中最活跃，最富有创造性和主观能动性。发挥人的主观能动性可以使很多事故消除在萌芽状态。企业生产活动的主体是人，人的不安全行为是许多事故发生的根本因素。

人的不安全行为是指能引发事故的人的行为差错。在人机系统中，人的操作或行为超越或违反系统所允许的范围时就会发生人的行为差错。这种行为可以是有意识的行为，也可能是无意识的行为，表现的形式多种多样。虽然有意的不安全行为是一种由人的思想占主导地位、明知故犯的行为，但依然存在主观和客观两方面的原因。从主观上讲，操作者的心理因素占据了重要位置。侥幸心理，急功近利心理，急于完成任务而冒险的心理，都容易忽略安全的重要性，目的仅仅是为了达到某种不适当的需求，如图省力、赶时间、走捷径等。抱着这些心理的人为了获得小的利益而甘愿冒受到伤害的风险，是由于对危险发生的可能性估计不当，心存侥幸，在避免风险和获得利益之间做出了错误的选择。非理性从众心理，明知违章但因为看到其他人违章没有造成事故或没有受罚而放纵自己的行为。过于自负、逞强，认为自己可以依靠较高的个人能力避免风险。在客观上说，管理松懈和规章制度操作性差给人的不安全行为的发生创造了条件。

在安全管理中，没有一支高素质的职工队伍，安全管理只是纸上谈兵，无法落到实处。那么提高员工的素质就是企业长远的、具有战略意义的工作，提高员工的素质不外乎教育与培训。教育是提高员工的思想素质，即工作的责任心。认真负责，踏实肯干的态度，一丝不苟，勤奋学习，勇于攻克生产过程中难题的精神，达到这个目的不是一朝一夕的问题，它需要长期不断地在企业安全文化精神的指导下，逐渐地使员工向这个方向迈进。

为了解决这个"人因"问题，发挥人在劳动过程中安全生产和预防事故的作用，通常采取安全管理和安全教育的手段。要使安全管理和安全教育的效能得以

第一章 概论

充分发挥，作用得以提高，需要研究安全行为科学，需要学会应用行为科学的理论和方法。这就是安全行为科学得到重视和发展的基本理由。

第五节 安全行为科学基本理论

一、安全行为科学的研究对象

安全行为科学是把社会学、心理学、生理学、人类学、文化学、经济学、语言学、法学等多学科基础理论应用到安全管理和事故预防的活动之中，为保障人类安全、健康和安全生产服务的一门应用性科学。安全行为科学的研究对象是社会、企业或组织中的人和人之间的相互关系以及与此相联系的安全行为现象，主要研究的对象是个体安全行为、群体安全行为和领导安全行为等方面的理论和控制方法。

（1）个体安全行为。首先要知道什么是个体心理。个体心理指的是人的心理。人既是自然的实体，又是社会的实体。从自然实体来说，只要是在形体组织和解剖特点上具有人的形态，并且能思维、会说话、会劳动的动物都叫做人。从社会实体来说，人是社会关系的总和，这是它的本质的特征，凡是这些自然的、社会的本质特点全部集于某一个人的身上时，这个人就被称为实体。

个体是人的心理活动的承担者。个体心理包括个体心理活动过程和个性心理特征。个体的心理活动过程是指认识过程、情感过程和意志过程；个性心理特征表现为个体的兴趣、爱好、需要、动机、信念、理想、气质、能力、性格等方面的倾向性和差异性。

任何企业或组织都是由众多的个体的人组合而成的。所有这些人都是有思想，有感情，有血有肉的有机体。但是，由于各人先天遗传素质的差别和后天所处社会环境及经历、文化教养的差别，导致了人与人之间的个体差异。这种个体差异也决定了个体安全行为的差异。

在一个企业或组织中由于人们分工不同，会产生领导者、管理人员、技术人员、服务人员以及各种不同工程的工人等不同层次和不同职责的划分，他们所针对的劳动对象，所处的劳动环境、劳动条件等方面也不一样，加之个体心理的差异，所以他们在安全管理过程中安全的心理活动必然是复杂多种的。因此，在分析人的个体差异和各种职务差异的基础上了解和掌握人的个体安全心理活动，分析和研究个体安全心理规律，对于了解、控制和调整、管理安全行为是很重要的，这是安全管理中最基础的工作之一。

（2）群体安全行为。群体是一个介于组织与个人之间的人群结合体。这是指在组织机构中，由若干个人组成的为实现组织目标利益而相互信赖、相互影响、相互作用，并规定其成员行为规范所构成的人群结合体。对于一个企业来说，群体构成了企业的基本单位。现代企业都是由大小不同，多少不一的群体所组成。

群体有如下主要特征：其一是各成员相互依赖，在心理上彼此意识到对方；其二是各成员间在行为上相互作用、彼此影响；其三是各成员有"我们同属于一群"的感受。实际上也就是彼此有共同的目标或需要的联合体。从群体形成的内容上的分析可以得知，任何一个群体的存在都包含了三个相关联的内在要素。这就是相互作用、活动与情绪。所谓相互作用是指人们在活动中相互之间发生的语言和语言的沟通与接触。活动是指人们所从事的工作的总和，它包括行走、谈话、坐、吃、睡、劳动等，这些活动被人们直接感受到。情绪指的是人们内心世界的感情与思想过程。在群体内，情绪主要指人们的态度、情感、意见和信念等。

群体的作用是将个体的力量组合成新的力量，以满足群体成员的心理需求。其中最重要的是使成员获得安全感。在一个群体中，人们具有共同的目标与利益。在劳动过程中，群体的需求很可能具有某一方面的共同性，或劳动对外相同，或工作内容相似，或劳动方式一样，或劳动在一个环境之中具有同样的劳动条件等。他们的安全心理虽然具有不同的个性倾向，但也会有一定共同性。分析、研究和掌握群体安全心理活动状况，是搞好安全管理的重要条件。

（3）领导安全行为。在各种影响人的积极性的因素中，领导行为是一个关键性的因素。因为不同的领导心理与行为，会造成企业的不同社会心理气氛，从而影响企业职工的积极性。有效的领导是企业或组织取得成功的一个重要条件。

管理心理学家认为领导是一种行为与影响力，不是指个人的职位，而且是指引导和影响他人或集体在一定条件下向组织目标迈进的行动过程。领导与领导者是两个不同的概念，它们之间既有联系又有区别。领导是领导者的行为，促使集体和个人共同努力，实现企业目标的全过程；而致力于实现这个过程的人则为领导者。虽然领导者在形式上有集体、个人之分，但作为领导集体的成员在履行自己的职责时，还是以个人的行为表现来进行的。从安全管理的要求来说，企业或组织的领导者对安全管理的认识、态度和行为，是搞好安全管理的关键因素。分析、研究领导安全行为是安全管理的重要内容。

二、安全行为科学的研究任务

安全行为科学的基本任务是通过对安全活动中各种与安全相关的人的行为规律的揭示，有针对性和实用性地建立科学的安全行为激励理论，并应用于提高安全管理工作的效率，从而合理地发展人类的安全活动，实现高水平的安全生产和安全生活。安全行为科学的目的是要达到控制人的失误，同时要激励人的安全行为。后者更符合现代安全管理的要求。

对于研究来说，任何科学的形成、发展以及成果的取得，都必须遵循一定的基本原则，同时，还要掌握科学的研究方法。安全行为学是一门新兴学科，至今还很少有人对其进行系统的研究。但就目前的发展趋势来看，它是一门正在发展的科学，是社会化大生产发展的必然产物。

三、安全行为科学的研究原则与方法

如果要在安全行为研究方面得到发展和不断取得成效，就要遵循一定的原则，讲究研究的方法。

（一）安全行为研究遵循的基本原则

（1）客观性原则。实事求是地观察、记录人的行为表现及产生的客观条件，分析时应避免主观偏见和个人好恶。

（2）发展性原则。把人的行为看作一个过程，历史地、变化地看待行为本质，有预测地分析行为发展方向。

（3）联系性原则。要看到行为与主客观条件的复杂关系，注意各种因素对行为的影响。

（二）研究安全行为的方法

（1）观察法。通过人的感官在自然的、不加控制的环境中观察他人的行为，并把结果按时间顺序作系统记录的研究方法。

（2）谈话法。通过面对面的谈话，直接了解他人行为及心理状态的方法。应用前要制定周全计划，确定谈话的主题，谈话过程中要注意引导，把握谈话的内容和方向。这种方法简单易行，能迅速取得第一手资料，因此被行为科学家广泛应用。

（3）问卷法。根据事先设计好的表格、问卷、量表等，由被试者自行选择答案的一种方法。一般有三种问卷形式：是与否式、选择式和等级排列式。这种方法要求问题明确，能被被试者理解、把握。调查表收回后要运用统计学的方法对其数据作处理。

（4）测验法。采用标准化的量表和精密的测量仪器来测量被试者心理品质和行为的研究方法。如常有的智力测试、人格测验、特种能力测验等。这是一种较复杂的方法，须由受过专门训练的人员主持测验。

（5）仿真法。以控制论、系统论、相似原理和信息技术为基础，以计算机和专用设备为工具，利用系统模型对实际的或设想的系统进行动态试验。如在构建影响人的安全行为因素因果关系的基础上，运用系统动力学理论和方法，对影响人安全行为的关键因素进行动态预测，并通过仿真计算、对比分析安全投入增加对系统安全水平的影响，建立煤矿生产中人的安全行为指标水平模型。面向对象的民航安全评价方法和仿真模型将面向对象的分析方法、事件树分析方法和离散事件仿真模型相结合，有效地对具有行为不确定性和时间依赖性的系统进行安全性仿真和评价。

（6）其他方法。包括实验法、个案法等。

四、安全行为科学的理论基础

行为科学的理论和方法是安全行为科学发展的理论基础。根据美国《管理百科全书》，行为科学包括一切研究自然和社会环境中人类行为的科学，它包括心理学、社会学、社会人类学，以及其他与研究行为有关的学科组成的学科群。我国有关专家认为，所谓行为科学，就是对工人在生产中的行为以及这些行为产生的原因进行分析研究，以便调节企业中的人际关系，提高生产。由此可见，行为科学的定义有广义和狭义之分。

行为科学是一门综合学科，是一个由一切与研究行为有关的学科组成的科学群，因而它与许多科学有联系，其主要知识来源于心理学、社会学、人类学等。行为科学的研究对象是有思想、有感情的人，这就决定了它的研究方法有其自身特点。它不能像物理、化学、生物学等自然科学那样，可以借助望远镜、显微镜、天平、化学试剂等工具，它的实验也不可能在完全和严格控制的环境中进行。行为科学所采取的主要是进行社会调查的方法，通过调查、实验、观察、了解和掌握各种情况变化，从人的外在行为方式及行为结果中，加以综合分析，概括出原理、原则，再放到实践中去验证，在社会实践中经受检验，并在社会实践中得到发展。

行为科学的基本理论和方法是我们研究和发展安全行为科学的基础和借鉴。

五、安全行为科学的研究内容

安全行为科学的主要内容包括：

(1) 人的安全行为规律的分析和认识。认识人的个体自然生理行为模式和社会心理行为模式；分析影响人的安全行为的心理因素，如情绪、气质、性格、态度、能力等；分析影响人的安全行为的社会心理因素，如社会知觉、价值观、角色作用等；分析群众安全行为的因素，如社会舆论、风俗时尚、非正式团体行为等。

(2) 安全需要对安全行为的作用。需要是一切行为的来源，安全需要是人类安全活动的基础动力，因此，从安全需要入手，在认识人类安全需要的基本前提下，应用需要的动力性来控制和调整人的安全行为。

(3) 劳动过程中安全意识的规律。安全意识是良好安全行为的前提条件，是作用于人的行为要素之一。这部分内容研究劳动过程的感觉、知觉、记忆、思维、情感、情绪等对人的安全意识的作用和影响规律，从而达到强化安全意识的目的。

(4) 个体差异与安全行为。主要分析和认识个性差异和职务（职业、职位）差异对安全行为的影响，通过协调、适应、调控等方式，控制、消除个性差异和职务差异对安全行为的不良影响，促进其良好作用。

(5) 导致事故的心理因素分析。人的行为与心理状态有着密切的关系。探讨事故形成和发生的过程中，导致人失误的心理过程和影响作用规律，对于控制和防止失误有着重要的意义。这部分主要探讨人的心理因素与事故的关系、致因的机理、作用的方式和测定的技术等。

(6) 挫折、态度、群体与安全行为。研究挫折特殊心理条件下人的安全行为规律；态度心理特征对安全行为的影响；群体行为与领导行为在安全管理中的作用和应用。

(7) 注意在安全中的作用。探讨人的注意力的规律，即注意的分类、功能、表现形式、属性，以及在生产操作、安全教育、安全监督中的应用。

(8) 安全行为的激励。应用行为科学的激励理论，即X-理论、Y-理论、权变理论、双因素理论、强化理论、期望理论、公平理论、马斯洛的需要层次论、阿尔德弗的 ERG 理论、操作条件反射理论、挫折理论、综合激励理论等，来激励工人个体、企业群体和生产领导的安全行为。

六、借鉴行为科学的方法来发展安全行为科学

在安全生产领域中，安全管理借鉴行为科学有一定的理由和现实意义。主要反映在如下几方面。

（1）行为科学吸取心理学、社会学等学科的研究成果，重视挖掘人的潜在能力和动机研究，它认为搞好人的管理是搞好管理的核心，从而强调建立以人为中心的管理制度，这个观点对我们进行安全管理有重要启发。

（2）行为科学重视人的需要研究，并强调把满足职工需要与达成组织目标挂起钩来，从需要入手去研究行为，把人的需要概括为物质和精神两大需要。行为科学关于需要层次的理论，指出了人的需要是从低级到高级发展的。这些都为我们在安全管理中如何以满足人的安全需要入手，调动职工积极性指出了方向。

（3）行为科学关于双因素理论把影响人们动机的因素分为激励因素和保健因素，并提出了"内在激励"和"外在激励"的方法，对于在安全管理中，对职工因人而异进行安全教育，激励安全生产的自觉性有一定的意义。

（4）行为科学关于强化理论所提出的关于连续化与断续化的方法，注意强调期望行为，对明确强化措施的目的性和提高强化效果均有好处。尤其在安全管理中如何强化管理，实现奖罚分明等方面有借鉴之处。

（5）行为科学很重视领导行为的研究，提出了有关领导问题的理论，对于提高我们安全干部的领导艺术水平也有参考价值。

（6）行为科学的挫折理论对引起挫折的原因、受挫折后的反应、心理防卫机制，以及如何对待挫折等问题作了研究，这对于我们在研究分析事故时能有所启发。

此外，行为科学在行为测量方面的种种方法，关于人员培训和评价方面的一些研究成果等，都有不同程度的参考价值。

 人的安全行为模式及特点

研究人的行为模式，是揭示行为规律的重要工具。由于人具有自然属性和社会属性，通常也从这两个角度出发来研究人的行为模式。一是从人的自然属性角度，即从生理学意义上来研究人的行为模式；二是从人的社会属性角度，即从心理学和社会学意义上来研究人的行为模式。

第一节　生理学意义的行为模式

一、人的生理学行为模式分析

作为社会主要因素的人类，在其社会活动中的表现形式不尽相同。针对安全行为来说，情况也是复杂多样的：有老成持重者、酒后开车者、有安全行事者、有违章违纪者，等等。

人的生理学行为模式，即人的自然属性行为模式是从自然人的角度来说的，人的安全行为是对刺激的安全性反应。这种反应是经过一定的动作实现目标的过程。比如，行车过程中，突然出现有人横穿马路，司机必须紧急刹车，并保证安全停车，才不至于发生撞人事故。在此，有人横穿马路是刺激源，刹车是刺激性反应，安全停车是行为的安全目标。这中间又需要判断、分析和处理等一连串的安全行为。

20世纪50年代，美国斯坦福大学的莱维特（H. J. Leavitt）在《管理心理学》一书中，对人的行为提出了三个相关的假设：①行为是有起因的；②行为是受激励的；③行为是有目标的。

由此他提出人的生理学基础上的行为模式：

外部刺激（不安全状态）→肌体感受（五感）→大脑判断（分析处理）→安全行为反应（动作）→安全目标的完成。

各环节相互影响，相互作用，构成了个人千差万别的安全行为表现。正是由于安全行为规律的这种复杂性，才产生了多种多样的安全行为表现，同时也给人们提出了研究领导和工人各个方面的安全行为科学的课题。从这一行为模式的规律出发，外部刺激（不安全状态）→肌体感受（五感）和安全行为反应（动作）→安全目标的完成两个环节要求我们研究安全人机学；大脑判断（分析）这一环节是安全教育解决的问题。

二、人的生理学安全行为规律

安全行为是人对刺激的安全性反应，又是经过一定的动作实现目标的过程。比如，石头砸到脚上，被砸者马上就要离开砸脚的位置，并用手按摸，有可能还发出痛叫声。脚是被刺激的信道，离开砸脚位置和用手按摸是安全行为的刺激性反应，而这中间又需要一连串实现自己的安全行为的过程。由此可归纳出人的一般安全行为模式：

$$S \longrightarrow O \longrightarrow N \longrightarrow M$$

刺激　　人的肌体　　安全行为反应　　安全目标的完成

刺激（不安全状况）→人的肌体→安全行为反应→安全目标的完成，这几个环节相互影响、相互联系、相互作用，构成了人的千差万别的安全行为表现和过程。这种过程是由人的生理属性决定的。

人的生理刺激就是通过语言声音、光线色彩、气味等外部物理因素，对人体五感的刺激和干扰，使之影响或控制人的行为。

人的机体指人的五感因素。五感就是形、声、色、味、触（也即人的五种感觉器官：视觉、听觉、嗅觉、味觉、触觉）。

形：指形态和形状，包括长、方、扁、圆等一切形态和形状。

声：指声音，包括高、低、长、短等一切声音。

色：指颜色，包括红、黄、蓝、白、黑等种种颜色。

味：指味道，包括苦、辣、酸、甜、香等各种味道。

触：指触感，包括触摸中感觉到的冷热、滑涩、软硬、痛痒等各种触感。

人的行为反映表现出两种状态：安全行为与不安全行为。安全行为就是符合安全法规要求的行为，不安全行为则相反。人的不安全行为一般表现为如下形式：

（1）操作错误，忽视安全，忽视警告；

（2）造成安全装置失效；使用不安全设备；

（3）手代替工具操作；物体存放不当；

（4）冒险进入危险场所；

（5）攀坐不安全位置；

（6）在起吊物下作业；

（7）机器运转时进行加油、修理、检查、焊接、清扫等工作；

（8）有分散注意力行为；

（9）在必须使用个人防护用品、用具的作业或场合中，忽视其使用；

（10）不安全装束；

（11）对易燃易爆等危险物品处理错误。

人的安全行为从因果关系上看有两个共同点：

第一，相同的刺激会引起不同的安全行为。同样是听到危险信号，有的积极寻找原因，排除险情，临危不惧；有的会胆小如鼠，逃离现场。

第二，相同的安全行为来自不同的刺激。领导重视安全工作，有的是有安全意识，接受过安全科学的指导；有的可能是迫于监察部门监督；有的可能是受教训于重大事故。

正是由于安全行为规律的这种复杂性，才产生了多种多样的安全行为表现，同时也给人们提出了研究领导和职工各个方面的安全行为科学的课题。

第二节　社会学意义的行为模式

一、人的高级行为模式分析

人是生物有机体，具有自然性，同时，人又是社会的成员，具有社会性。作为自然性的人，其行为趋向生物性；作为社会性的人，其行为趋向精神性。人的行为根据其精神含量，可分为低级行为、中级行为与高级行为。生物性行为是人的低、中级行为，精神性行为是人的高级行为。人的行为大多属于高级行为，如工作（即事业性行为）等。上述"人的行为的一般模式"的研究，主要是把人置于"自然人"的角度来研究，没有考虑行为环境与行为的复杂程度对行为直接而重要的影响。所以，"需要"模式实际上是"自然人"的行为模式。也就是说，以往的研究未重视从"社会人"的角度，对人的高级行为的行为模式作出研究。

新行为主义的杰出代表托尔曼（E. C. Tolman）和"群体动力场理论"的提出者勒温（K. Lewin），在这方面曾做出过一定的探索。托尔曼将人的行为分为分子行为与整体行为，并认为整体性行为具有如下特征：①指向一定的目的；

②利用环境的帮助并作为达到目的的手段；③最小努力原则；④可教育性。勒温致力于需求系统和心理动力方面的研究，提出了"人"与"环境"对行为影响的公式：

$B=f(PE)$。即：人的行为随着人与环境的变化而变化。

我们认为，社会人同样有着自然属性，因而人的高级行为首先符合人的行为的一般模式，即"需要"模式。同时，人的高级行为，如事业性行为等，往往是群体性行为，且具有一定的复杂性、艰巨性、持续性和创造性，它直接受到人的认知、情感、意志及环境等因素的影响。当自然人转变为社会人，当生物性行为上升到精神性行为，"需要→动机→行为→目标"这一行为模式，在受到行为所在的环境与行为的难易程度等变量的影响，其将演绎出怎样的变式？

可以肯定，行为的精神含量越高，行为的心理过程就越丰富，行为受各种心理因素的支配就越明显。由此可见，人的高级行为是由复杂的心理活动所支配的。我们先来分析一下，一名"工作者"在进行工作时，需要具备哪些基本"条件"？通过分析我们不难发现，一名"工作者"在进行工作时，需要同时具备以下 4 个基本"条件"：

（1）愿意工作；

（2）知道怎么样工作；

（3）具备工作的客观条件；

（4）能克服工作时遇到的困难。

这些所谓的"条件"，实际上就是构成行为的基本要素。这些要素，对应到人的心理方面，可以概括为"知""情""意"三个方面。由此可以推断，"知""情""意"是构成人的高级行为的三个基本要素。其中：

"知"：认知。是对行为办法和目的的认识。即知道怎么做及知道做的目的。

"情"：情感。是对行为及行为环境（包括行为的条件）的态度体验。即行为的心理环境与外部条件。

"意"：意志。是对行为的意向（决定）与对行为遇到困难时的态度（决心）。即愿意做与有决心做。

知道怎么做与做的目的，同时又具备做的心理环境与外部条件，并愿意做，且能克服做的各种困难的，这样，人的高级行为就能开始并能正确地持续进行。由此，我们可得出人的高级行为的一般模式（简称"知情意行"模式）为：

（知＋情＋意）→行

根据上述分析，我们可得出人的行为分类、行为特征及对应的行为模式。

根据人的行为特征，人的行为模式可分为两种：自然人的生物性行为模式和社会人的精神性行为模式。

行为级别：低级；中级；高级。

行为类型：分子性行为；整体性行为；事业性行为。

行为特征：动作单一、局部，没有明显目的性。行为综合、成系统，有目的性。行为具有复杂性、艰巨性、持续性和创造性，有明确目的和意义。

行为模式：刺激→反应需要(引起)→动机(支配)→行为(指向)→目标(知＋情＋意)→行。

"知情意行"模式与"需要"模式的关系："情"是人对客观事物是否符合"需要"而产生的态度体验；"意"是由"动机"所推动的，是指引个体做什么，以及指引个体调节和支配行为，克服困难，实现目的；"知"是掌握方法，使"行为"指向"目标"。

可见，"知情意行"模式中实际上隐含了"需要"模式中的"需要""动机"，以及"行为""目标"等诸要素及其逻辑关系。所以，人的高级行为事实上也遵循人的行为的一般模式，即"知情意行"模式符合"需要"模式。同时，"知情意行"模式重视了行为环境与行为复杂性等变量的影响，贴近行为实际，"知""情""意"等要素也更加贴近人的感知与体验，在现实应用中有着更大的可体验性与可操作性。所以，"知情意行"模式又是"需要"模式的发展。

可见，"知情意行"模式有一定的科学性和现实意义。已经普遍认可的"知""情""意""行"是构成品德四要素的观点，正好支持了"知情意行"模式的观点。同时，"知情意行"模式告诉我们，人的行为水平，与"知"有关系，与"情""意"也有关系，甚至更重要。这与人们认可的"情商比智商更重要"的观点刚好吻合。反过来可以说，"知情意行"模式或许为在理论上解释以上两个重要观点找到了一定的依据。

二、人的高级行为控制

"知情意行"行为模式的现实意义还在于，我们可以利用这一行为模式，通过对人的行为（或不行为）作出诊断，然后进行行为辅导，为提高人的行为水平提供可能。借助行为模式进行行为辅导，可以大大提高行为辅导的可操作性、针对性和实效性。

依据"知情意行"行为模式，对研究对象某一具体行为（或不行为）的

"知""情""意"各构成要素的结构作出分析，找出结构的完整程度，然后进行针对性辅导，进而提高人的行为水平，这就是"知情意行"行为辅导模式。"知情意行"行为辅导模式行为诊断如表 2-1。

表 2-1 "知情意行"行为辅导模式行为诊断表

行为要素	知	情	意	知＋情	知＋意	情＋意	知＋情＋意
行为表现	≠行	≠行	≠行	①容易时＝行 ②有困难时≠行	①条件具备时＝行 ②条件不具备时≠行	≠行	＝行
行为诊断				知道怎么做，又具备环境与条件，但不愿意做或没有决心做	知道怎么做，又愿意做并有决心做，但缺乏做的环境或条件	具备环境与条件，又愿意做并有决心做，但不知道怎么做。	
行为辅导	＋情＋意	＋知＋意	＋意＋情	＋意。要予以激励，给予刺激强化，使其愿意做	＋情。要帮助其优化心理环境，并为工作创造条件	＋知。要多给予指导，并要重视"知"的针对性	

　　人们可以解释知行脱节的原因及找到解决知行脱节的方法。"知"与"行"之间的关系是不对等的，解决知行脱节，关键就在于要在"知"与"行"之间构建"情"与"意"，使"知"与"行"之间建立一种紧密的、完整的联系，这样才能"知行"合一。

　　"知""情""意"三者密切联系、彼此渗透，共同推动着行为的产生与持续。具体到某一个人，并不是某一方面缺乏，而往往是某一方面相对薄弱。同一对象的不同行为，不同的对象的同一行为，同一对象不同环境的同一行为，其行为各构成要素的完整程度都有可能不同，因此，具体的行为辅导要根据具体的情况做出权变。但是，同一对象的不同行为的构成要素，同一集体中的不同对象的行为构成要素往往有可能存在着相似的特征，这就为行为诊断提供了一定的规律性，也为针对某一集体的行为辅导提供了可能。因此，行为辅导可以是针对某一个体的，也可以是针对某一集体的。

　　行为的要求越高，复杂性、艰巨性越大，行为对"知""情""意"的要求就越高。在三者结构基本平衡的前提下，提高其中某一项或两项的水平，对行为水平的提高有一定的帮助，且"知""情""意"三者存在着一定的相互促进的关系。如，"情"能促"意"，即积极的情感能激发人的行为动机，使人表现出巨大的意志力量，从而以极大的热情去战胜困难，完成任务；"情"能益"知"，即认识只有与情感结合，才会产生动机，进而推动行为。

第二章 人的安全行为模式及特点

三、人的"安全需要"行为模式分析

从人的社会属性角度，人的行为遵循如下行为模式规律：

需要 → 心理紧张或兴奋 → 动机 → 目标导向 → 目标行动 → 安全行为 → 需要满足紧张消除 → 新的需要

因此，需要是一切行为的来源。很好理解，一个珍惜生命与健康的人，一个需要安全来保护企业经济效益实现的领导，他一定会做好安全工作。因为人有安全的需要就会有安全的动机，从而就会在生产或行为的各个环节进行有效的安全行动，因此需要是推动人们进行安全活动的内部原动力。动机是指为满足某种需要而进行活动的念头和想法，它是推动人们进行活动的内部原动力。在分析和判断事故责任时，需要研究人的动机与行为的关系，透过现象看本质，实事求是地处理问题。动机与行为存在着复杂的联系，主要表现在：

（1）同一动机可引起种种不同的行为。如同样为了搞好生产，有的人会从加强安全、提高生产效率等方面入手；而有的人会拼设备、拼原料，作短期行为。

（2）同一行为可出自不同的动机。如积极抓安全工作，有可能出自不同动机：迫于国家和政府督促；本企业发生重大事故的教训；真正建立了"预防为主"的思想，意识到了安全的重要性，等等。只有后者才是真正可取的做法。

（3）合理的动机也可能引起不合理甚至错误的行为。经过以上对需要和动机的分析，我们可以认识到，人的安全行为是从需要开始的，需要是行为的基本动力，但必须通过动机来付诸实践，形成安全行动，最终完成安全目标。

安全行为科学认为，研究人的需要与动机对人的安全行为规律有着重要意义。人的安全活动，包括制定方针、政策、法规及标准，发展安全科学技术，进行安全教育，实施安全管理，进行安全工程设计、施工，等等，都是为了满足发展社会经济和保护劳动者安全的需要。因此，研究人的安全行为的产生、发展及其变化规律，需要研究人的需要和动机。其基本的目的就是寻求激励、调动人们安全活动的积极性和创造性，以使人类的安全工程按一定的规律和组织目标去进行，更有成效和贡献。

四、人的安全行为的一般控制方法

从人的心理学角度，人的安全行为控制可以采取如下方法。

（1）强化"安全心理"知识的教育和培训，提高操作者的心理素质。由于心理素质对操作者的行为影响极大，因此，应坚持"始于教育、终于教育"原则，强化操作者"安全心理知识"的教育和培训，以此促使操作者树立正确的安全价值观，准确地感知事物，抛弃"侥幸心理""逆反心理"等不健康的心理，严格地遵守安全操作规程。

（2）重视情绪变化，注意工作方法。实践证明，情绪对人们的行为既有正向的推动作用，又有反向的阻碍作用。因此，作为管理者应关注、掌握操作者的情绪变化，理解、同情其内心痛苦，耐心地倾听其诉说，及时调整操作者的情绪，净化他们的心理，避免逆反心理的产生；与此同时，要以宽容、宽广的心胸关注他们的利益，恢复他们的心理平衡。作为操作者应学会主动地调整自己的心态，做自己情绪的主人，只有这样才能避免不安全行为的发生。

（3）采用目视化管理。提升设备、防护装置的本质安全化水平，从而最大限度地消除物的不安全状态；与此同时，还要强化色彩管理，提高人的注意力。实验证明，红色能使人振奋，蓝色能使人镇静，绿色能使人的心理活动趋于缓和。提高颜色的对比度，能使人的注意力集中。鉴于此，要加强设备、设施的色彩管理，将设备涂上标准色，提高设备、标志、信号装置的颜色对比度，特别是那些开关、阀门、电闸等关键操作部位，其标志更要醒目，以此来提高人们的注意力，减少失误的发生。

（4）改善工作环境，规范人的行为。人的行为与环境存在着密切的关系。一定的物质环境孕育一定的精神文化，而精神文化又制约着人们的心理和行为。在生产经营现场，通过实施定置管理建立起来的庭园式、居室式的工作环境，能强烈地作用人的心理，使操作者感到安全、舒适、明快，有助于集中精神和敏锐观察；同时，对每一个人的安全价值观、安全审美观、安全道德、安全习惯和行为有着无形的影响力和塑造力。一个安全素质低劣和行为不规范的人进入这样的工作环境，很快就会被"同化"。

（5）培养操作技能。严格按照专业和岗位分工，设计一整套从学习到考试，从考试到跟踪考查，从跟踪考查到复试考核的系统反馈流程。杜绝走形式、走过场、掩耳盗铃式的安全培训，干什么、学什么、考什么、会什么，一级抓一级，严格考核，保证技能培训效果，知道怎么干，做到应知应会，不断提高安全操作技能。

（6）用制度控制人的不安全行为。没有规矩，不成方圆。各行为的安全生产始终离不开安全标准和制度建设。要根据企业的实际，从制定各项管理制度和标

准入手，把每一项涉及安全生产的工作制度化、规范化、标准化。建立健全各级人员安全责任制，并通过严格的制度约束，认真落实到单位、落实到部门、落实到班组、落实到现场、落实到岗位、落实到人员，最终解决问题。通过严格执行制度，把问题的存在与解决衔接起来，把安全制度落到实处，最终搞好安全工作。在这一管理过程中，重点突出制度的约束力作用，用制度来约束人的行为，保障安全生产。

（7）检查、监督控制人的不安全行为。开展各种形式的安全监督检查，加强安全监督工作力度，做到事事有监督，见错必从严。从监督方面，控制和减少不安全行为的发生，保证工作现场的安全生产。

（8）着力推进严、细、实的安全管理。坚持做到各类安全管理规定，认真落实不走样；生产系统的每个环节，细心操作不间断；各类人员责任制，落到实处不动摇。严，就是严格控制人的行为。只要敢于动真，敢于认真，就没有管不了、抓不好的事情。治企要严，不仅是一个重要的管理原则，也是全面推进安全生产、落实执行力的必然途径。严，才能控制人的行为，才能保证有纪律、有秩序、有战斗力，才能真正解决"严不起来、落实不下去"的问题，围绕落实细则这个核心，用严格的管理培育一支执行力强的团队。细，就是环节精细。天下大事，必作于细。细节到位，执行力就不成问题。标准和规范，就是对细节的量化。按照标准规范人的行为，是重视细节、完善细节的最高表现。对安全生产每个层面、每个角落的安全因素进行全面剖解，对影响安全生产的各种行为进行深入研究，做到计划、执行、检查、改进，每一处细节都有操作标准和管理细则可对照执行。实，就是作风扎实。工作中的细节重复做实，天天如此。一个企业，无论制度多全多细，责任多明确，奖罚力度多大，不落实就等于一张废纸，而作风扎实则是执行到位的有力保障。因此，制订《全员安全生产绩效考核办法》，量化考核、严格落实，从而影响人的安全行为，是实现安全生产的前提保障。

（9）采取安全文化"四个一"建设模式。该模式包括：

一本手册——企业安全文化手册；

一个规划——企业安全文化发展与建设规划；

一套测评工具——企业安全文化测评标准和办法；

一系列建设载体——企业安全文化建设活动、方式、视觉系统等。

任何企业在长期的生产实践和管理过程中，都在无意识地形成甚至创造着自己的安全文化。显然，在一个企业的现实安全文化中，都会或多或少地同时存在着优秀的安全文化和不良的安全文化。企业安全文化的建设，就是要弘扬和发展其自身优秀的传统安全文化，摒弃和淘汰不良的传统安全文化。很多企业起初的安全文化建设是无意识、自发地存在和发展的，当今强调企业安全文化建设，就是要让企业主动、自觉、有意识地创新、推进、优化和发展自身的安全文化。通过企业安全文化的推进和建设，提高企业全员（包括决策层、管理层和执行层）的安全素质，具体体现在企业全体员工安全意识增强、安全观念正确、安全态度端正、安全行为规范、安全管理高效、安全执行力提高，最终表现为企业的本质安全性提升、事故预防能力增强、安全生产保障水平提高。实践证明，"四个一工程"的实施，对推进和提升企业安全文化水平是有效和实用的。

总之，安全生产是一项长期、艰苦、细致的系统工程，控制人的不安全行为只是其中的一部分。在规范和控制人的不安全行为工作方面，要持之以恒，长抓不懈，才能大大减少事故的发生。

第三章 影响人行为的因素分析

第一节 个性心理因素

个性是影响动机和行为的重要因素。个性指个人稳定的心理特征和品质的总和，即在个体身上经常地、稳定地表现出来的心理特点的总和。

影响人安全行为的个性心理因素主要包括个体的个性心理特征和个性倾向性两个方面。个性心理特征指一个人身上经常地、稳定地表现出来的心理特点，主要包括能力、性格、气质和情绪。它是个体心理活动的特点和某种机能系统或结构的形式在个体身上固定下来而形成的，因此，各种心理特征带有经常、稳定的性质，但在人与环境相互作用的过程中，个性心理特征又缓慢地发生变化。个性心理特征是在心理过程中形成的，它反过来影响心理过程的进行。个性倾向性是人进行活动的基本动力，是个性中最活跃的因素，它制约着所有的心理活动，表现出个性的积极性。个性倾向性表现在对认识和活动对象的趋向和选择上，它主要包括需要、动机、兴趣、理想和信念。个性倾向性与各个方面之间相互联系、相互影响和相互制约。

一、个性心理特征对人的行为的影响

（一）能力

所谓能力，是个性心理特征之一。能力是人完成某种活动所必备的一种个性心理特征。通常指完成某种活动的本领。

一个人要能顺利地、成功地完成任何一项活动，做好任何一种工作，都必须具备一定的心理条件，这种心理条件指的就是能力。例如，工厂、企业的任何生产活动和社会活动都对职工的能力有一定的要求。对机械工人来说，要顺利、成功地完成机器零件的制造活动和机器的装配工作，除了应具备有关机器制造的专业技术知识外，还要有熟练的操作能力，区别机器结构的细节和察看机器性能的

敏锐的观察能力；一个企业的领导者或管理者，要成功、有效地进行管理工作，一般来说，应具备企业的技术业务能力、组织管理能力、处理人际关系能力这三种基本能力；对于安全管理干部来说，还要掌握安全生产法规和安全生产方针方面的知识，具备相当的安全技术能力。人们的能力大小是有区别的。由于人的能力总是和人的某种实践活动相联系，并在人的实践活动中表现出来，所以，只有去观察一个人的某种实践活动，才能了解和掌握这个人所具备的顺利、成功地完成某种活动的能力。世界上的事物种类繁多，人们从事活动的能力也多种多样。任何人可以根据不同的标准概括出以下三大类能力。

（1）一般能力和特殊能力。一般能力是指人们从事一切社会活动应该具备的心理素质，即一般的认识能力。一般的认识能力也叫做智力，它是由感知能力、论证能力、观察能力、想象能力、操作能力等构成的；特殊能力指的是人们为了顺利地从事某种专业活动应该具备的一些特殊的心理素质，即特殊的认识能力，也就是个人特长，如企业管理者的决策能力、组织管理能力，安全干部的安全管理和安全技术的能力，机械操作者的机械能力，即对机械原理的理解能力以及判断空间形象的速度和准确性的能力。

从一般能力和特殊能力所包括的内容来看，它们之间的联系是共性和个性的关系。个性是共性的具体化和特殊化，共性是个性的一般化、概括化。所以，从企业管理的角度看，职工个体一般能力的发展，即一般科学文化素质的提高，为职工学习和掌握某项生产技术的特殊能力提供了更好的内在心理条件；而职工个体学习和掌握某项生产技术的特殊能力的发展，又会积极促进职工个体一般能力的发展，一般科学文化水平的提高。

（2）再造能力和创造能力。再造能力指的是人们能顺利学习和掌握所积累的知识经验和生产能力，并能按照已有的图纸和式样进行某种学习、工作或生产活动的心理素质。比如，人们能学习和掌握人类的知识经验，学习和掌握前人从事社会劳动的技能；职工能够按照企业的计划和要求，完成自己的本职工作；特种作业工人掌握运用安全操作规程和安全生产技术，实现安全生产；生产技术工人能按照图纸的要求制造出合格的产品，这些活动都是人们再造能力的具体表现。创造能力指的是人们能够根据社会的需要和目的，在总结前人知识和经验的基础上，个体独立地创造出对人类、对社会有一定价值、新颖独特的东西的心理素质。比如，人们在自然科学上的发明创造，在社会科学上的独特见解，工人的技术革新，作家的著书立说，安全管理理论的新发展，安全操作技术的改进和创新，等等。

再造能力和创造能力不仅互有区别，且互相联系。在科学生产实践活动中，

一般来说，人们的再造性活动含有创造性因素，创造性活动也含有再造性因素。创造发明的实践证明，人们创造能力的发展规律是先模仿，再造，而后才能有所发明创造。

（3）认识能力、实践活动能力和社会交往能力。人们的认识能力，包括感知能力、记忆能力、想象能力、思维能力和注意能力等，都是人们完成任何实践活动任务的基本心理素质。人们的实践活动能力，包括人们的日常生活能力、社会工作能力、经济管理能力、生产劳动能力、文化教育能力以及安全管理和安全生产能力等，这些都是人们自觉、有意识地调节个体的外部行为以便作用于外部环境的能力。人们的社会交往能力，包括人们参加任何社会团体活动的能力，与社会团体内外成员的相互联系、相互作用、相互协调的能力等。

认识能力、实践活动能力和社会交往能力，既互相区别，又互相联系。比如，人们在改造客观世界的实践活动和社会交往活动中，提高了自己的认识能力，人们又反过来，依靠对现实客观世界中事物的认识，调节自己改造客观世界的活动和人们的社会交往活动。这就是三者之间的相互联系、相互制约的辩证关系。

（二）性格

所谓性格，是一个人比较稳定的对客观现实的态度和习惯化了的行为方式。人们在日常生活、学习、工作和生产实践中，有的人无论在什么情况下，总是表现出对他人热情忠厚，处处与人为善；对自己谦逊谨慎，有时严于律己；对事情坚毅果断，勇于革新。而有的人总是表现出对别人尖酸刻薄，常常是冷嘲热讽；对自己则自高自大，宽于恕己；对事情则草率行事，鼠目寸光。这种对待别人、对待自己、对待事情的比较稳定的态度和习惯化的行为方式方面所表现出来的个体基本的心理特征，这就是人们所说的性格。

性格是形成一个人的个性心理的核心特征。因为一个人的兴趣、爱好、习惯、需要、动机和气质，能力都是形成这个人的个性心理的重要特征，但这些心理特征是以他的性格为转移的。比如，在企业的安全管理中，一个大公无私的人，他必然处处、事事关心他人的安全胜过关心自己，对于安全生产工作产生强烈的兴趣和爱好。他的行为、习惯、需要和动机、气质和能力等方面的活动表现，必然反映出一心为安全工作的心理品质。

性格是现实社会关系在人脑中的反映。一个人在日常生活中，干什么、怎么干，总是和他对世界、对人生、对他人、对自己的态度相联系，受其世界观、人生观、理想和信仰的支配。由于人们的任何有意识的行为，总会直接和间接地涉及人与人之间的关系，其行为的社会效应可能有益于社会，符合人民群众的利益，也可能危害社会，损害人民群众的利益。在安全管理上来说，有可能维护安全，也有可能影响安全。因此，性格具有道德评价意义，它具有二重性，有好坏之分。

人的性格不是天生的，不是由遗传决定的。人的性格是人在具备正常的先天素质（即脑和神经系统）的前提下，通过后天的人类社会生活实践形成的。这种后天的人类社会生活实践包括家庭、学校和社会。这里的社会包括生产活动、科研活动、日常生活活动等。它贯穿于人生的活动始终，在人的性格形成和发展中起着决定作用。

人的性格形成和发展不是由社会实践活动机械决定的，而是人在认识和改造客观世界的过程中形成和发展的。人在认识和改造客观世界的实践活动中，由于实践活动的不断积累，主观能动性、积极性的充分发挥，会不断产生新的认识、新的需要和动机，也就有了新的态度和行为方式，从而形成人的新的性格特征。

性格的特征是多种多样的，由此构成复杂的性格结构。通常把它们概括为以下四个方面。

1. 性格的态度特征

性格的态度特征主要是指性格中表现在对现实的态度方面的特征。由于人是社会关系的总和，人在受到社会环境的作用时，并不是消极地接受环境的影响，而总是以一定的态度反作用于环境。由于社会环境的复杂多样，人们对社会环境的态度也会各不相同。具体的表现在以下几个方面。

（1）对他人、对集体、对社会的态度和行为方式。主要包括：为人正直，诚实有礼貌，富于同情心，还是为人阴险狡猾，自私虚伪，冷酷无情；热爱集体，善于交际，关心集体荣誉，还是行为孤僻，独来独往，对集体漠不关心；热爱社会，热爱祖国，热爱人民，还是反对社会，反对祖国，反对人民，等等。

（2）对劳动、对工作、对学习的态度和行为方式。主要包括：勤奋或懒惰；认真或马虎；富于创造精神或者墨守成规；责任心强或者粗心大意；勤俭节约或者挥霍浪费，等等。

（3）对自己的行为态度和行为方式。主要包括：谦虚谨慎或骄傲自满；严于律己或宽于恕己；热情大方或怯懦自卑；自信或缺乏自信，等等。

2. 性格的意志特征

性格的意志特征主要是指人们在对自己行为的自觉调节方式或水平方面的行为特征。具体表现在以下几个方面。

（1）个体对自己的行为目标明确的程度和使自己的行为方式受到社会规范制

约的意志特征。主要包括：独立性或依赖性；目的性或盲目性；纪律性或散漫性，等等。

（2）个体对自己的行为方式能够进行一定程度的自觉控制的意志特征。主要包括自制力，即善于控制和支配自己行为方式的能力。具体地说，既能克制自己的情绪和支配行为，又能使自己排除干扰，坚持执行决定；自觉性是一个人行为目的明确的表征。由于个体充分认识到自己的行为的社会意义，所以他能自觉主动地使自己的言行服从于社会要求。

（3）个体在紧急或困难的情况下所表现出来的意志特征。主要包括：当机立断或优柔寡断；胆大勇敢或胆小怯懦；镇定自若或惊慌失措，等等。

3. 性格的情绪特征

性格的情绪特征主要是指人们在情绪活动中所表现出来的强度、稳定性、持续性和主导心境方面的性格特征。一个人的情绪状态自然影响着他的整个行为活动，当他能够对自己的情绪进行自觉地控制，具有某种稳定的特点时，这些特点就构成了这个人在性格方面的情绪特征。

性格的情绪特征主要表现在以下几个方面。

（1）个体情绪活动的强度方面的情绪特征。它的具体表现是：有的人情绪一经产生，就比较强烈，很难用意志控制，好像他的任何行为都受他的情绪支配；有的人情绪活动比较微弱，遇到任何事情都能沉着冷静地对待，容易用他的坚强意志来控制情绪的活动。

（2）个体情绪活动的稳定性方面的性格特征。它的具体表现是：有的人的情绪活动，常常容易起伏、波动，有时激动，有时平静；有的人的情绪活动，一般情况下没有什么变化，即使遇到了比较危急的情况，也不容易看到他在情绪活动上有什么大的变化。

（3）个体情绪活动的持久性方面的性格特征。它的具体表现是：有的人的情绪活动一经产生，持续的时间很长，在一个相当长的时间内影响他的生活、学习和工作，甚至影响到他的身体；有的人的情绪活动转瞬即逝，情绪变化相当迅速，对他的生活、学习和工作以及身体，都没有什么影响。

（4）个体情绪活动中主导心境方面的性格特征。心境指的是情绪对一个人的身心稳定而持久的影响状态。所谓指导心境是指在一个相当长的时间内，情绪对一个人的身心发生稳定而持久的、决定的影响。

因此，人与人之间的个性心理不同，他们的主导心境也有区别。比如，有的人经常处于精神饱满，朝气蓬勃，无忧无虑，愉快欢乐之中；有的人经常处于精神萎靡，抑郁消沉，心事重重，愁眉不展之中；还有的人则可能经常处于埋头苦干，宁静安全之中。这些类型的人，都体现着各自不同的主导心境方面的性格特征。

4. 性格的理智特征

性格的理智特征主要指人们在感知、记忆、想象和思维等认识过程中表现出来的个别差异的性格特征。主要包括以下几个方面。

（1）个体在感知活动中的性格特征。一个人在感知客观现实的过程中，他的性格特征的具体表现是：①主动观察型或被动感知型。主动观察型的特点：不容易受外界人和事的干扰，能按照自己预定的目的和任务进行独立的感知和观察；被动感知型的特点：很容易受到外界人和事的干扰，影响、干扰自己对客观现实的观察和感知，甚至机体内部的健康状况也会影响到自己对事物的观察和感知。②细致分析型或概括型。细致分析型的特点：特别注意分析事物的细节，往往能感知别人不易察觉的细小事物；概括型的特点：在感知过程中，常常是只注意对事物的整体观察，轮廓的了解。③快速型或精确型。快速型的特点：能尽快地完成观察任务，但对事物的感知不细，往往容易出现丢三落四的现象；精确型的特点：在观察客观事物时，总是表现出来敏锐而精细的判断能力。

（2）个体在思维活动中的性格特征。一个人在感知现实世界的过程中，总会将所学前人的知识经验和自己的亲身经历，加以分析比较，抽象概括，做出某种推理和判断，就是人们的高级认识过程，即思维活动。在这种高级认识过程中，有的人善于独立思考，独立分析、判断事物；有的人不动脑筋，爱用前人的现成结论、观点、答案，往往不考虑实际情况，只是照抄、照搬、照传；有的人偏好分析事物，无论遇到什么问题，都要穷根问底，爱问一个为什么；有的人偏好概括事物，无论遇到多么复杂的问题，他都能给你概括出几个论点来，使人一目了然。

（3）个体在想象活动中的性格特征。一个人在认识和改造客观现实的过程中，总离不开想象这种心理活动。根据前苏联心理学家列维托夫的研究，想象可以区分为：幻想家和"冷静"的现实主义者；具有现实感的幻想家和想象脱离现实生活的幻想家；主动想象的人和被动想象的人（如果以想象来掩盖自己的无所作为，就是被动想象的人。如果力图通过想象来打开自己的活动领域，那便是主动想象的人了）；片面地选择想象的客体或题材的人和想象的范围很广阔的人；大胆想象的人和想象被阻抑或受限制的人。

按照安全行为方式的特征，可对不同性格的人作如下分析。

（1）安全行为自觉性方面的性格特征。表现在从事安全行为的目的性或盲目性；自动性或依赖性；纪律性或散漫性。

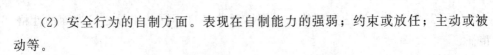

（2）安全行为的自制方面。表现在自制能力的强弱；约束或放任；主动或被动等。

（3）安全行为果断性方面的特征。表现在长期的工作过程中，对安全行为是坚持不懈还是半途而废；严谨还是松散；意志顽强还是懦弱。

人的性格是在长期社会生活实践中、在社会环境的影响下逐步形成的，性格可以通过教育和社会影响来改变。但是，人的性格一旦形成，就有较大的稳定性。所以，安全教育应当从儿童期和青少年阶段就进行，从小就树立安全意识和安全责任感。

（三）气质

所谓气质，是个性心理特征之一。气质是人典型的、稳定的心理特点。平时人们所说"性情""脾气"，就是心理学上的"气质"的通俗说法。

不同的人具有不同的气质。在日常生活中，人们会经常看到，有人活泼好动，兴趣广泛，反应灵活；有的人安静稳重，兴趣单一，反应迟缓；有的人性情十分急躁，情绪表露于外；有的人慢慢吞吞，总是不动声色。这些人与人之间的个性因素方面的差异，在心理学研究中就称为"气质"的不同。

人的气质按照它的定义来说，是人的典型的、稳定的心理特点。它是通过人的心理活动的强度、速度和灵活性方面表现出来的。比方说，人在日常生活中情绪表现得强烈或微弱，意志努力的程度如何，这是人的心理活动在强度方面的特征。人对客观事物认识的快慢速度，进行分析、综合比较思维的灵活程度，注意条件的时间长短，等等，这些都是人的心理活动在速度和灵活性方面的特征。

早在公元前 5 世纪，古希腊著名医学家希波克拉特就观察到不同的人具有不同的气质，从而创立了体液理论。他认为人体内有四种体液：血液、黏液、黄胆汁和黑胆汁。人的气质决定于这四种体液的混合比例。后来的古医学家在希波克拉特等前辈学者研究的基础上，根据哪一种体液在人体内占优势，把气质分为四种基本类型，即胆汁质、多血质、黏液质、抑郁质。

巴甫洛夫的神经活动类型学说认为，人的高级神经活动兴奋和抑制的强度、兴奋和抑制的平衡性、兴奋和抑制的灵活性等三种特性的独特结合，构成个人的高级神经活动的四种类型：①强而不平衡类型，又叫不可遏止型，是胆汁质的生理基础；②强而平衡灵活类型，又叫活泼型，是多血质的生理基础；③强而平衡不灵活类型，又叫安静型，是黏液质的生理基础；④弱型，又叫抑郁型，是抑郁质的生理基础。这一理论的研究，虽然还比较粗糙，还只是为气质的生理基础问题勾画出了一个轮廓，但它却是到目前为止对气质心理研究的比较科学的论证。

一个人的气质是先天的，后天的环境及教育对其改变是微弱和缓慢的。因此，分析职工的气质类型，对其进行合理安排和支配，对保证工作时的行为安全有积极作用。综合气质理论的研究和实践观察，多数学者认为，人群中具有四种典型的气质类型，即前面所提到的胆汁质、多血质、黏液质和抑郁质。

（1）胆汁质的特征：精力充沛，直率热情，办事果断，胆大勇敢，不怕困难，反应速度快，思维敏捷，脾气急躁，易于冲动，轻率鲁莽，感情用事，情绪外露，持续时间不长，等等。这种气质类型的人，对任何事物发生兴趣，具有很高的兴奋性，但其抑制能力差，行为上表现出不均衡性，所以工作表现忽冷忽热，带有明显的周期性。

（2）多血质的特征：活泼好动，反应迅速，热情亲切，善于交际，适应环境变化，容易接受新鲜事物，智慧敏捷，思维灵活，愉快乐观，情绪外露，兴趣、注意力容易转移，情感容易产生也容易发生变化，急躁与轻浮，体验不深，等等。这种气质类型的人的思维、言语、动作都具有很高的灵活性，容易适应当今世界变化多端的社会环境。

（3）黏液质的特征：态度持重，交际适度，内刚外柔，沉着坚定，情感深厚难于变化，意志顽强，埋头苦干，注意稳定，难于转移。善于忍耐，善于克制，情感平衡而不外露，行为迟缓，沉默寡言，萎靡不振，漠不关心，等等。属于这种气质类型的人，在日常生活中突出的表现是安静、沉着、情绪稳定，思维、言语、动作比较迟缓。

（4）抑郁质的特征：观察力敏锐，感受性很高，感情细腻，做事谨慎，善于觉察别人不易发觉的细微事物，行为孤僻，反应迟缓，严重内倾，情绪体验强烈，胆小怕事，多愁善感，挫折容忍力差。常因一些小事而抱头痛哭，行动忸怩，腼腆，怯懦，言语缓慢无力，行动具有刻板性，等等。属于这种气质的人，在日常生活中遇到困难的局面常常表现出优柔寡断，束手无策，一旦面临危险的情境，便感到十分恐惧。

上述四种气质类型，在一个大的人群中只有少数人是这些气质类型的典型代表，而大多数人是介乎于各种气质类型之间的中间类型，也可能是以某一种气质类型为主，其他气质类型兼而有之。气质类型无好坏之分。在评定一个职工的气质类型时，不能简单地判定一种气质类型是好的，而另一种气质类型是坏的。我们可从前面所说的四种类型气质的特征来看，可根据气质类型特征的不同，在企业的生活活动和安全管理中观察和测定一个职工有哪些气质类型特征，这些气质类型特征在其日常生活、学习、工作和同事交往中有哪些具体表现，以便做出较为准确的判断，对安排适当的工作和组织安全教育，是非常重要的。

二、个性倾向性对人的行为的影响

（一）需要

所谓需要，就是心理的和社会的要求在人脑中的反映。需要是人类生存和发展的必要条件，人类为了生存和发展，必须从自然环境和社会环境取得某些东西。当人缺乏某种重要刺激时，就会引起人的心理紧张，产生生理反应，形成一种内在的驱力。例如，人缺乏水和食物就会引起口渴和饥饿，水和食物就是人生存的必需品，因此，就产生对水和食物的需要，所以也可以说，人所缺乏的某种必要的事物在人脑中的反映就是需要。

形成需要有两个条件，一是个体感到缺乏什么东西，有不足之感；另一个是个体期望得到什么东西，有求足之感。需要就是这两种状态形成一种心理现象，人的一生就是不断产生需要，不断满足需要，再产生新的需要，这样周而复始，直到人的生命终止的一个生命过程。

需要总是特指某种具体事物，需要必须是针对一定的对象，离开了具体事物和具体对象，就无从研究和观察需要规律。而任何事物和对象的形成，都离不开一定的外部条件，例如，人对食物的需要，对水的需要，在劳动过程中对安全生产的需要等各种需要都是指向于一定的实物，都存在于一定时间和空间条件下。

需要的基本特征是它的动力性。从哲学的观点，个性的需要是个性积极的源泉，正是个性的各种需要，推动着人们在各个方面进行积极活动。任何需要的满足，都必须具备一定的条件，而这些条件的形成又必须是通过人们的劳动来实现。因而，满足需要也就成了人类从事劳动的目的和内在动力，这也就决定了人们劳动的积极性和创造性的产生。所谓劳动的目的性，实质上就是人的劳动与人的需要作为手段与目的统一，唯有这种人的劳动与人的需要的统一状态，才适合人的要求，也才符合劳动过程的客观性。在这种统一状态中，人的需要就直接转化成人们从事劳动的需要，人就会从自身需要中迸发出巨大的劳动热情和首创精神。

（二）动机

动机是为了满足个体的需要和欲望，达到一定目标而调节个体行为的一种力量。它主要表现在激励个体去活动的心理方面。动机以愿望、兴趣、理想等形式表现出来，直接引起个体的相关行为。可以这样说，动机在人的一切心理活动中有着最为重要的功能，是引起人的行为的直接机制。

个体的动机和行为之间的关系主要表现在如下三个方面。

（1）行为总是来自于动机的支配。某一个体从举手投足，游戏娱乐，到生产活动，无一不是在动机的推动之下进行的，可以说不存在没有动机的行为。

（2）某种行为可能同时受到多种动机的影响。比如一个职员辛勤工作，一方面可能是想获得领导的赏识和提拔，另一方面也可能出自对自身技能提高的一种愿望。不过，在不同的情况下，总是有一些动机起着主导作用，另一些动机起辅助作用。

（3）一种动机也可能影响多种行为。一个渴望成功的个体，其行为可以是多方面的，可能包括努力学习提高，积极参加各种活动，用心培养人际关系网络等。

根据动机原动力的不同，可以把其区分为内在动机和外在动机两种。内在动机指的是个体的行动来自于个体本身的自我激发，而不是通过外力的诱发。这种自我激发的源泉在于行动所能引起的兴趣和所能带来的满足感。正是在这种兴趣与满足感的驱使下，行为主体才会主动地做出某些不需外力推动的行为，并且一直贯彻下去。外在动机是指推动行动的动机是由外力引起的。许多心理学家特别强调外在动机对个体行为的影响和作用。实际上，任何的奖励和惩罚措施背后都隐藏着外在动机的原理。

在实际生活中，内在动机和外在动机在工作和学习中都具有十分重要的意义。在不同环境下，二者作用的力度各不相同，所以只有把二者很好地结合起来，才能够对行为起到最佳的推动作用。比如，在激励员工、提高员工工作积极性方面，相应的措施就应该包括两个方面。

（1）通过工作本身的挑战性，激励员工的斗志和干劲；

（2）设计必要的、合理的奖惩制度会起到积极的作用。

如何把外在动机迁移至内在动机，使员工发现工作本身的乐趣与成就感，则是工作设计中的重点和难点。

（三）兴趣

兴趣是指个体力求认识和趋向某种事物并与肯定情绪相联系的个性倾向。

1. 兴趣的分类方法

（1）物质兴趣和精神兴趣。兴趣是以需要为前提和基础的，人们需要什么，也就会对什么产生兴趣。物质兴趣主要指人们对舒适的物质生活（如衣、食、住、行方面）的兴趣和追求；精神兴趣主要指人们对精神生活（如学习、研究、文学艺术、知识）的兴趣和追求。事实上，这种兴趣是与人的需求理论联系在一

第三章 影响人行为的因素分析

起的。

（2）直接兴趣和间接兴趣。直接兴趣是指对活动过程的兴趣，间接兴趣主要指对活动过程所产生的结果的兴趣。

2. 兴趣的特点

一般说来，兴趣具有如下三个特点。

（1）兴趣具有指向性。任何一种兴趣总是针对一定事物，为实现某一目的而产生的。个体对他所感兴趣的事物总是心向神往，积极地把注意力集中于该事物并展开相应的活动。

（2）兴趣具有情绪性。兴趣和情绪相联系的情况，在生活中处处可见，我们常常可以看到个体在从事其他们所感兴趣的活动时，总会处于愉快、满意、酣畅淋漓的状态；而个体如果从事的是他不感兴趣的工作，便会觉得索然无味。

（3）兴趣具有动力性。无数事例表明，个体在从事其极感兴趣的工作时，能充分调动自身的积极性、想象力和创造力，工作效率也很高。国外的一些心理学家把兴趣描述为"能量的调节者"，发动着个体储存在内心的力量。

兴趣总是与个人的认识和情感密切联系的。任何人，只要他对某一事物有了情感，就会产生兴趣，就会乐而不疲、锲而不舍，自觉、积极以至具有创造性地去探究，为实现目标而努力。认识越深刻，情感越丰富，兴趣也就越深厚。人们往往对自己感兴趣的工作投入大量精力，并且极其认真，而对于不感兴趣的工作则容易采取消极态度。因此，在工作中应尽可能满足其个人特长和要求，以使其产生浓厚的兴趣而激发严肃认真的态度。发挥"兴趣效能"，把实现安全的努力过程与享受安全成果的喜悦结合起来，才能充分发挥一个人的积极性和创造性，持之以恒，使人们的注意力长期集中在安全方面。

（四）理想和信念

1. 理想和信念的概念

理想是个体对符合事物发展客观规律的奋斗目标的向往和追求，是对未来的设想。理想与个体的愿望相联系，同时又产生于现实的生活之中；以客观事物为依据，同时顺应潮流，合乎规律；既有鲜明具体的想象内容，又怀有深厚、肯定而持久的情感体验。而信念是指激励、支持人们的行为的那些自己深信不疑的正确观点和准则，是被意识到的个性倾向，它是由认识、情感和意志构成的融合体。具有信念的人，对构成信念的知识有广泛的概括性，信息成为洞察事物的出发点，判明是非的准则，有信念的人表现出捍卫信念的强烈感情。

2. 理想和信念的作用

理想和信念一旦形成，便成为个体前进的巨大动力。拥有明确信念和理想的个体，个性稳定而明确，常常爆发出积极性和坚强的毅力，能够忍受难以置信的折磨和痛苦，坚定不移地朝着自己的目标前进。因而，理想和信念对个体的行为在广度和深度上都会产生深远的影响。

第二节　社会心理因素

一、社会知觉对人的行为的影响

知觉是指眼前客观刺激物的整体属性在人脑中的反映。客观刺激物既包括物也包括人。人对物的知觉与人对人的知觉有很大区别。个人在对他人的感知，不只停留在被感知的面部表情、身体姿态和外部行为上，而且要根据这些外部特征来了解他人的内部动机、目的、意图、观点、意见，等等。同时，个人对他人的知觉，也受到本身的动机、感情、个性、价值观等方面的制约。因此，社会心理学使用专门术语——社会知觉来表达人对人的知觉。社会知觉是指个人在一定社会环境中对他人和团体的知觉。

行为科学认为人的行为往往是为了调整和适应环境。但是实际影响人的行为的，往往不是客观环境本身，而是在人对环境的知觉过程中所形成的笼统的印象和评价。因此，要使人的行为更好地适应环境，增强自觉性，减少盲目性，就必须了解人的社会知觉发生偏差的原因，以便使人的社会知觉尽可能反映客观实际。

一般来说，人的社会知觉可分为三类。

1. 对个人的知觉

对个人的知觉主要是对他人外部行为表现的知觉，并通过对他人外部行为的知觉，认识他人的动机、感情、意图等内在心理活动。对他人的知觉依赖于两类因素。一是受他人外部特征的影响，包括一个人的仪表、风度、言谈、举止等。一个仪表堂堂、谈吐文雅的人在初次见面时就会给人以良好印象；反之，一个相貌不端、举止失当的人，初次见面就会给人形成一个不良的印象。当然，随着人与人之间交往次数的增多，人们会更多地注意他人的内在品质，但对交往之初所产生的知觉也是不能忽视的。二是知觉者已经形成的态度定势。知觉者并不是消极被动地对别人进行感知，而是把个人已有的情感、动机、意图、价值观念带到

知觉过程中去。俗话说的"仁者见仁，智者见智"，就是指知觉者的态度对其知觉的影响。例如注重道德的人就会先注意被知觉者的道德表现，并按道德品质分类标准把他归入一定类别；注意能力的人就会首先注意被知觉者的能力表现，并按自己已有的能力分类标准把他归入一定能力类别。总之，对个人的知觉受到他人的外部特征和本身态度定势的综合影响。

2. 人际知觉

人际知觉是对人与人关系的知觉。人际知觉的主要特点是有明显的感情因素参与其中。例如对他人是讨厌还是喜欢，接受还是排斥，憎恶还是同情，等等。人际知觉受人际交往过程中的许多因素影响，如彼此态度的相似性、交往的频率、接近的程度等。一般来说，彼此态度越相似、交往越频繁、地理位置越近，则越会产生友好、同情、热爱的感情。

3. 自我知觉

自我知觉是指一个人对自我的心理状态和行为表现的概括认识。一个人对别人的知觉与对自己的知觉带有更多的主观因素。知觉者同时又是被知觉者，使自我知觉更多地受主观成分的影响。实际上，一个人很难直接观察和认识自己的行为。个人对自己认识的客观标准往往是他人对自己行为的评论、反应。例如一个人要认识自己对别人是友好的还是冷漠的，自己只有听到他人的反应时才能下结论。如果仅根据自己的心理感受而评价自己，就带有很大主观性和片面性。有的人内心想与他人友好相处，但却因为行为表现不恰当，常常使别人产生反感，别人会评价他并不"友好"。另外，自我知觉带有更强烈的情感成分。一个人对自己是接纳还是排斥，喜欢还是厌恶，这种主观感受强烈地影响自己对自己的知觉。例如自信心强的人往往会高估自己的行为结果，自卑感强的人会低估自己的行为结果。因此，真正正确地认识自己，做到有自知之明并不是一件容易的事情。

人的社会知觉与客观事物的本来面貌常常是不一致的，这就会使人产生错误的知觉或者偏见，使客观事物的本来面目在自己的知觉中发生歪曲。对他人产生偏见的原因有以下几个方面。

1. 第一印象作用

第一印象作用是指两人初次见面时彼此留下的印象。对他人的知觉过程中，第一个印象不仅立即影响对他人的好恶态度，而且会影响以后对他人一系列行为的解释。比如男女青年谈恋爱时，若第一次见面各自给对方留下好的印象，那么往往使双方在以后的交往中从好的方面来解释对方行为，加深二者的关系；否则，就会在以后交往中使双方从坏的方面来解释、猜疑对方的行为。

2. 晕轮效应

晕轮是指佛像身后的光晕，原意是指人们对于高尚的东西给予更高尚的评价。晕轮效应是指个人在对他人知觉过程中，由于对方的某些品质和特征非常突出，从而掩盖了对于对方其他特征和品质的知觉，对方突出的特征和品质起到了类似晕轮的作用。例如，对于声望较高的人，人们会把他想象得更加十全十美；对于相貌美丽的人，人们会把她想象成聪明伶俐的人；而对于长相古怪的人，人们可能把他想象为冷酷无情的人，等等。

3. 优先效应与近因效应

优先效应是指一个人最先给人留下的印象会抑制以后他给人留下的印象，这与第一印象的作用有类似的地方。近因效应则是指一个人最后留下的印象会抑制以前所形成的印象。这两种效应表明，在知觉的时间顺序上，被知觉对象开始和结束时的表现给人的印象最深刻，例如，学生或听众对教师讲课或领导者报告中开始或结尾的话容易留下清晰的印象。

4. 定型作用

定型作用是指个人头脑中存在的某一类人的固定形象对他人知觉的影响。人们在长期社会生活中，常常会不自觉地对人按年龄、性别、职业、居住地以及外表特征进行分类，以一定形象作为一类人的标志，并以此人作为自己知觉他人过程中判断的依据。如儿童往往把相貌丑陋、歪戴帽子、口叼香烟的形象归为坏人一类，一见到这样的形象就称为坏人。儿童的这种定型是在看电影、电视、连环画中形成的。实际上，成人的头脑中也有很多定型。如年青人认为老年人墨守成规，老年人认为年青人轻浮幼稚。又如人们认为女同志耐心细致，男同志粗枝大叶，山东人彪悍好斗，四川人吃苦耐劳，上海人精明强干，等等，这都是人们头脑中的定型。这些定型往往会不自觉地影响对他人的知觉判断。

定型作用有助于人们对他人作概括的了解，但简单地类化往往忽视每个人的特点，不容易对他人做出明确、中肯的判断，可能使知觉判断发生错误。例如老年人并不都是墨守成规，也不乏开拓进取者。如果见到老年人就判断为墨守成规，显然会造成偏差。同样，年青人也并非都是轻浮幼稚的，其中也不乏稳重成熟者，如果见到年青人就认为轻浮幼稚，显然也会造成偏差。

二、价值观对人的行为的影响

价值观代表一个人对周围的人和物的是非、善恶、美丑及其满足自己需要的重要程度的评价，它是一个人世界观、道德观、审美观的综合。在现实生活中，人们都在依据一定的价值标准对周围的事物进行评价。如有的人认为远大革命理想最有价值，因为它能推动一个人献身四化，造福人民；有的人认为处好人与人之间的关系最有价值，因为它有利于工作和个人身心健康；有人认为金钱最有价值，因为它能满足自己物质享受的需要。可见，所持的价值标准不同，对事物的价值判断也不同。在每个人的心目中，都存在一系列的价值评价标准，如理想、事业、平等、幸福、地位、金钱、妻子和儿女、尊重、勤奋，等等，在不同人的心目中都有一个轻重主次的排列顺序。按轻重主次排列的一系列价值标准就称为价值体系，价值标准和价值体系就构成了人的价值观。价值观是人的行为的重要心理基础，它决定着个人对人和事的接近或回避、喜爱或厌恶、积极或消极。因此，行为科学很重视价值观对人的行为的影响。

美国的行为科学家在对企业各类人员的大量调查基础上把人的价值观和生活方式分为七个等级。

第一级：反应型。这类人对事物只是按照自己的生理本能做出反应，而不顾其他任何条件。这种人是极少数。

第二级：忠诚型。这种人依赖性强，服从于传统的习惯和权势。

第三级：自我中心型。这种人个人主义极重，自私自利，爱寻衅闹事，主要服从于权力。

第四级：坚持己见型。这种人难于接受别人的意见和建议，难于接受不同的价值观，总希望别人接受自己的价值观。

第五级：玩弄权术型。这种人控制欲强烈，通过操纵别人达到个人目的，实用主义严重，以各种方式争取地位或社会影响。

第六级：社交中心型。这种人重视被人喜欢和尊重，重视与人相处而不十分重视自己的发展。

第七级：存在主义型。这种人能高度容忍不成熟的意见和不同的观点，敢于批评制度的僵化、权力的强制使用、虚挂职务等有碍于企业效率的现象。

人的价值观是在个人的生活过程中，经过家庭或社会的教育而形成的，并且强烈地受到人的世界观的制约。人的价值观一旦形成以后，就会保持相对的稳定性，并且强烈地影响个人对周围事物的态度和行为。因此，应该充分重视人的价值观研究。

三、角色对人的行为的影响

在社会生活的大舞台上，每个人都在扮演着不同的角色。有人是领导者，有人是被领导者；有人当工人，有人当农民；有人是丈夫，有人是妻子，等等。每一种角色都有一套行为规范，人们只有按照自己所扮演的角色的行为规范行事，社会生活才能有条不紊地进行，否则就会发生混乱。

所谓角色，是指围绕人的地位所产生的一套权利义务系统和行为方式。有的心理学家认为角色由三个侧面构成。

（1）角色期待。指社会和人们对某种角色的期望和要求。如人们对领导者的期待是有胆有识，能谋善断，能率领下级干一番事业，同时又关怀并尊重下级，给群众带来好处。对教师的期待是知识渊博，循循善诱，能培养出有才华的学生。对妻子的期待是举止端庄，贤惠善良，能体贴和关怀亲人，等等。实际上，社会对每一种角色的期待是不同的。

（2）角色知觉。指个人对自己所扮演角色的认识和理解。由于社会因素及个性因素的影响，人们对自己所扮演角色的认知和理解，常常与角色实际应该具有的行为规范有差距，这就会产生个人行为失当的现象。如青年人之间嬉闹玩笑，无拘无束，但如果有的青年人以这种行为方式对待长辈，就会被别人视为缺乏礼貌。

（3）角色行为。指个人在角色期待与角色认知的基础上去实现自己的角色。如领导者确实尽了领导的责任；父亲确实尽了父亲的责任；教师确实尽了教师的责任。这就是实现了角色行为。

角色实现的过程就是个人适应环境的过程。在角色实现过程中，常常会发生角色行为的偏差，使个人行为与外部环境发生矛盾。发生角色偏差的原因有以下几种。

（1）角色期待不明。即社会对一种角色的行为规范要求暧昧不清，使个人不知道怎样去实现角色。比如，对新进校的学生、新入厂的工人、新入伍的战士，如果不及时进行行为规范的教育，那么就会发生角色期待不明的现象，使个人手足无措，不知如何行动，或贸然行动而违反纪律。在工作中任务不清，职责不明，也会发生角色行为偏差。

（2）角色认知发生错误。指角色期待明确，但个人对角色的认知不正确，从而发生的角色行为偏差。如儿子不懂孝敬父母，售货员不懂怎样对待顾客，领导者不懂怎样爱护下级，就会发生行为偏差。

（3）角色发生冲突。当社会要求一个人扮演两种以上不同性质的角色时，或对一个角色有若干种不同性质的期待时，就可能引起角色冲突。如婚后的男性既要当父亲的儿子，又要当儿子的父亲，又要做妻子的丈夫，往往会形成角色冲突，使个人行为顾此失彼。又如在存在多个领导的单位，一位领导者要求下级服

从自己的指挥，另一位领导者又要求下级服从他的指挥，这也会使下级发生角色冲突，不知如何去行动或发生行为失当。

第三节　社会因素

一、社会舆论对个人行为的影响

社会舆论又称公众意见，它是社会上大多数人对共同关心的事情，用富于情感色彩的语言所表达的态度、意见的集合。舆论所反映的往往是人们的共同需要和愿望。

社会舆论按其形成方式有自上而下和自下而上两种。自上而下的舆论，是由国家领导机关发出的并在人民群众中传播的大众意见。如国家一定机关通过报纸、电台、电视，对某种指令、政策有计划、有目的、有组织地加以宣传，使之被多数人所知晓，并且引导群众议论、讨论，以形成一致性的意见。自下而上的舆论是由部分个人或群众团体首先发出，接着由其他群众发表议论，逐渐扩散、传播而形成的舆论。如群众中对某些社会新闻的议论、传播就是自下而上的舆论。任何舆论的形成，都有一个复杂的议论、评价、相互感染、相互传递的过程。

按性质可将社会舆论分为赞助性、谴责性和流言性三种。赞助性的舆论，是人们对正义的、美好的、善良的人和事的支持和鼓励性的大众意见。谴责性的舆论，是指对非正义的、不道德的、丑恶的人和事的批评、控诉、揭露、抵制的大众意见。流言性的舆论是经少数人有意或无意地传播谣言或小道消息，其他群众不辨真伪也跟着传播而形成的舆论。

社会舆论会在很大程度上影响个人的行为，它既能鼓舞人的行为，也会抑制人的行为。舆论对个人行为的影响主要表现在以下几点。

（1）指出行为方向。社会舆论一旦形成，往往会形成多数人占优势的意见，对人们的行为起定向作用。舆论实际上对多数人的行为起着参照物的作用，多数人会按照舆论的要求去行事，而使少数不同意见者无法发表自己的看法，只能保持沉默。有的人则会产生从众心理，改变自己原来的意见和态度而服从舆论。保持沉默或从众都是迫使个人改变原来的行为方向，而与舆论保持一致。

（2）强化正当的个人行为。特别是赞助性舆论，能使赞助者以及参加舆论的个人受到激励、鼓舞、暗示、感染，产生心理上的共鸣，从而能强化那些有利于大众和社会的行为，使人们学习模仿赞助的行为，使好的行为发扬光大。

（3）能改变个人对自己行为的认知。舆论会给个人心理产生强烈刺激，促使人重新省察、认识自己的行为。使具有不正当行为的人处于自责、自愧的心理状态从而改变原来的行为方向，如社会舆论一致谴责某人不道德的行为，就可能使这个人感到无地自容，内心有愧，从而改变不道德的行为。

总之，舆论是促使个人改变行为的强大社会力量。好的社会舆论会激发人、鼓舞人、催人向上，使正气发扬光大；而不好的社会舆论则会使谬误流传，逼人就范，给社会和个人造成损失。因此，要重视各种社会舆论对人们心理和行为的影响。

二、风俗与时尚对个人行为的影响

风俗是指一定地区内社会多数成员比较一致的行为趋向。风俗是在人们世世代代的生活中形成并保持下来的。在各个地区内长期居住的居民，从婚丧嫁娶到生活礼仪，一般都有自己的风俗。

风俗起着社会规范的作用，对人们的行为有一定约束力量。一般人都有顺从风俗的趋向，因此，按风俗行事往往成了人们习惯化、固定化了的行为方式。正因如此，风俗对人的行为的影响是非常深广的。我国古代曾有"入乡随俗"的说法，告诉人们到一个地方去，首先要了解当地风俗并按当地风俗行事，否则就会给自己的行动带来麻烦。可见风俗对外地人的行为也有强制性。

所谓时尚，是指人们一时崇尚的行为方式。时尚又叫"时髦"，如穿着时髦的服装，听流行歌曲，都是时尚。时尚对人是一种新异刺激物，人们通过对这种新异刺激的追求，会获得某种心理上的满足。

时尚流行，往往对人们的行为具有强大的诱惑力量，促使人们的行为与时尚求同，对人们的行为产生如下的影响。

（1）促使人们自然地遵从。人们都有一种心理趋向，即凡是大家公认的东西，个人也乐于接受。盛行的时尚，往往使大家自然而然地遵从它，模仿它。

（2）直接影响人们的审美价值观念。人们往往认为，合乎时尚就具有审美价值，不合乎时尚就缺乏审美价值。这种审美意识会促使人们去追求时尚。

（3）时尚对人们行为的影响存在差异。一般地说，时尚对儿童和老年人影响较少，而对青年人影响较大；对男性影响相对地小一些，而对女性影响较大；对具有进取精神的人影响较大，而对于墨守成规的人影响较小。

三、正确看待各种社会因素对个人行为的影响

个人在社会中生活，其行为受到各种各样因素的影响。各种因素，对人的行为的影响作用是不尽相同的。

影响人们行为的主要因素，是一定的社会存在和社会意识形态。社会存在是指人们的经济地位、政治地位以及社会生活条件；社会意识形态则是指一定人群的理论化、概括化了的思想观点，如世界观、道德观、人生观，等等。人们在一定的社会经济中生活，其行为和心理强烈地受到客观存在，即经济生活条件和意识形态的影响，自觉或不自觉地遵守其社会的行为规范，接受其存在的世界观、人生观、思想、情感、态度等。因此，从根本上说，影响个人行为的是经济地位和社会意识形态。

人不是消极被动地接受社会因素的影响，个人的主观因素如认知、情感、需要、动机、意图、态度、价值观、世界观，等等，也对个人的行为有很大制约作用。客观因素与主观因素对个人的行为的影响既有区别又有联系。客观因素对个人行为的影响是间接的，它往往通过主观的因素对个人的行为发生作用。而主观的因素对个人行为的影响是直接的，但它来源于并强烈地受着客观因素的制约。一定社会人所具有的世界观、人生观、价值观，只有转化为个人的动机、目的、态度，才能对个人行为发生作用。反过来，人的动机、态度的形成和变化，又是由客观的因素所决定的。我们必须辩证地看待主观与客观两类因素对人的行为的影响，全面认识和理解影响人的行为的各种因素。西方的行为科学注重个人心理因素和微观环境对人的行为的影响，在一定程度上揭示了微观环境中个人心理和行为活动的规律性。但它往往忽视宏观的社会因素对个人行为的影响，这具有一定的片面性。

第四节　生　理　因　素

人的安全行为主要与性别、年龄；视觉、听觉；反应能力、记忆力、观察力；生物节律；疲劳状况等生理因素有关。

一、年龄

不同年龄段的人有着不同的年龄特征。年龄增长引起身体变化也是一个重要生理因素。例如，儿童时期的脑电波不稳定，过了 20 岁以后，脑电波开始稳定

下来，说明大脑神经随着年龄增大而聚合成长。过了 20 岁，聚合基本完成，身体也发育成熟了，但是，往往思想方面仍不够成熟。人的老化也是如此。老龄化不可避免地带来身体的各种功能的降低，特别是视力、高频听力、呼吸量、体力等更为明显。而在精神功能方面还能保持到相当年龄，并更趋成熟。但是需要高度抽象的智力成果，如数学、计算机软件等杰出的成就绝大多数都是在中年以前取得的。

二、人的感官系统

人体的感官系统又称感觉系统，是人体接受外界刺激，经传入神经和神经中枢产生感觉的机构。人的感觉按人的器官分类共有 7 种，通过眼、耳、鼻、舌、肤等 5 个器官产生的感觉称为"五感"，此外还有运动感、平衡感等。

人-机-环境系统中安全信息的传递、加工与控制，是系统能够存在与安全运行的基础之一。人在感知过程中，大约有 80％以上的信息是通过视觉获得的，可以说视觉是最重要的感觉通道。人开始行动之时，靠视觉接受外界条件的大部分信息，依此判断，而后才采取行动。就通过视觉而来的刺激而言，若视力不佳，则极易产生错误判断，从而产生行动上的失误，这就有发生事故的可能性。

听觉系统是人获得外部信息的又一重要感官系统。在人-机-环境系统中，听觉显示仅次于视觉显示。由于听觉是除触觉以外最敏感的感觉通道，在传递信息量很大时，不像视觉那样容易疲劳，因此一般用作警告显示时，通常和视觉信号联用，以提高显示装置的功能。

三、人体自身变化规律——人体生物节律

目前科学实验已证明人的生理、心理、表现及特征除受一定客观因素影响外，也有其不以人的意志而改变的自身变化规律，此规律称为人体生物节律。人体生物节律告诉我们：人的体力、情绪、智力从他刚出生那天起就按正弦曲线周期变化着，人的一切行为都受到它的影响。科学研究证明体力循环周期为 23 天，情绪循环周期为 28 天，智力循环周期为 33 天。我们把周期的正半周称为高潮期，负半周称为低潮期，一般临界点正弦曲线与时间轴的焦点前后差 1～2 天。具体来讲，以正弦曲线与时间轴为中心，人的体力高潮期为 10 天，临界期为 3 天，低潮期为 10 天；人的情绪高潮期为 12 天，临界期为 3 天，低潮期为 13 天；人的智力高潮期为 14 天，临界期为 4 天，低潮期为 15 天。这样就形成了人体生物节律的循环。

生物节律处于不同的时期，人的生理表现也不同。总的来看，在高潮期，人

的表现为精力旺盛，体力充沛，反应灵敏，工作效率高；低潮期的表现为情绪急躁，体力衰退，容易疲劳，反应迟钝，工作效率低；在临界期，人体变化剧烈，机体各器官协调功能下降，处于不稳定状态，工作中容易出现差错，出事故的可能性很大。如果体力、情绪、智力三种节律同时处于临界期，就极容易发生事故，此时期称为"危险期"。对于节律处于此时期的生产工人，我们一定要对他多加提醒、关照。关键岗位上或单人从事危险作业时，可以临时暂停其工作或暂调工作。

四、人体常见的生理反应——疲劳

人体疲劳时，生理机能下降，反应迟钝，工作笨拙，工作效率降低，出现差错较多，极易发生事故。

人体疲劳有客观因素，但也有自身规律。人的精力也是有限的。从时间上看，一般人在凌晨2～6时，中午12～14时是最容易出现疲劳的时间段，尤其是司乘人员，得不到充分的休息，因疲劳驾驶造成的严重行车事故更是屡见不鲜，在媒体上也时有报道。还有轮班制企业职工，在上班前不能充分休息，生产过程中产生身体疲劳，既给本人身体造成伤害，又给企业带来经济损失。因此，如何让生产中的生产者保持充沛的精力是很值得研究并需要解决的问题。

生理疲劳以肌肉疲劳为主要形式。当工作活动主要由身体的肌肉承担时所产生的疲劳，被称为肌肉疲劳。产生肌肉疲劳时表现出乏力，工作能力减弱，工作效率降低，注意力涣散，操作速度变慢，动作的协调性和灵活性降低，差错及事故发生率增加，工作满意感降低，等等。

第五节　环境、物的因素

人的安全行为除了受内因作用的影响外，还受外因的影响。环境、物的状况对劳动生产过程的人也有很大的影响。

环境变化会刺激人的心理，影响人的情绪，甚至打乱人的正常行动，即会出现这样的模式：环境差——人的心理受不良刺激——扰乱人的行动——产生不安全行为。反之，环境好，能调节人的心理，激发人的有利情绪，有助于实施安全行为。

环境因素主要包括以下几个方面的内容：

（1）自然因素：包括气象、自然光、气温、气压、风流等；

（2）人工因素：包括工作场所、岗位、设备、物流等；

（3）物理因素：包括气温、气压、温度、光、环境、声环境、辐射、卡他度（影响人体散热速率的一种综合指标）、负离子等；

（4）化学因素：氧气、尘、有害气体等。

物的运行失常及布置不当，会影响人的识别与操作，造成混乱和差错，打乱人的正常活动，即会出现这样的模式：物设置不当——→影响人的操作——→扰乱人的行动——→产生不安全行为。反之，物设置恰当、运行正常，有助于人的控制和操作。

环境差（如噪声大、尾气浓度高、气温高、气温低、湿度大、光亮不足等）造成人的不舒适、疲劳、注意力分散，人的正常能力受到影响，从而造成行为失误和差错。由于物的缺陷，影响人机信息交流，操作协调性差，从而引起人的不愉快刺激、烦躁知觉，产生急躁等不良情绪，引起误动作，导致不安全行为。要保障人的安全行为，必须创造良好的环境，保证物的状况良好和合理使用，使人、物、环境更加协调，从而增强人的安全行为。

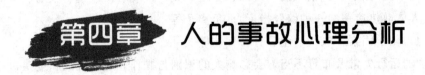

第四章 人的事故心理分析

第一节 事故心理结构的测评

一、概述

人的心理包括极其广泛的内容：从感觉，知觉，记忆，想象到思维；从情绪，感情到意志；从兴趣，习惯，能力，气质到性格个性，等等。事故的心理因素是对由于影响和导致一个人行为而发生事故的心理状态和成分的总称。

导致事故的心理虽然不如人的全部心理那样广泛，但仍然有相当复杂的内容，而且其中各种因素之间又是相互联系、依存，相互矛盾、制约的。在研究人的导致事故心理的过程中，发现影响和导致一个人发生事故行为的种种心理因素，不仅内容多，而且最主要的是各种因素之间存在着复杂而有机的联系。它们常常是有层次的，互相依存，互相制约，辩证地起作用。为了便于研究，人们把影响和导致一个人发生事故行为的种种心理因素假设为事故的心理结构。

事故心理结构，是由众多的导致事故发生的心理要素组成。我们在实际工作中，可以说，只有当一个人形成一定的引起事故的心理结构，而且具有可能引起事故的性格，并且碰到一定的引起事故的条件和环境时，才会发生也必然发生引起事故的行为。由此，可得出最基本的逻辑模型：

造成事故的心理结构＋事故条件和环境→导致事故的行为发生→事故

根据这一事故模型，我们不难看出：

① 在研究引起事故发生的原因时，首先要考虑造成事故者的心理动态，分析事故心理结构及其对行为的影响和支配作用，从而可以弄清事故心理结构和事故行为的因果关系。从这个意义上说，我们可以通过研究造成事故者心理结构的内容要素和形成原因，探寻其心理结构形成过程的客观规律，便能寻究和找出发生事故行为的心理原因。

② 在研究事故的预测问题时，首先应着重于研究造成事故的心理预测，实

际上就是通过对造成事故心理的调查研究、统计、分析在生产过程中进行预测。当某一个体的心理状况与造成事故的结构的某些心理要素接近相似时，该个体发生事故行为可能性便增大。因此，造成事故心理预测在很大程度上是根据造成事故心理结构的内容要素进行人的心理状况的预测。

综上所述，进行造成事故者的心理结构及其性格估量的分析讨论，有着理论和实践两方面的意义。

二、事故心理结构的要素

在生产过程中引发工伤事故的因素很多，而造成事故者的心理状态常常是导致事故的主要的，甚至是直接的因素。造成事故的心理结构复杂多样，我们在进行事故心理结构设计时，不可能把所有的事故心理因素列出，为便于研究，现归纳为十大心理要素。

1. 侥幸心理

例如，某一建筑工人，平时一直坚持戴安全帽上班。有一天，临时有人找他，因为匆忙，忘了戴安全帽。他以为一会工夫，事故没有如此巧合，因此未戴安全帽。当他走到手架边，正巧一块砖头不偏不倚地掉到了他头上。

2. 麻痹心理

例如，某厂操作卷扬机的女工，平时总用手拨大卷筒上卷乱了的钢丝，因为从未出过事故，所以她麻痹了，但钢丝绳却无情，就在这样的动作中将手和身体卷了进去。

3. 偷懒心理

例如，搅拌机附近平台上有些散落的砂子，本来用铁锹铲到搅拌机里便可解决问题。但有位工人却懒于多走几步去取铁锹，而是抬起脚往搅拌机里抹，结果未站稳，右脚便陷入到搅拌机里。

4. 逞能心理

例如，某厂青工，在工休之余同其他青工打赌说："谁从五米高的平台边走一圈，我请客。"有位青工为表示自己的"勇敢"，随即身体力行，没走几步，身体失控，失去平衡而高空坠落。

5. 莽撞心理

例如，面前有条基坑，本可多走几步绕过去，但某人却过高估计自己的能力，认为可以跨过去，结果却落入毛石坑中，腰伤头破。

6. 心急心理

例如，有些工作需要当天完成，但想到下班以后要去接孩子，为了不延误下班时间，心急求快念头便产生了，于是安全规程抛置脑后，必需的工序省掉了，往往欲速则不达，祸害降临。

7. 烦躁心理

例如，上班前刚同妻子吵了架，心中委屈、不平、气愤，于是心情非常烦躁。在这种情况下，就容易榔头打到手上，木头绊到脚上，甚至可能酿成不幸的事故。

8. 粗心心理

例如，一位卷扬机司机，下班后扬长而去，可卷扬机未切断电源，按钮开关掉在地上未拾起。半夜下起雨来，开关浸进雨水而形成通路促使卷扬机开动起来，结果拉倒了井架，绞坏了卷扬机。

9. 自满心理

例如，工作多年的工人，自以为技术过硬而自满，对有关规程抱无所谓的态度。因此，有位电工拆除电线时不切断电源而被打倒在地。还有的焊工不清洗汽油桶就补焊，造成爆炸。

10. 好奇心理

例如，不少青年工人对其他工种的设备好摸摸，弄弄。有位青工出于好奇，擅自驾驶从未驾驶过的机动翻斗车，结果撞坏了车，压伤了人。

三、可能造成事故的心理因素及估量

当某种造成事故的心理结构的若干因素，在一个人的个性中占重要地位，甚至成为一定的支配力量时，这个人就有较大可能存在造成事故的心理因素。显而易见，较容易形成事故心理结构和可能造成事故性格的人，也就比较容易造成事故。因为，对可能造成事故的性格不仅做定性的分析，而且做定量的估量已属必要。

根据对造成事故心理结构诸成分的分析，我们试以一个比较简单的公式粗略表示造成事故心理结构中诸成分之间的相互关系，借以给出可能造成事故性格的一个量的指标，这个量的指标可以叫做可能造成事故心理指数，用字母 Z 来表示。那么，可能造成事故心理指数 Z 与造成事故心理结构中诸成分之间的关系可表示为如下公式：

$$Z = \frac{A+B+C+D+E+F+G+H+I+J}{L+M}$$

在这个公式里，L 表示事业感和工作责任心；M 表示遵守安全规程，掌握

安全技术和知识，有自制力；A、B、C、D、E、F、G、H、I、J 分别表示前述造成事故心理结构中的各项成分。由此不难看出：

（1）造成事故的行为发生的可能性与 A、B、C、D、E、F、G、H、I、J 诸项的代数和成正比，而与 L 与 M 的代数和成反比。

（2）可能造成事故的心理指数 Z 的值越大，发生事故行为的主观可能性（或危险性）也就越大。

为了便于估量和比较，初步拟定粗略的评分标准：$A \sim J$ 各 10 分，L 和 M 各 50 分，在各项均取得标准分值的情况下，可能造成事故的心理指数 Z 亦得到一个标准值 1。

讨论：

（1）当 A、B、C、D、E、F、G、H、I、J 各项均取得标准评分值，而 L 和 M 和的代数和小于标准评分时，可能造成事故的心理指数 Z 的值必大于标准值 1。

（2）当 L 和 M 均取得平均值，而 A、B、C、D、E、F、G、H、I、J 各项的代数和大于标准评分时，可能造成事故的心理指数 Z 的值亦必定大于标准值 1。

（3）当 A、B、C、D、E、F、G、H、I、J 各项代数的和大于标准评分，而 L、M 两项的代数和又低于标准评分时，则可能造成事故的心理指数 Z 便大于标准分 1。

各项成分的评分细则可参考表 4-1。

表 4-1　各项成分的评分细则

符号	分值	含　义
L	50	具有强烈的事业心和工作责任心
	40	具有良好的事业心和工作责任心
	30	在事业心和工作责任心方面较淡薄
	20	事业心和工作责任心方面存在缺陷
	10	无事业心，工作责任心差
M	50	在任何情况下，严格遵守安全规程，自制力强，能抵御各种心理干扰
	40	能遵守安全规程，在一般情况下自制力能克服心理干扰
	30	能遵守安全规程，自制力不强，在特定的情况下，不能排除干扰
	20	一般不能遵守安全规程，自制力不强，经不住较强的造成事故欲望的诱惑
	10	不注意遵守安全规程，自制力很差，兴奋性高，极易冲动，容易自我放纵，很少顾忌后果

符号	分值	含 义
A	20	自作聪明,侥幸心理占上风,不可以避免事故
	15	侥幸心理占主导地位,不畏危险
	10	有一定的侥幸心理
B	20	极为麻痹大意,不顾前车之鉴
	15	麻痹大意不顾后果
	10	因以前未出事故,渐渐产生麻痹思想
C	20	自私自利,贪图方便
	15	工作马虎,缺乏责任心
	10	图一时省力
D	20	好逞强视生命为儿戏,没有自我保护意识
	15	好胜心强,缺乏必要的安全知识
	10	自大,工作经验不足,自认为没有问题
E	20	莽撞从事,一味蛮干
	15	粗鲁马虎,不考虑后果
	10	高估自己的能力
F	20	急于求成,根本不顾安全规章制度
	15	因小失大,忽视安全规章制度
	10	心放两头,工作不安心
G	20	受到挫折,失意反常
	15	心烦意乱,有一定的心理压力
	10	心境不好,影响情绪
H	20	根本没有工作责任心
	15	缺乏工作责任心,粗枝大叶
	10	工作不仔细
I	20	以老经验自居,不遵守安全规章制度
	15	自以为是,无视安全规章制度
	10	凭经验行事,自以为不会出差错
J	20	好奇心占上风,不顾危险
	15	为满足好奇心,不注意安全
	10	好奇心理,以为摸摸碰碰没有问题

按上述细则,可能造成事故的心理指数 Z 有最大和最小值:

最大值 Z 为 10;最小值 Z 为 1,即 Z 值的范围是 1~10。

Z 值范围内可分为三个区间：

第一区间：Z 值在 3 以上极容易发生事故。

第二区间：Z 值在 1～2 之间有发生事故可能。

第三区间：Z 值在 0.5 以下不容易发生事故。

如果能够进行各区间人数的统计会有一定的实践意义。例如从预防角度讲，对第一、二区间的人，有必要对其加强宣传教育，以达防患于未然之目的。

当然，在生产过程中由人的因素引起的工伤事故的原因是多方面的，诸如政治、经济、身体状况、家庭环境、技术水平、精神状态及本身的自我保护意识，等等，而且它较之物的不安全因素更具有不稳定性且不易把握其规律性，还有一定的偶然性存在，所以较难预测和控制。

第二节　人因事故模型

人因事故模型主要是从人的因素考虑研究事故致因的理论。在事故致因中，人的因素具有重要的作用，尽管事故是由于人的不安全行为和物的不安全状态共同造成的，但起主导作用的始终是人的因素。因为物是人创造的，环境是人能够改变的。所以，在研究事故致因理论时，必须着重对人的因素进行深入的研究。这就出现了事故致因理论的另一个分支——人因事故模型。

这类事故理论都有一个基本的观点，即：人失误会导致事故，而失误的发生是由于人对外界刺激（信息）的反应失误造成的。

人因事故模型主要有 1969 年瑟利提出的瑟利事故模型，1970 年海尔提出的海尔模型，1972 年威格里斯沃思提出的"人失误的一般模型"，1974 年劳伦斯提出的"金矿山人为失误模型"以及 1978 年安德森等人对瑟利模型的修正，等等。

这些理论均从人的特性与机器性能和环境状态之间是否匹配和协调的观点出发，认为机械和环境的信息不断地通过人的感官反映到大脑，人若能正确地认识、理解、判断，作出正确决策和采取行动，就能化险为夷，避免事故和伤亡；反之，如果人未能察觉、认识所面临的危险，或判断不准确而未采取正确的行动，就会发生事故和伤亡。由于这些理论把人、机、环境作为一个整体（系统）看待，研究人、机、环境之间的相互作用、反馈和调整，从中发现事故的致因，揭示出预防事故的途径，所以，也有人将它们统称为系统理论。

一、瑟利事故模型

1969 年瑟利（J. Surry）提出了一种事故模型，以人对信息的处理过程为基础描述事故发生的因果关系，这一模型称为瑟利事故模型。这种理论认为，人在信息处理过程中出现失误从而导致人的行为失误，进而引发事故。

瑟利把事故的发生过程分为危险出现和危险释放两个阶段，这两个阶段各自包括一组类似人的信息处理过程，即知觉、认识和行为响应过程。在危险出现阶段，如果人的信息处理的每个环节都正确，危险就能被消除或得到控制；反之，只要任何一个环节出现问题，就会使操作者直接面临危险。在危险释放阶段，如果人的信息处理过程的各个环节都是正确的，则虽然面临着已经显现出来的危险，但仍然可以避免危险释放出来，不会带来伤害或损害；反之，只要任何一个环节出错，危险就会转化成伤害或损害。瑟利事故模型如图 4-1 所示。

由图 4-1 可以看出，两个阶段具有相类似的信息处理过程，每个过程均可被分解成六个方面的问题。下面以危险出现阶段为例，分别介绍这六个方面问题的含义。

第一个问题：对危险的出现有警告吗？这里警告的意思是指工作环境中是否存在安全运行状态和危险状态之间可被感觉到的差异。如果危险没有带来可被感知的差异，则会使人直接面临该危险。在生产实际中，危险即使存在，也并不一定直接显现出来。这一问题给我们的启示就是要让不明显的危险状态充分显示出来，这往往要采用一定的技术手段和方法来实现。

第二个问题：感觉到了这警告吗？这个问题有两个方面的含义：一是人的感觉能力如何。如果人的感觉能力差，或者注意力在别处，那么即使有足够明显的警告信号，也可能未被察觉；二是环境对警告信号的"干扰"如何。如果干扰严重，则可能妨碍对危险信息的察觉和接受。根据这个问题得到的启示是：感觉能力存在个体差异，提高感觉能力要依靠经验和训练，同时训练也可以提高操作者抗干扰的能力。在干扰严重的场合，要采用能避开干扰的警告方式（如在噪声大的场所使用光信号或与噪声频率差别较大的声信号）或加大警告信号的强度。

第三个问题：认识到了这警告吗？这个问题问的是操作者在感觉到警告之后，是否理解了警告所包含的意义，即操作者将警告信息与自己头脑中已有的知识进行对比，从而识别出危险的存在。

第四个问题：知道如何避免危险吗？这个问题问的是操作者是否具备避免危

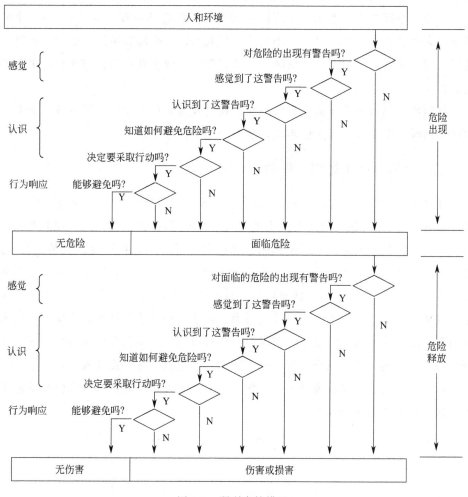

图 4-1　瑟利事故模型

险的行为响应的知识和技能。为了使这种知识和技能变得完善和系统，从而更有利于采取正确的行动，操作者应该接受相应的训练。

　　第五个问题：决定要采取行动吗？表面上看，这个问题毋庸置疑，既然有危险，当然要采取行动。但在实际情况下，人们的行动是受各种动机中的主导动机驱使的，采取行动、回避风险的"避险"动机往往与"趋利"动机（如省时、省力、多挣钱、享乐等）交织在一起。当趋利动机成为主导动机时，尽管认识到危险的存在，并且也知道如何避免危险，但操作者仍然会"心存侥幸"而不采取避险行动。

　　最后一个问题：能够避免危险吗？这个问题问的是操作者在作出采取行动的

决定后，是否能迅速、敏捷、正确地作出行动上的反应。

上述六个问题中，前两个问题都是与人对信息的感觉有关的，第3～5个问题是与人的认识有关的，最后一个问题是与人的行为响应有关的。这六个问题涵盖了人的信息处理全过程并且反映了在此过程中有很多发生失误进而导致事故的机会。

瑟利事故模型适用于描述危险局面出现得较慢，如不及时改正则有可能发生事故的情况。对于发展迅速的事故，也有一定的参考价值。

二、威格里斯沃思事故模型

威格里斯沃思在1972年提出，人失误构成了所有类型事故的基础。他把人失误定义为"（人）错误地或不适当地响应一个外界刺激"。他认为：在生产操作过程中，各种各样的信息不断地作用于操作者的感官，给操作者以"刺激"。若操作者能对刺激作出正确的响应，事故就不会发生；反之，如果错误或不恰当地响应了一个刺激（人失误），就有可能出现危险。危险是否会带来伤害事故取决于一些随机因素，即发生伤亡事故的概率。而这种伤亡事故和无伤亡事故又给人以强烈刺激，促使人们对原来的错误行为进行反思，使其树立安全观念，增强安全意识，主动地去掌握安全知识、安全技能，以驾驭系统，提高安全性。

威格里斯沃思的事故模型可以用图4-2中的流程关系来表示。该模型描述了人失误导致事故的一般模型。

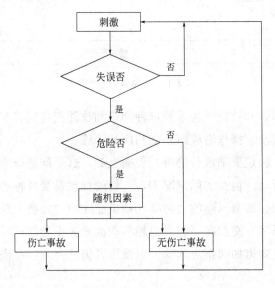

图 4-2 威格里斯沃思事故模型

从这种事故模型出发防止伤亡事故，首先，要预先熟悉并掌握来自系统及外界的各种刺激，能够正确辨识系统存在的各种危险因素，例如，声、光、温度、压力、颜色、烟雾等都意味着什么，什么样的信息表示系统正常，什么样的信息表示系统不正常。系统发生过什么事故，什么原因造成的，事故前有哪些症状等。这就要求行为者有熟练的危险因素辨识能力，特别是对行为者无刺激，或刺激力很弱的危险因素，要使其刺激作用加强，使其能够为行为者所辨识。其次，熟练掌握对各种刺激做出正确反应的能力，防止失误发生。因为事故从发现苗头到发生，以至结束，时间往往很短，如果没有熟练，乃至形成条件反射的反应能力，事故来不及控制就已经发生了。这就要求行为者具备很强的事故紧急处理能力。因此，企业除了要进行必要的安全知识、安全技能教育外，还应经常进行紧急事故演练，把危险操作过程中可能出现的各种事故情况都纳入演练内容，使操作者牢记，遇到各种情况应当如何处理，怎样才能把事故消灭在萌芽状态。这样就可以避免一些不必要的事故损失。第三，对于因危险辨识失误，反应错误而不可避免地发展为可能造成人员伤亡的危险因素，则应当从工艺技术、设备结构上考虑防止事故的最后一道防线。同时注重工艺改造、设备更新等，使事故发生朝无伤亡的方向发展。

尽管这个模型通过突出人的不安全行动来描述事故现象，但并不能解释人为什么会发生失误。它也不适用于不以人失误为主的事故。

三、劳伦斯事故模型

劳伦斯在威格里斯沃思和瑟利等人的人失误模型的基础上，通过对南非金矿中发生的事故的研究，于1974年提出了针对金矿企业以人失误为主因的事故模型，见图4-3，该模型对一般矿山企业和其他企业中比较复杂的事故情况也普遍适用。

在生产过程中，当危险出现时，往往会产生某种形式的信息，向人们发出警告，如突然出现或不断扩大的裂缝、异常的声响、刺激性的烟气等。这种警告信息叫做初期警告。初期警告还包括各种安全监测设施发出的报警信号。如果没有初期警告就发生了事故，则往往是由于缺乏有效的监测手段，或者是管理人员事先没有提醒人们存在危险因素。行为人在不知道危险存在的情况下发生的事故，属于管理失误造成的。

在发出了初期警告的情况下，行为人在接受、识别警告，或对警告作出反应等方面的失误都可能导致事故。

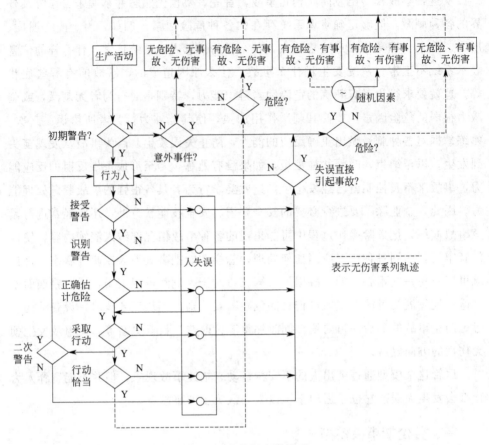

图 4-3　劳伦斯事故模型

当行为人发生对危险估计不足的失误时，如果他还是采取了相应的行动，则仍然有可能避免事故；反之，如果他麻痹大意，既对危险估计不足，又不采取行动，则会导致事故的发生。这里，行为人如果是管理人员或指挥人员，则低估危险的后果将更加严重。

矿山生产作业往往是多人作业、连续作业。行为人在接受了初期警告、识别了警告并正确地估计了危险性之后，除了自己采取恰当的行动避免伤害事故外，还应该向其他人员发出警告，提醒他们采取防止事故的措施。这种警告叫做二次警告。其他人接到二次警告后，也应该按照正确的系列对警告加以响应。

劳伦斯事故模型适用于类似矿山生产的多人作业生产方式。在这种生产方式下，危险主要来自自然环境，而人的控制能力相对有限，在许多情况下，人们唯一的对策就是迅速撤离危险区域。因此，为了避免发生伤害事故，人们必须及时发现、正确评估危险，并采取恰当的行动。

四、安德森事故模型

瑟利事故模型实际上研究的关系是在客观已经存在潜在危险（存在于机械的运行和环境中）的情况下，人与危险之间的相互关系、反馈和调整控制的问题。然而，瑟利事故模型没有探究何以会产生潜在危险，没有涉及机械及其周围环境的运行过程。安德森等人曾在分析 60 件工业事故中应用瑟利事故模型，发现了上述问题，从而对它进行了扩展，形成了安德森事故模型。该模型是在瑟利事故模型之上增加了一组问题，所涉及的是，危险线索的来源及可察觉性，运行系统内的波动（机械运行过程及环境状况的不稳定性），以及控制或减少这些波动使之与人（操作者）的行为的波动相一致，如图 4-4 所示。

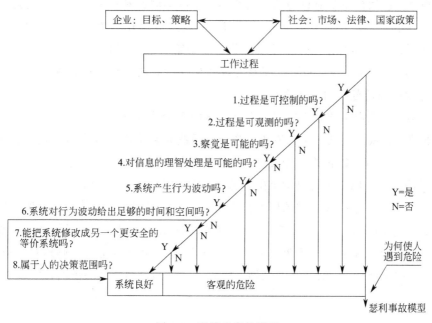

图 4-4　安德森事故模型

企业生存于社会中，其经营目标和策略等都要受到市场、法律、国家政策等的制约，所有这些都会从宏观上对企业的安全状况产生影响。

问题 1：过程是可控制的吗？即不可控制的过程（如闪电）所带来的危险是无法避免的，此模型所讨论的是可以控制的工作过程。

问题 2：过程是可以观测的吗？指的是依靠人的感官或借助于仪表设备能否观察了解工作过程。

问题 3：察觉是可能的吗？指的是工作环境中的噪声、照明不良、栅栏等是否会妨碍对工作过程的观察了解。

问题4：对信息的理智处理是可能的吗？此问题有两方面的含义：一是问操作者是否知道系统是怎样工作的。如果系统工作不正常，他是否能感觉、认识到这种情况；二是问系统运行给操作者带来的疲劳、精神压力（如长期处于高度精神紧张状态）以及注意力减弱是否会妨碍其对系统工作状况的准备、观察和了解。

上述问题的含义与瑟利事故模型第一组问题的含义有类似的地方，所不同的是，安德森事故模型是针对整个系统，而瑟利事故模型仅仅是针对具体的危险线索。

问题5：系统产生行为波动吗？问的是操作者的行为响应的不稳定性如何，有无不稳定性，有多大。

问题6：运行系统对行为的波动给出了足够的时间和空间吗？问的是运行系统（机械和环境）是否有足够的时间和空间以适应操作行为的不稳定性。如果是，则可以认为运行系统是安全的（图4-4中第7、8个问题，直接指向系统良好），否则就转入下一个问题，即能否对系统进行修改（机器或程序）以适应操作者行为在预期范围内的不稳定性。

问题7：能把系统修改成另一个更安全的等价系统吗？

问题8：属于人的决策范围吗？指修改系统是否可以由操作和管理人员作出决定。尽管系统可以被修改为安全的，但如果操作和管理人员无权改动，或者涉及政策法律，不属于人的决策范围，那么修改系统也是不可能的。

对模型的每个问题，如果回答是肯定的，则能保证系统安全可靠（图中沿斜线前进），如果对问题1、4、7、8作出了否定的回答，则会导致系统产生潜在的危险，从而转入瑟利事故模型。对问题5的回答如果是否定的，则跨过问题6、7而直接回答问题8。对问题6的回答如果是否定的，则要进一步回答问题7。

第三节　事故心理因素分析

引起事故的原因是多种多样的，既有设备的因素，也有人的因素。人的因素中除了生理上的因素，还有心理因素。导致事故的心理因素究竟有哪些呢？在本节中我们从三个侧面加以讨论。

一、心理素质在事故致因中的地位

劳动条件和心理因素在事故致因中有一定地位，人在发生事故时可具有的心理状态，依事故发生的频率、作业条件不同而各异。

日本铁路系统曾统计 3094 件交通事故，列出十五项引起事故的人的因素。其中由于作业方法不当，经验不足，准备不够，安全教育和训练缺陷等造成无知或智能低下者占 50%；因信息不足，无谋，恐惧而判断失误者占第二位。

青岛公司对 15 个工厂 1656 件事故的心理学问题的调查表明：除去工程技术上的原因之外，涉及人员心理状态的原因共分六类二十一种表现。

二、事故发生前的心理分析

事故发生前，人在行动起点上的心理大致包括五方面的因素。

（1）人的气质、性格各具特点，行动起点不同。人用视觉接受外部信息，给中枢刺激，并产生判断，从而进行动作行为。但相同的外界条件未必产生相同的行动，这是由于先天的素质以及后天的生活环境给人的影响不大相同，以及由于经验不足和在自然界积累而形成的性格不同，从而显示出不同的心理状态。因此，人的性格、气质上的特点与形成事故有一定的关系。

（2）行动开始时缺乏判断，所需知识和经验不足。人在外界的刺激下发生行动时，主要靠视觉向大脑传递信息，由大脑做出适当判断，从而产生表现行为的输出。这种判断是基于过去掌握的知识、经验和记忆进行的。所以，即使对同一问题，不同人的判断也不尽相同。

无知和没有经验与发生事故密切相连，人的知识、阅历是在自然生活中形成的，但生产企业是人工环境，它与自然生活环境不大相同，特别是应用化学能、电能以及具有复杂结构的机械设备的工矿企业里，由于不学无术、判断失误而产生的不安全行动，多包含着危害和隐患，孕育着伤亡事故发生的可能性。发生企业现场事故的原因之一就是安全知识不足，安全技术培训不够和事故本人不学无术，以致判断失误。

（3）不专注，注意力分配不适当。在人机系统中动态对象较多，人也不是静止的，这就存在控制人和机器的关系及相互位置的问题。如果视觉机能低下，容易看错，再加上注意力分配不适当，就会对重要的危害不加注意，不能专心致志，从而产生发生伤亡事故的机会。

（4）作业过程中，思想被外界所吸引，工作掉以轻心，往系统外集中分配了能量。有些人为了完成指定的任务，在初级阶段，多靠从记忆中捞取有关过去的经验来摸索着干，这时，生理机能相当活跃，而能量最集中于未知的课题，以头脑判断来寻求正确的行动，以至完成任务。速度虽然慢，但可能顺利完成任务，反复多次有了经验，就可花费最少的能量取得最好效果。这时，对外部条件的信

第四章 人的事故心理分析

息判断也就不大用脑子了，而只靠下意识的反射去行动。生产操作如达到这种状态，就会有"闲"心去想与工作无关的"系统外"的事了。也就是有多余的能量可以分配给系统外的事了，这就可能发生工作上的事故。

因为把能量集中到工作系统外的"闲"事上去，以致在工作中形成这种"视而不见，听而不闻"的心理状态，应当注意的事却没有注意，这就会促成伤亡事故的发生。由于这种心理状态所造成的事故概率虽不是很高，但终究是造成安全生产事故的一种心理原因。

（5）情绪抑郁与发生事故的关系。人有时受到外部环境条件影响，心理上受到伤害，由此发生的忧郁、恐惧等也是发生事故的重要心理因素。例如，家人有病，因欠债或经济生活紧张，人际关系不和睦，等等，会导致思想负担过重。持这种心理状态的人，在劳动操作中往往因脑子被忧郁、苦恼所占据，致使干活时心不在焉，不辨左右，不知对错，不能决定自己下一步行动，一旦情况紧急，能量就不能适当分配，所以其遭受伤亡的概率较大。上述与发生事故有关的心理因素，相互关联发挥作用，并综合影响事故的发生。

三、发生事故的心理因素

我们通过对事故原因的分析，可以判断产生不安全行为的个人根据。因为大多数工伤事故都是由于人为的不安全行为所造成的。企业领导、安全专职干部、工段长、班组长以及工程技术人员如不了解事故中的心理学知识，则难以找出工人的特殊的不安全行为。

安全管理心理学与分析事故原因的关系有三个相互联系的内容：

第一项（A）：列出安全工程师所关心的几种不安全行为，由此可知何人所做的行为是不安全的，称为已经知道的不安全行为，即：

（1）有意违反安全规程；

（2）无意违反安全规程；

（3）破坏或错误地调整安全设备；

（4）放纵地喧闹、玩笑，分散了他人的注意力；

（5）安全操作能力低，工作缺乏技巧；

（6）与人争吵，心境下降；

（7）行动草率过速或行动缓慢；

（8）无人道感，不顾他人；

（9）超负荷工作，力不胜任。

第二项（B）：可能成为直接的人为事故原因

（1）没有经验，不能查知事故危险；

（2）缓慢的心理反应和心理上的缺陷；

（3）各器官缺乏协调；

（4）疲倦，身体不适；

（5）找工作"窍门"；

（6）注意力不集中，心不在焉；

（7）职业，工种选择不得；

（8）夸耀心，贪大求全。

第三项（C）：心理上的主要原因

（1）激情，冲动，喜冒险；

（2）训练、教育不够，无上进心；

（3）智能低，无耐心，缺乏自卫心，无安全感；

（4）涉及家庭原因，心境不好；

（5）恐惧，顽固，报复或有身心缺陷；

（6）工作单调，或单调的业余生活；

（7）轻率，嫉妒；

（8）未受重用，身受挫折，心绪不佳；

（9）自卑感，或冒险逞能，渴望超群；

（10）受到批评，心有余悸。

上述 A、B、C 三项不一定是相互对应，而是交叉关联。从第二项 B 中，安全工程师可能找出造成不安全行为的原因，其中不易归纳出共性原则，主要靠对人的心理特征的了解及判断力。

第三项 C，列出了基本的心理原因，由此可了解何以会有事故的直接原因存在（B 项），又何以会产生不安全行为（A 项）。两项并未列全，但实际经验证明，其中许多项目是导致事故的个人心理方面的原因。加拿大狄尔曼和霍伯两教授曾研究 40 名汽车驾驶员，发现其中有半数一再重复发生交通事故；另一半则从来不发生意外。研究他们的个性心理特征发现，易出事故的汽车驾驶员在气质上多有冲动性，无耐心，在情感上其道德感和责任感都较低下，而且有个人侵犯性。

美国对公共汽车司机的个人心理特征的研究表明：两组司机在视觉敏锐度，知觉的深度，夜间视力对强光的恢复力，复杂的时间反应，心理测验的分数上均无重大差别。但有一组经常重复发生事故，而另一组却安全行驶，无一事故发生。深入研究这两组人的心理特征，发现两组人之间在性格、能力、体质等特征上都有明显差别。重复发生事故这组人中，多数人反应冲动，易受挫折，不能做

第四章

人的事故心理分析

适当的决断。

早在 1930 年，美国佛里教授在杂志上发表一篇文章，描述一个经常发生工伤事故，重复受伤的工人，这个人平时也极为小心谨慎，既不鲁莽又不易激动，就是不注意安全。后来发现，这个工人运动配合能力较低；能顺利地完成某种活动的那些心理特征，诸如感觉能力、语言和感知、注意力都比较低下。这是国外学者最早的安全心理学研究。通过上述心理因素的分析和国外一些学者研究成果的介绍，人们分析事故原因时应综合考虑，尤其不能忽视心理因素的原因。在工种安排等方面，也得考虑个体心理的原因，合理地加以调配，以求最大限度发挥人的积极性，提高生产率。

第四节　导致事故的心理预测和探讨

当前，在企业的安全生产管理中，许多管理人员对于事故责任者，总是轻易地下结论为"责任心不强，违反劳动纪律"，动辄罚款处分，寄希望于施展行政手段来强化安全管理。实践证明这种方法往往收效不大，而且也易产生抵触情绪。某些事故责任者并不因为刚刚处分完而作罢，甚至事隔不久又接着再次肇事。其次，事故发生原因是多方面的，实际上任何一个操作者主观上并不愿意发生事故（蓄意破坏者除外）。究其原因，可从操作者性格角度分析操作者的心理活动，以求为科学地预见事故提供参考依据。

一、性格与事故的关系

性格是一个人较稳定的对现实的态度和与之相应的习惯化的行为方式。如大公无私、勤劳、勇敢、自私懒惰、沉默、懦弱、诚实、虚伪等都是性格的表现。人的性格是在一个人生理素质的基础上，在社会实践活动中逐步形成的。由于每个人所处的具体环境和教育条件的不同，所形成的性格具有不同的特征。心理学家认为：外倾性格的人，反应迅速，精力充沛，适应性强，但好逞强，爱发脾气，受到外界影响时，情绪波动大，做事不够仔细。内倾性格的人善于思考，动作稳当，但反应迟缓，感情不易外露，做事仔细小心，对外界影响情绪波动小。根据调查研究分析结果表明：外倾性格者，大部分容易省略动作，愿意走捷径，企图以最少的能量取得最大的效果，往往宁可冒险。由于外倾性格的人在对待事物的态度和与之相应的惯常的行为方式不同，导致了性格与发生事故有一定的关系。同时还表明，事故的发生与男女性别不存在明显的差异，性格相同的人，不管男女，出事故的概率是相接近的。通过分析可以说明下列问题：

第一，责任事故的发生与责任者的性格（内外）倾向有一定的联系，即外倾性格的人比较容易发生事故。我们在管理和用人调配中，可采长补短，因人议事，使人扬长避短，满足其个性要求，这对人们逐渐认识的"只有保证劳动者的生产安全和身心健康，才能保证企业的效益"的指导思想无疑有积极意义。

第二，性别与事故的发生无显著的关系，因此，传统上认为女工胆小，做事细，工作中不易出事故，而男性脾气急躁，心急，易受环境变化影响，工作中易出事故的这些观点，缺乏一定的科学依据。用调整工种内男女比例来减少事故的必要性不大。

第三，性格和气质不同，气质是表现人在情绪和活动发生的速度、强度方面的个性心理特征，它没有好坏之分。而性格是人对现实的稳定态度和习惯了的行为方式，它是在社会实践中形成的，是可以培养和影响的。因此有针对性地对外倾性格的工人进行安全教育，提高他们的安全素质，对降低责任事故有一定程度的积极意义。同时因为人的性格的可塑性，它不仅限于青少年时期的形成，而且成年人在实践中，尤其是在生产实践中，其性格还可能发生变化。根据这一特点，加强对青年工人的稳健性格的培养，对安全生产也有一定的作用。

二、情感与事故的关系

人在认识客观事物时，不是无动于衷的，他们对所认识的事物，往往会抱着各种各样的态度。如有些事物使人喜悦，有些事物令人愤怒，有些事物使人哀伤，有些事物令人快乐。这种对事物的喜、怒、哀、乐，就是人的情感。情感是人对客观事物与个体的需要之间关系的反映。

行为科学认为对人要从情感上激励，在社会主义企业中，职工是企业的主人，激励职工的主人翁责任感，是安全管理人员的重要手段。在安全管理中，过去的做法说教甚多，惩处严，而激发鼓励少。这样的结果往往使管理者与职工不配合，甚至造成"逆反"心理。即你越说这样干不行、危险，我偏认为没事，甚至逞能，蛮干，或不明不白地惩处，给人带来不满、怨恨和委屈，这样显然不能奏效。改变这种状态，要对职工晓之以理，动之以情，触动感化人的情感。另外，对制止事故有功人员要及时给予鼓励，从而使职工的主人翁精神，对企业的热爱之情化为安全为了生产，生产必须安全的动力。

在讨论了情感与安全生产的关系之后，还应对情绪型性格的人作些分析。所谓情绪型性格，是一种按理智、情绪和意志何者占优势划分的一种性格类型。情绪型即情绪是优势的类型。其言行举止容易受情绪激发，心境体验的影响，感染

上某种情绪的色彩。对于这类性格者，在实际工作中，安全管理者更要注意情感的感染性。常言道："情通而理达"，我们所提出的安全生产要求能否为职工所接受，在很大程度上需要情感的感染和催化，只有两者产生共鸣，职工才能处于接受教育的良好心理状态，才会乐意接受要求与教诲。同时，在实际中要使情绪性格者多具有理智，在一定条件下，当其过分地以情感体验来代替对周围现实对象的理智反映时，则不易安排其到易出事故的岗位上去，以避免不测。

心理学上有一种叫"事故倾向理论"，这种理论认为，有些人比另一些人更容易出事故，这些容易出事故的人，不管工作情境如何，也不管他们干什么工作，总要出事故。因此，需要对大量事故造成者进行观察，发现他们的共同个性特征，然后把这些个性方面容易出事故的人分配去做不易发生事故的工作，而把那些在个性方面不容易出事故的人分配去做易发生事故的工作。但实际生活证明，事故倾向不是一成不变的，它是受到环境制约的，在一定的条件下，个性特征与事故发生的相关率也不是很高，它只是诱发事故的原因之一。分析性格和安全生产的关系对于实际中分析事故的原因中人的因素和预防预测事故，是有一定的积极意义的。

三、造成事故心理预测的可能性和必要性

我国搞好安全生产工作的宗旨，就是要减少和控制事故的发生，促进社会主义生产顺利健康的发展。但是，具体地减少事故和预防事故还有赖于制定科学的对策。没有关于造成事故的科学预测，要制定科学对策就缺少充分的科学依据。只有科学的预测，才能使我们有远见卓识，有备无患，由消极被动变积极主动。

那么，在对造成事故的心理预测有显著必要性的情况下，作为极其复杂的社会现象，引起事故的心理预测有没有现实的可能性呢？应当承认，到目前为止，我们在引起事故的心理预测方面还没有做出令人信服的成绩，没有进行卓有成效的预测试验。因此，关于造成事故的心理预测问题，在这里还只是初步的探讨。

辩证唯物主义和唯物主义理论告诉我们，自然界及社会的一切事物都处在有规律的运动之中，这些规律又是不以人的意志为转移的。人们不能随心所欲地创造或取消规律，但是可以逐步科学地发现和认识规律，并在认识事物客观规律的基础上预见事物发展的进程，因此，从理论上看，任何自然的社会现象，人们一旦认识了其中的客观规律，就能够对它进行科学的预测。

为了更好地防止事故，除了对事故的发生有预测的必要以外，也可以探索一些预测的方法，预测的方法大致有这样几种：

（1）直观型预测。主要靠人们的经验、知识综合分析能力进行预测，如征兆

预测法等。

（2）因素分析型预测。从事物发展中找出制约该事物发展的重要因素，以作为对该事物发展进行预测的预测因子，测知各种重要相关因素。

（3）指数评估型预测。对构成行为人引起事故的心理结构若干重要因素，分别按一定标准评分，然后加以综合，做出总估量，得出某一个引起事故的可能性的量的指标。

四、造成事故心理的预防

众所周知，事故具有严重的危害，它给国家、个人造成一定的损失。因此，我们有必要对事故采取多种方法进行预防，防患于未然。造成事故心理的预防就是要通过消除造成事故的可能，以达到保证安全生产的目的。在事故的预防上排除设备等"机"的因素，重点讨论引起事故的人的心理因素，进行造成事故心理预防有其可能性和科学依据。

（1）根据引起事故的心理结构、引起事故的条件和行为三者之间相互关系的逻辑模型来看：

引起事故的心理结构＋引起事故的条件——→引起事故的行为

既然只有具有引起事故心理结构的人，在遇到引起事故的条件，才能引起事故的行为，那么，如果能够一方面有效地破除引起事故的心理结构，另一方面阻抑人们引起事故的心理结构，就可以减少引起事故的行为发生。同时，如果能有效地排除引起事故的条件，使具有引起事故心理结构的人根本遇不到引起事故的条件，那么就有可能起到预防事故发生的效果。

（2）根据可能引起事故性格指数的理论公式，只要针对公式中所列各项采取有效措施，就会大大降低人们的可能引起事故性格指数，就可有效减少造成事故的行为发生，达到预防事故的目的。

（3）根据事物的因果规律，任何事故都只有在其原因或相关因素存在并起作用的条件下，才能发生和存在。那么，只要能在事前消除其原因或相关因素，或其原因或相关因素虽然存在，但都不能起任何作用，就一定能起到预防事故发生的作用。

第五节　事故心理的控制

事故心理的控制就是要通过消除造成事故的心理状态，以达到控制事故行

为，保证安全生产的目的。人的心理包括极其广泛的内容：从感觉、知觉、记忆、想象到思维；从情绪、感情到意志；从兴趣、习惯、能力、气质到性格个性等。事故的心理因素是对由于影响和导致一个人行为而发生事故的心理状态和成分的总称。

事故心理主要从以下几个方面来控制：

（1）消除心理低沉——或为家庭拖累所迫，或工作不如愿，或婚姻遇到阻力，或刚刚与同事、家人吵了架，情绪低沉不快，思想难以集中。

（2）控制兴奋心态——朋友聚餐，新婚蜜月，或受到表扬奖励，或在工作中取得了某种进展，情绪兴奋，往往忘乎所以。

（3）抑制好奇心理——青年工人一是好险，总想表现自己胆大、勇敢；二是猎奇，碰到什么新东西总想看一看、摸一摸，往往因为无知而蛮干。

（4）控制紧张情绪——或初次上阵，或刚刚发生过事故，或刚刚受到领导批评，或遇到某种意外惊吓，心情紧张多失误。

（5）消除急躁心理——青年人干工作，往往有一种一鼓作气的冲劲，当某一件工作在临下班快接近尾声时，就想一口气干完它，往往顾此失彼。

（6）消除抵触情绪——或是对某件事有看法，或是对某个领导不满，或是被人看成是"不可救药者"，抱着破罐子破摔的态度，工作随便，干好干坏无所谓。

（7）控制厌倦心理——青年工人喜新厌旧的心理也很强烈，比如开汽车愿开新的不愿开旧的；往往富于幻想，想干一番惊天动地的事，不愿意干琐碎的、平凡的、单调重复的工作，对这些工作久而生厌，厌而生烦，烦而生躁，躁而多失误。

 人为失误分析与控制

通过对众多事故的剖析，发生原因虽是多方面的，但都有一个共性，每个特定的事件（事故）都是由人、事、物和环境基本因素构成的。不难看出，诸基本因素中人是主导因素，起主导作用。故人为失误的控制，是预防事故、保证安全的关键。

第一节 人为失误概念

对于人为失误，不同的专家学者分别从不同的角度给出了定义。从工效学的角度，可以定义为人未发挥自己本身所具备的功能而产生的失误，它有可能降低人机系统的功能；从可靠性工程的角度，可定义为在规定时间和条件下，人没有完成所分配的功能及任务；Swain 给出的工程中人为失误的定义为：任何超过一定接受标准——系统正常工作所规定的接受标准或容许范围的人的行为或动作。从心理学的角度，Reason 将人因失误定义为所有这样的现象，即人们虽然进行了一系列有计划的心理操作或身体活动，但没有达到预期的结果，而这种失败不能归结为某些外界因素的介入。Lorenzo 认为如果作用于系统的人的任何行为（包含没有执行或疏于执行的行为）超出了系统的容许度，那么就是人误。我国学者张力将人因失误定义为在没有超越人—机系统设计功能的条件下，人为了完成其任务而进行的有计划行动的失败，它包括个体的、群体的和组织的失误。其表现的主要形式为：未能完成必要的功能、实践了不应该完成的任务、对意外未做出及时的反应、未意识到危险情境、对复杂的认知反应做出了不正确的决策。从本质上说，研究人为因素，就是研究一个个的人为失误。

从上述定义可以得出，人为失误具有以下特点。

（1）人为失误的不可避免性。人为失误是在进行生产作业过程中不可避免的副产物，能够预测其失误率。

（2）人为失误的重复性。人的失误常常在不同甚至相同条件下重复出现，其根本原因之一是人的能力与外界需求不匹配。人为失误不可能完全消除，但可以通过有效的手段尽可能地避免。

（3）人引发的失误的潜在性。人存在着潜在的引发事件的可能。

（4）人的失误行为往往是情景环境驱使的。人在系统中的任何活动都离不开当时的情景环境，硬件的失效、虚假的显示信号和紧迫的时间压力等联合效应会极大地诱发人的非安全行为。

（5）人的失误行为的固有可变性。人的行为的固有可变性是人的一种特性。也就是说，一个人在不借助外力的情况下不可能用完全相同的方式重复完成一项任务。

（6）人为失误具有可修复性。人为失误可能导致系统故障或失效，然而在很多情况下，由于人在系统异常状况下的参与，可有效缓解或克服事件后果，使系统恢复正常状况。

（7）人为失误具有可改变性。人可以通过学习提高工作效率，适应环境和工作需要，这一点上人明显区别于机器，因此，根据自身具备的知识、经验、技能等可以规避和减少一些人为失误。

第二节　人为失误的表现形式

人为失误是指人行为的失误，因此，研究人为失误必须研究人的行为。根据行为心理学的观点，人的行为模式可表示为：S（刺激）—O（个体）—R（反应），这是一个不断循环的过程。

根据人的行为原理，人为失误主要表现在人感知环境信息方面的差错；信息刺激人脑，人脑处理信息并做出决策的差错；行为差错等方面。

一、感知差错

人在生产中不断接受各方面的信息，其中包括有用信息和无用信息。例如，操作指令、事故信号等都是有用信息，环境噪声、杂乱影像等都属于无用信息。在有用信息中又包括规律信息和随机信息。规律信息就是正常作业过程中按部就班传递来的信息，例如操作票；随机信息就是预料之外的信息，例如突发事故的光声显示、异常状态等。电力企业的生产当中，员工为了正确作业，必须不断地对信息进行筛选，从中选出有用的信息。但是，由于各种信息的来源不同，强度不同，人对于它们的反应也不同。信息通过人的感觉器官传递到中枢神经，这一过程可能出现问题。感觉器官失灵（视觉、触觉、听觉、嗅觉、味觉不灵敏等）、生理原因、环境条件不好、信息不完整、习惯性感觉（经验主义）等也容易导致感知差错。归纳起来，产生感知差错的原因通常包括如下几个方面。

（1）信号缺乏足够的诱引效应。信号缺乏足够的诱引效应，即信号缺乏吸引操作者的注意转移的效应。注意是心理活动对一定对象的指向和集中，人不可能一直不停地注意某一对象，另一方面，工作环境中有许多因素迫使员工分心。所以，为确保及时发现信号，仅依赖操作者的感觉是不够的，关键在于信号必须具备较高的诱引效应，以期有效地引起操作者的注意。

（2）认知的滞后效应。人对输入信息的认知能力，总有一个传递滞后时间。如在理想状态下，看清一个信号需 0.3 秒，听清一个声音约需 1 秒，若工作环境受到其他因素干扰，这个时间还要长一些。若信息呈现时间太短，速度太快，或信息不为操作者所熟悉，均可能造成认知的滞后效应。因此，在有些人机系统中，常设置信号导前量（预警信号），以补救滞后效应。

（3）判断的差错。判断是大脑将当前感知表象的信息和记忆中的信息加以比较的过程。若信号显示方式不够鲜明，缺乏特色，则操作者的印象（部分长时记忆和工作记忆）不深，再次呈现则可能出现判断差错。

（4）知觉能力缺陷。由于操作者感觉通道的缺陷（如近视、色盲、听力障碍），不能全面感知知觉对象的本质特征。

（5）信息歪曲和遗漏。若信息量过大，超过人的感觉通道的限制容量，则有可能产生遗漏、歪曲、过滤、或不予接收现象。输入信息显示不完整或混乱（特别是噪声干扰），在这种情况下，人们对信息的感知将以简单化、对称化和主观同化为原则，对信息进行自动的增补修正，其感知图像成为主观化和简单化的假象。

此外，人的动机、观念、态度、习惯、兴趣、联想等主观因素的综合作用和影响，亦会将信息同化改造为与主观期望相符合的形式再表现出来。如小道消息的传播，越传越走样，就是一个很好的例子。

（6）错觉。这是一种对客观事物不正确的知觉，它不同于幻觉，它是在客观事物刺激作用下的一种对刺激的主观歪曲的知觉。错觉产生的原因十分复杂，往往是由于环境、事物特征、生理、心理等多种因素引起的，如环境照明、眩光、对比、物体的特征、视觉惯性等都可引起错觉。

二、判断、决策差错

正确的判断来自全面地感知客观事物，以及在此基础上的积极思维。除感知过程的差错外，判断过程产生差错的原因主要包括如下几个方面。

（1）遗忘和记忆错误。遗忘和记忆错误常表现为：①没有想起来；②暂时记忆消失；③过程中断的遗忘，如在作业时，突然因外界干扰（叫听电话、别人召唤、外环境的吸引等）使作业中断，等到继续作业时忘记了应注意的安全问题。

（2）联络、确认不充分。联络、确认不充分常表现为如下情况：①联络信息的方式与判断的方法不完善；②联络信息实施得不明确；③联络信息表达的内容不全面；④信息的接收者没有充分确认信息而错领会了所表达的内容。

（3）分析推理差错。分析推理差错多因受主观经验及心理定势影响，或出现危险事件造成的紧张状态所致。在紧张状态下，人的推理活动受到一定抑制，理智成分减弱，本能反应增加。有效的措施就是加强危险状态下安全操作技能训练。

（4）决策差错。决策差错主要表现为延误做出决定时间和决定缺乏灵活性，这在很大程度取决于个体的个性心理特征及意志的品质。因此，对一些决策水平要求高的岗位，必须通过职业选拔，选择合适的人才。

三、行为差错

常见的导致行为过程差错的原因主要包括如下几个方面。

（1）习惯动作与作业方法要求不符。习惯动作是长期在生产劳动过程中形成的一种动力定型，它本质上是一种具有高度稳定性和自动化的行为模式。从心理学观点来看，无论基于什么原因，要想改变这种行为模式，都必然有意识地和下意识地受到反抗，尤其是紧急情况下，操作者往往就会用习惯动作代替规定的作业方法。减少这类差错的措施就是机器设备的操作方法必须与人的习惯相符合。

（2）由于反射行为而忘记了危险。因为反射（特别是无条件反射）是仅仅通过知觉，无需经过判断的瞬间行为，即使事先对不安全因素有所认识，但在反射发出的瞬间，脑中却忘记了这件事，以致置身于危险之中。反射行为造成的危害的情况很多，特别是在危险场所，以不安全姿势作业时，一旦偶然地恢复自然状态，这一瞬间极易危及人身安全。如果一埋头伏案设计的工程师忽然想起要测一下变电站电机的相应尺寸，于是没换工作服而是穿着长袖衫到低矮的变电间，屈身蹲下去实测，头上有高压线，正当测量时，右手衣袖脱卷，他下意识地举起右手企图用左手卷上右衣袖，结果右手指尖触及电线而触电死亡。因此，进入危险场所必须采取足够的安全措施，以避免反射行为造成伤害。

（3）操作方向和调整差错。产生操作方向差错的原因主要有：有些机器设备没有操作方向显示（如风机旋转方向），或设计与人体的习惯方向相反。

产生操作调整差错的原因主要有：技术不熟练或操作困难，特别是当意识水平低下或疲劳时，这种差错更易发生。

（4）工具或作业对象选择错误。导致工具或作业对象选择错误常见的原因有：①工具的形状与配置有缺陷，如形状相同但性能不同的工具乱摆乱放；②记错了操作对象的位置；③搞错开关控制方向；④误选工具、阀门及其他用品。

（5）疲劳状态下行为差错。人在疲劳时，由于对信息输入的方向性、选择性、过滤性、性能低下，所以会导致输出时的程序混乱，行为缺乏准确性。

（6）异常状态下行为差错。人在异常状态下，特别是发生意外事故生命攸关之际，由于过度紧张，注意力只集中于眼前能看到的事物，丧失了对输入信息的方向选择性能和过滤性能，造成惊慌失措，结果导致错误行为。此外，如睡眠之后，处于朦胧状态，容易出现错误动作；高空作业、井下作业时，由于分辨不出方向或方位发生错误行为；低速和超速运转机器易使人麻痹，发生异常时，直接伸手到机器中检查，致使被转轮卷入，等等。

第三节　人为失误产生的过程

人行为的一般模型：输入—处理—输出。

人可以看成是工作场所子系统中的一个因素，即人—机系统中的"人元"。

人通过视、听、嗅、味、触五个感觉器官所具有的机能和特性，巧妙地加以利用，从自然界中接收信息。当人体感觉器官受到外界因素的刺激时，就会出现感觉，并转化为信号，通过上行性传导神经传递给大脑。大脑接到信号后，依靠大脑皮质高级神经活动的思维功能进行分析判断，做出决策，拟定出行动计划，然后再通过下行性传导神经，向手、脚等器官发出动作指令。手、脚等器官接到指令后，发出相应的行动。

由于这一模式揭示出人行为带有普遍性的特性，即感知、信息处理和行为表现，或者刺激—输入、思维—调节和输出—行动三者的内在结构，蕴藏着刺激作用于思维后影响到行动的本质，所以在许多领域中都得到广泛的应用。

由此，我们可以归纳出人为失误产生的过程，大致可以分为以下三个阶段。

1. 输入阶段：感官接收信息

人要进行一项作业，必须依赖于外界信息，即感觉器官接受外界条件（如声、光、颜色、温度等）刺激。其中视觉信息约占 80% 以上，其次是听觉信息，这两种感觉信息指导着大多数的作业活动。至于触觉和肤觉，人几乎很少单独依

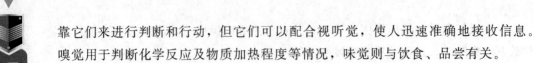

靠它们来进行判断和行动，但它们可以配合视听觉，使人迅速准确地接收信息。嗅觉用于判断化学反应及物质加热程度等情况，味觉则与饮食、品尝有关。

2. 传输阶段：大脑判断和处理

感觉器官接受外界信息后，将其传递到大脑皮层进行加工和整理。这些活动受生理和心理活动状况的影响，通常把信息加工处理过程称为判断过程或决策过程。根据记忆活动所积累的经验，决定如何处理新接受的信息，并采取相应的行动。这种信息加工过程与处理能力的界限和处理能力的变化有关。所谓界限是指大脑皮层已不能完全、准确地处理和接收的各种信息，处理能力有一定的限度。处理能力不但与人的知识、技能等因素有关，而且也受环境条件影响而变化。

3. 输出阶段：动作或行动

外界信息经过大脑判断处理后，发出指令，通过输出神经纤维的神经末梢，传给运动器官，转化为人的动作或行动。人是通过四肢的运动来向外传递信息（语言传递是通过声带振动）。上肢运动包括操纵开关、旋钮、把手、操纵杆等；下肢运动可操纵踏板、脚踏开关等。

第四节　人为失误的类型

依据人为失误的表现形式，人为失误可以分为以下三种类型。

1. 输入失误

信息输入过程即感知过程。人对客观世界的感知是通过视、听、味、嗅等感觉器官进行的。由于受环境因素（如噪声、光线），人的心理状态（如恐慌、焦虑）和生理状态（如近视、色盲、疲劳、醉酒、疾病）影响，都可能造成感知失误，主要表现为看漏、看错、听错等。

2. 传输失误

信息传输是人将感知到的客观环境信息，根据学过的知识原理和实践经验进行分类、评价、推理、判断决策。信息传输失误的原因包括以下几个方面：训练不足；经验不足；心理素质差；人机系统设计错误等。传输失误主要表现为：判断、决定错误，坚信不疑，偏执狂，有意违反规则等。

3. 输出失误

信息输出失误即操作失误。造成此类失误的原因基本上与信息传输失误的原因一样。输出失误主要表现为：动作操作失误、操作不熟练、动作失败等。

第五节　人为失误的控制对策

导致人的失误的原因很多，但主要有决策失误、违背人机学原理、人的过负荷等。防止人的失误主要就是控制、减少引起人失误的各种原因，在工作场所采取措施，使人的失误不至于引起事故，使人的失误无害化。在事故一旦发生的情况下，限制事故的发展，减少事故损失。防止人为失误和不安全行为的措施包括技术措施和管理措施。

一、防止人为失误的技术措施

1. 用机器代替人

人的可靠性比机械、电气或电子元件要低数十倍、几百倍到上千倍。特别是在人的情绪紧张的情况下，更容易受到外界的影响，失误的可能性更大。为了减少人的失误，可利用机器人或机械手代替工人的手动操作，或设计流动生产线，采用自动化程度高的生产装置等。

2. 冗余系统

在危险岗位由双人操作，或人机并行，采用备用系统等。

3. 耐失误设计

通过精心设计，人员不能发生失误，或发生失误后，也不会带来严重事故。如利用不同的形状和尺寸，防止安装、连接操作的失误。

4. 警告、标识

利用人的视觉、听觉、味觉、触觉功能，进行危险警告。如管道、气瓶、设备的色彩标识提示；行车行驶中采用警告铃、声光报警；民用城市燃气添加适量有味气体，一旦泄漏可以立即发现；工业生产中大量使用的作业场所的警示、警告标志等。

二、防止人为失误的管理措施

1. 建立以人为中心的安全管理机制，通过管人达到人管的目的

坚持人本原则，以人为根本，以调动人的主观能动性和创造性为前提，在各种管理活动中把人的因素放在第一位，实现从重点管物向重点管人转变。应尊重人，关心人，信任人，合理使用人，合理考核人，组织职工参加各种安全管理活动，鼓励职工提出安全建议。

坚持劳动条件适宜的原则，为人创造安全舒适的作业环境。在研究新技术，设计新工艺，解决新问题时，首先设计操作者的活动环境，而后才是操作者的使用技术。重点研究以人为主体的能量系统中的潜在危险及其消除措施，采用安全防护装置，满足人的各种安全需要。

2. 增强职工安全意识，激发并保持职工安全生产积极性

安全是人的基本需要，由此产生安全动机和安全行为。人的安全需要并被人清醒地认识，从而自觉地进行安全作业。必须提高职工安全意识，把安全作业当作自己的事情，不是别人强加的，不是为领导和上级而做的，从思想深处认识到安全生产是个人和周围同事的切身需要。

加强企业安全文化建设是提高职工安全意识的重要手段。应通过各种方法、各种活动、各种宣传阵地，营造安全生产氛围，推动安全文化宣传教育向全民化、规范化发展。各级领导干部应有较强的安全意识是提高职工安全意识的关键。安全工作好坏必须作为选拔、业绩考核的重要方面。坚持实行安全一票否决，保护职工的安全，树立安全工作的权威性。

开展多种形式的安全教育，提高职工综合素质。由伤残职工讲述自己切身体会，激发职工安全需要，请工伤职工家属讲述家庭的不幸，激发职工的家庭责任感。

实行安全质量结构工资制、安全风险抵押金制度和安全生产重奖重罚制度，结合人的心理特征开展工作，激发并保持职工安全生产的责任感。

3. 从管结果向管过程转变，实行过程安全管理

推行程序化安全评估法。主要地点设专职评估员，24 小时盯点包面，现场交接班，班中二汇报。评估员的经济收入与产量、进度脱钩。实行班组长职能转变。班组长主抓安全、质量，收入与本班组产量、进度脱钩。实行区队干部跟班制和局矿领导 24 小时值班制。实施"安全结对""安全互保""安全联保"等制度，强化对违章行为的控制。

强化安全监督检查，加强队伍建设。安监人员能独立行使职权。要尊重工人劳动，倾听工人意见，变纯监督性为服务监督性。

4. 实施全方位安全管理，完善安全保障体系

坚持党政工团齐抓共管，充分发挥党团员、劳动模范的带头作用，开展"党员身边无违章"活动。将社会、家庭纳入安全管理体系，在井口开展""为井下职工送温暖"、评选"安全生产贤内助""安全五好家庭"等活动，充分发挥第二道防线的作用。

5. 合理劳动组合，注重行为环境建设

劳动组合要注重合理的技术组合，也注重不同个性心理特征人员的组合。工

作分配应考虑人的生理、心理特征。重视建立宽松的行为环境，给予职工公平竞争的机会。各级领导应熟悉职工性格、爱好，协调人际关系，发现思想倾向，注重职工生理心理状态，做好安全生产工作。

三、防止人为失误的文化措施

1. 渗透安全理念共识，构建安全文化理念体系

安全理念与安全共识是安全工作得以持续和有效开展的基本思想共识，在横向上，应在企业每个层级上建立起以核心理念为指引、以安全共识为支柱、以安全观念为外延的科学、实效安全文化理念体系；在纵向上，以企业安全理念为最高理念，以分公司、部门、班组为层级，层层构建安全理念和共识，将安全文化理念细化、深化，从而保证文化理念体系中的理念与共识能够渗透到企业的每个层级当中，让安全发展的理念扎根于企业全体员工的工作和具体实践中。

2. 加速安全文化落地，创新安全文化建设模式

在安全文化创建过程中，要做到党政工团齐抓共管，大力推进企业的安全文化建设。充分调动文化建设体系中每个层级的积极性，以安全理念共识为指导，通过广泛开展安全文化先进项目、先进部门、先进班组、先进家庭等活动，加速安全文化落地速度。企业管理层起统筹规划作用，部门、班组作为主要阵地，着重从安全理念、管理制度、技术手段、氛围制造等方面入手，注重创新精神。

3. 落实安全行为文化，提升员工总体安全素质

加强安全教育阵地建设，针对企业不同层级的单位开展具有不同针对性的安全专项技能培训，开设安全知识课堂，创建安全学习型组织；为各层级的职工发放学习光盘和读本，普及安全法律法规、防灾、逃生、紧急自救、交通安全、安全防卫等安全科普知识，增强员工的安全知识储备；切实做好各类人员的安全培训取证、复训和再教育工作，严格落实新员工"三级"安全教育，抓好新工艺、新设备操作人员以及转岗人员的安全教育，确保员工具备岗位必需的安全知识和技能；开展各种形式丰富、内容创新的安全教育普及活动，提升员工的安全素质和意识，创造良好的安全文化氛围。

4. 发扬安全管理文化，促进安全制度文化建设

将文化视为先进的安全管理手段，制定完备的安全文化建设规章制度、清晰的岗位责任书，明确安全文化体系建设过程中的责任层级，细化岗位分工。用具体的、文字性的规章制度指引安全文化发展方向、采用策略和资源配置等问题，保证安全文化建设流程清晰。通过奖罚分明的奖惩制度，科学、具体、精细的岗位责任书，权责明确、标准统一的层级管理，将安全文化"固化于制"。在发生

问题后可以在第一时间找到问题症结和解决办法，让安全生产的合规性深入员工内心，保证每一条政策落实有方。

5. 强化文化宣传力度，丰富安全文化建设载体

策划企业安全文化宣传方案，设计企业安全理念形象，打造特有的安全宣传载体和阵地。通过安全视听工程，将安全文化内容物化；充分发挥网络、报纸、广播等信息媒体的功能，宣传安全法规政策、信息态势；面向全体员工及家属传播安全知识、扩大安全文化教育面，从而动员全体员工广泛参与安全文化建设，强化安全发展理念的宣传贯彻。打造具有企业本土特色的安全活动品牌，通过建设安全小课堂、安全文化墙、开展各类安全自救演练、发放宣传资料等活动，以职工喜闻乐见的安全教育、安全科普、安全文艺等形式，吸引广大职工及家属积极参与，扩大活动影响力、覆盖面，提高活动的宣传教育效果，使安全理念、安全知识逐步深入人心。

第六章　人的安全素质分析

第一节　人的安全素质

一、人的安全素质的内涵

人的安全素质分为两个层次：一是人的基本安全素质，包括安全知识、安全技能、安全意识；二是人的深层安全素质，包括情感、认知、伦理、道德、良心、意志、安全观念、安全态度等。

人的安全知识和安全技能通过日常的安全教育手段可以得以保证和提高，在社会和企业的日常安全活动中（宣传、教育、管理等），能够得到较好的解决和保证。而安全意识、安全观念、安全态度，以及情感、认知、意志等，则属于心理学研究范畴。具体如下：

（1）安全知识。包括对生活安全、公共安全、工业生产以及自然灾害等方面的危险因素、危险场所、如何预防危险的发生以及发生事故和灾难后的处理办法及措施等。

（2）安全技能。包括现代社会的安全生活和生产中有关安全方面的危险因素及其消除措施等。不仅要掌握其有关原理、方法，而且要能够实际操作，把理论知识运用到具体实践中。如报警电话的拨打，灭火器的使用，公共场所遇险时的正确逃生，事故发生时的应急方法和技能。

（3）安全意识。这不仅仅意味着要善待生命，更重要的是对健康意识、风险意识、防范意识、科学意识和守法意识的学习和提高。

（4）安全态度。包括遵守安全规章制度，严肃认真操作，时时处处谨慎小心，具有"如履薄冰，如临深渊"的危机意识。

（5）安全道德。发现不安全的行为时，应加以制止、提醒或指正，拒绝违章指挥，有特别严重险情时要停止作业并撤离危险岗位，不要操作非本岗位的机械设备和没有安全装置的设备。

安全意识是人的安全文化素质的基础；安全知识、安全技能是安全文化素质的重要条件；安全态度、安全道德是安全文化素质的核心内容。安全意识、安全知识与安全技能三个方面相互依赖，相互制约，缺一不可，构成人的安全素质。实践证明，只有具备正确的安全态度和较高的安全道德的人才能正确发挥其安全知识和安全技能，成为安全高效的生产者。

在社会生产中，每个人的安全素质是有区别的，一个人的安全文化素质的高低，决定了在实际生活和生产中的具体行为，不同的安全素质产生的效果是不同的。

二、提高人的安全素质的手段

提高人的安全素质主要有以下几种手段。

(1) 监督管理：建立安全责任制、进行安全检查、激励员工安全行为、对违规人员进行处罚等。

(2) 教育手段：采取课堂听课、视频教学等方法进行安全教育。

(3) 培训手段：通过训练、参观、实习等手段进行员工培训。

(4) 科学普及：通过科学报告、现场示范等方式进行科学普及。

(5) 宣传手段：通过一些文学艺术、寓教于乐的活动等进行安全宣传。

只有不断提高员工的安全素质，使员工的自我保护意识提高了，才能使绝大部分员工由被动的"要我安全"变成主动的"我要安全"，行动上做到"我管安全""我会安全"，从而在效果上达到"我保安全"的目的。

第二节 人的安全意识

一个合格的、具有现代安全意识的人符合什么标准呢？最重要的是要看是否具备现代人应有的安全意识。这些意识包括：善待生命、珍惜生命的人本意识；事故严重、灾害频繁的风险意识；预防为主、防范在先的超前意识；行为规范、技术优先的科学意识；每时每刻、每处每地注意安全的警觉意识。

人的安全意识是对人所处时空安全感的定位和认知，人的安全意识受人的心理活动所支配，而人的心理有认识、情感和意志三个方面的心理活动过程。在这三种心理过程中，最基本的是认识过程。它包括感觉和知觉，记忆和思维。感觉和知觉是初级的认识过程。记忆是一种比较复杂的认识过程。思维属于认识的高级阶段，它和语言密切联系，是人所特有的认识活动。人在认识客观事物时，总要表现出一定的态度或体验，这就是情感。情感是心理活动的另一个方面。人在与周围环境相互作用时，不仅认识事物，产生情感，还要采取行动，人们这种有意识地反作用于现实的活动称为意志行动。意志行动中下定决心、制订计划和克服困难等内部心理活动称为意志。认识、情感和意志三种心理过程，它们虽然彼此区别，但又是统一的心理活动的三个不同方面。情感、意志随认识而产生，又影响人的认识活动。同时，也必然影响人们在劳动过程中的安全意识。因此，进行科学的安全管理，以提高人的安全意识为目的，需要研究劳动过程的感觉、知觉、记忆、思维、情感、情绪、意志。

一、感觉、知觉与行为安全

人们所从事的劳动过程，也就是对客观事物的认识过程，其认识的对象是十分广泛的，不仅包括劳动对象、劳动工具与设备、劳动环境等方面，还包括生产过程的各种人和事，实际上是对整个客观世界的认识，其中当然也包含着对安全生产的认识。人们劳动的认识过程就是从感觉和知觉这种简单的初级认识开始的。

（一）感觉的一般概念和感觉能力

感觉是人脑对直接作用于感觉器官的客观事物的个别属性的反映。在日常生活和劳动中，人们每时每刻所接触到的外界事物都具有各自的属性。比如劳动场所的光线、气味、温度，工作物的颜色与软硬，机器运行的声音，等等。当这些事物的个别属性直接作用于人的各种感觉器官时，人脑中就产生了各种各样的感觉：光波作用于视分析器产生视觉，声波作用于听分析器产生听觉，等等。感觉的种类很多，有视觉、听觉、味觉、嗅觉、动觉等。

感觉是一种最简单的心理现象，它不反映客观事物的全貌，而只是对它们的个别属性的反映。比如一台开动的机器有外表的颜色，金属碰撞的声音，机油的气味等特性，而感觉反映的只是机器的某一个别属性。视觉只反映颜色，听觉只反映声音，嗅觉只反映气味。所以说感觉是人脑反映客观事物的最简单的心理过程。

感觉反映了事物各种各样的属性。根据感觉所反映的事物属性的特点，一般把感觉分为两大类：一类为外部感觉。主要是通过人的眼、耳、鼻、皮肤的感觉器官接受有机体的内部刺激，反映外部事物的属性。另一类是内部感觉。主要是通过整个神经系统接受有机体的内部刺激，反映身体的位置，运动的内脏器官的不同状况的感觉，如肌肉运动感觉、平衡感觉、内脏感觉，等等。

感觉是一切认识过程的基础，在人的心理活动中起着十分重要的作用。人们只有通过感觉，才能分辨事物的各种属性，了解自身的运动和姿势，了解机体内部器官的活动情况。一切较高级、较复杂的心理现象，如知觉、思维、情感、意志等，都是在感觉的基础上产生的。一个人如果从小就失去了相当一部分的感觉能力，就不可能有较正常的知觉、记忆、思维等认识过程。因此，感觉是我们认识不依赖自己而存在的客观世界的第一步，是我们关于世界一切认识的源泉。人们在劳动过程中，一切不安全因素，如噪声、高温、毒气，等等，也总是通过感觉来认识的。

人的感觉有其共用的机能，存在着普遍的规律。人们借助感觉来认识外界事物，维持正常的心理机能，但人与人之间的感觉能力却存在着很大的差异。同样，人们在劳动过程中，对各种不安全因素的感觉能力也不是相同的。对感觉能力差的人来说，往往容易发生事故。为此，我们在研究感觉能力时，就要了解什么是感觉阈限，什么是感觉性。

所谓感觉阈限，是指能够引起某种感觉的持续一定时间的刺激量。这就是说，刺激的强度必须具有一个最低限度，达到或超过这个限度的刺激，才会引起人的反应，这个限度就叫做感觉阈限。感觉阈限分为感觉的绝对阈限与感觉的差别阈限。感觉的绝对阈限是指刚好能够引起感觉的那种刺激物的最小刺激量。例如，人的听觉阈限是声音强度为 0 分贝的声音刺激。感觉的差别阈限是指能觉察出来的刺激物的最小差别量。例如，在 100 克质量的物体上加 1 克重的物体，不会引起重量感觉的变化。只有加上 3 克或更多重量的物体时，才会引起重量感觉的变化。这 3 克重量的物体就是此种情况下的感觉的差别阈限。人的感觉能力不同，不仅因为人与人之间的感觉阈限存在一定的个别差异，而且感觉阈限往往要受到多种因素的影响，诸如刺激时间的长短，刺激面积的大小，刺激部位的感受器官的原有水平等因素都会影响感觉阈限。

所谓感觉性，是指各种分析器对适宜刺激的感受能力。感受性的大小是用感觉阈限的值来度量的。感受性分为绝对感受性和差别感受性两种。绝对感受性就是指刚刚能够觉察出最小刺激量的感觉能力。差别感受性就是指刚刚能够觉察出刺激物之间最小差异量的感觉能力。使感觉的感受性发生变化的因素有以下三个：第一，由刺激物的持续作用而引起感受性的提高或降低，也就是所谓的感觉适应现象；第二，感觉之间的相互作用，感觉对比则是受当时或先前其他感觉的影响而引起感受性的提高或降低；第三，由于实践活动的影响而使感受性不断发生变化。

感觉阈限和感受性之间成反比关系。引起感觉所需要的刺激量越小，即绝对感觉阈限越小，绝对感受性就越大，其感受能力就越强，反之亦然。在刺激物作用于感觉器官的过程中，其刺激量常常会发生一定的变化，但是并非一切变化都会引起感觉上的变化，只有当刺激物在某一方面发生一定强度的变化时，才能觉察出来。因此，差别感觉阈限和差别感受性之间也存在反比关系，即差别感觉阈限越小，差别感受性就越大，感受能力就越强。

（二）知觉的一般概念及其基本特征

知觉是人脑对直接作用于感觉器官事物整体的反映。知觉的产生，是以各种形式的感觉的存在为前提的，但绝不是把知觉单纯地归结为感觉的总和。人在进行知觉时，头脑中产生的并不是事物的个别属性或部分孤立的映像，而是由各种感觉有机结合而成的对事物的各种属性、各个部分及其相互关系的综合的、整体的反映。知觉的产生还依赖于过去的知识和经验，人借助于这些知识和经验，才能够把当前的事物知觉为某类事物，从而把握所反映事物的意义。人们在劳动过程中的知觉有四个基本特征。

（1）知觉的理解性。是指人们在知觉中总是用过去的知识和经验来理解当前的知觉对象，并用语词另以概括、赋予它确定的含义。知觉的理解性受个人的知识经验、言语指导、实践活动的任务以及兴趣爱好多因素的影响。首先，知识和经验的影响。知识和经验对知觉对象的理解，是以过去已有知识经验为前提的。例如，我们对高温中暑病状的知觉，就受生理常识和中暑临床症状的影响。第二，言语指导的影响。言语能够指导思考的方向，指示知觉的内容。例如在安全教育中，常用谈话、讲解、座谈、报告等方式进行安全生产的言语指导。第三，实践活动任务的影响。在有明确的实践任务的情况下，知觉一般都服从于当前的活动任务，人们会根据任务的要求，从背景中选择出知觉对象，并对它加以理解，这样他们对对象的知觉就比较深刻和清晰。例如在防暑降温工作中，需要采取隔热措施，通过实践应用，知觉并理解到水隔热是一种简便易行、效果较好的方法。第四，兴趣爱好等的影响。人在知觉中所采取的态度，对知觉的理解有很大的影响。一般来说，当知觉的对象符合自己的兴趣爱好时，则会抱有积极主动的态度，从而就能加深对对象的理解并能获得清晰的、完整的知觉。

（2）知觉的恒常性。是指当知觉的条件在一定范围内改变时，知觉的映像仍然保持相对不变。知觉的恒常性主要表现在知觉对象在大小、形状、明度和颜色等物理属性方面。大小恒常性是指同一物体在视网膜上所形成的视像的大小，它总是随着物体距离的远近而变。但是，由于知识和经验的参与，人仍然对不同距离的物体的知觉保持稳定的大小。这种不因距离改变而变化的知觉特性称之为大

小恒常性。根据形状恒常性，当从不同角度观察某一物体时，尽管该物体在视网膜上形成的映像随视角的改变而改变，但人们对它的知觉仍保持着相对不变。明度恒常性是指照明环境改变但明度知觉仍保持相对稳定不变的知觉特性。例如一支粉笔，无论把它置于明亮处还是黑暗处，人们都会把它知觉为白色的粉笔。明度恒常性的形成，一般有两个原因，一是人们对物体本身特性的熟悉程度；二是物体对光刺激的反射率。颜色恒常性是指在不同情境下熟识的物体颜色保持相对稳定不变的特性。

知觉的恒常性的形成对生产和劳动有很大作用，它保证了在不同情况下都能按事物的实际面貌反映事物。

（3）知觉的选择性。在一定时间内，人不可能清楚知觉所有的事物，而只能有选择地以少数事物作为知觉的对象，这样的知觉对象便十分清晰，其他事物则作为知觉的背景比较模糊，这种特性称为知觉的选择性。在大多数情境下，从知觉背景中选择对象并不困难，但有时却会感到困难。从背景中选择知觉对象应该注意下列各种条件的影响。

① 对象与背景的差别。对象与背景之间的差别越大，越容易从背景中选择出知觉对象。任何物体只有在它的亮度、形态、颜色同周围背景不同时，才能被清晰地感知。

② 对象各部分的组合。刺激物本身的结构常常是分出对象的重要条件。刺激物各部分的接近组合和相似组合，都较容易成为知觉的对象。另外，在时间上和空间上接近的刺激物比较相隔较远的刺激物较容易组合在一起而成为知觉的对象。

③ 对象的活动性。在固定不变的背景上，活动的刺激物容易被选择为知觉的对象。此外，人们的兴趣、态度、爱好、动机、情绪状况以及有无确定的知觉任务等，都会影响到知觉对象的选择。

（4）知觉的整体性。在日常生活和劳动中，知觉的对象具有不同的属性，但是人们在反映这些事物时并不是把知觉的对象感知为个别的、孤立的部分，而总是把它们知觉为一个统一的整体，这样把事物的属性集聚在一起的知觉特性称为知觉的整体性。将分散的对象组织为整体的原则主要有以下几个：接近性原则，即彼此接近的物体比相隔较远的物体容易被组织起来而产生整体知觉；相似性原则，即彼此相似的物体容易被组织起来形成整体知觉，不仅表现在形状上，而且也表现在强度、颜色、大小等一些物理属性上；封闭性原则，即不太完整的或具有一定缺口的图形容易被知觉为一个整体；连续性原则，即某事物如果看起来与前一事物具有连续性，该事物就容易与前一事物组织在一起而被知觉为一个整体；良好图形原则，即物体的形状如果具有一定意义，就容易按其意义（良好形态）而知觉为整体。

（三）感觉、知觉与安全的关系

感觉和知觉的生理机制是一样的，都是分析器活动的结果。所谓分析器，是指有机体感受和分析某种刺激的整个神经组织，是感觉和知觉的解剖生理基础。分析器由三个部分的感受器组成：接受刺激；传递神经，把神经兴奋传递到大脑皮层的相应中枢；皮层上相应的中枢部分，主要对神经兴奋进行分析综合。分析器的三个部分是作为一个有机整体而起作用的，产生感觉和知觉，三者缺一不可。一个人正常的感觉和知觉的产生都需要正常的和完整的分析器活动来进行。所不同的是，感觉是某个分析器单独活动的结果，而知觉比感觉要复杂，它是多种分析器对复杂刺激物或多种刺激物之间的关系进行分析、综合的结果。

感觉和知觉具有共同之处，它们都是对当前客观事物的反映，也就是说都是人脑对客观事物的直接反映。它们是不能截然分开的，是同一心理过程中的不同阶段。可以说，没有反映事物个别属性的感觉，就不可能有反映事物整体的知觉。感觉是知觉的基础，知觉是感觉的深入和发展。对某一事物感觉到的个别属性越丰富，越精确，对该事物的知觉也就越完整，越正确。并且知觉也是在已有的知识和经验的基础上形成的。因此，知觉的产生在极大程度上依赖于一个人过去的经验，并受兴趣、需要、动机、情绪和个性等各种心理因素制约。在现实生活的生产劳动中，人一般都是以知觉的形式直接反映事物的，感觉只是作为知觉的组成部分而且存在于知觉之中的，很少有孤立的感觉存在。我们在研究劳动过程中的感觉和知觉时，为了避免叙述的重复、烦琐，尽量将感觉和知觉结合起来加以探讨。

感觉和知觉的种类很多，感觉有视觉、听觉、味觉、嗅觉、触觉、动觉，等等。知觉以不同的角度分成三类：一是根据在知觉过程中起主要作用的感觉器官，把知觉分为视知觉、听知觉、触知觉等；二是根据知觉所反映事物的特性，把知觉分为空间知觉、时间知觉和运动知觉；三是根据知觉能否正确地反映客观事物，把不能正确反映客观事物的知觉称为错觉。下面运用其中主要有关的感觉、知觉原理分析劳动过程的安全因素。

1. 视觉

所谓视觉，是由于物体所发出的或反射的光波作用于视分析器而引起的感觉。视觉能使人辨别外界事物的各种颜色、明暗，对工作、学习、生活起着重要作用。有学者认为，一个正常人从外界接受的信息，85％以上是通过视觉获得的。尤其在生产劳动过程中，人的视觉的作用显得更为重要。通过视觉，可以知觉到人们的劳动环境、劳动对象、劳动工具以及劳动过程中不利于身心健康和影响安全的因素。

视觉的特性有如下几方面。

（1）明暗视觉。可以知觉劳动环境采光和照明的要求。符合要求的有利于健康和生产，不符合要求的有损失于健康和生产。对不同劳动内容的环境、采光和照明提出了应有的要求，一般包括：第一，工作场所的采光和照明符合一定的标准，即工业企业采光设计标准和工业企业照明设计标准。第二，工作场所内受光均匀，切忌室内太亮，而周围或其他地方太暗，否则容易使劳动者眼睛疲劳。第三，工作场所内不能有耀眼的强光。第四，工作场所应尽量避免设在只有人工照明而无自然照明的建筑物内，因为长时间在人工照明条件下工作，劳动者的眼睛得不到休息。

（2）颜色知觉。可以知觉人们在工作环境中的颜色要求和颜色标志。颜色有三个基本特征：一是色调，它是由光线的波长所决定，是一种颜色区别于另一种颜色的根本标志，就是指红、黄、蓝等色彩；二是饱和度，它是指在一种彩色中决定其色调的光线与混合光线的比例，也就是指每种颜色的浓淡；三是明度，明度也称为彩色的亮度，它是彩色和非彩色都共同具有的属性。明度是由物体反射出来的光线多少，即由反射条数决定的，即颜色的暗亮。最亮的是白色，最暗的是黑色，其余的是灰色。人们在看任何物体的颜色时都可以从这三个方面来进行分析。颜色根据人的主观心理反应，可以分为暖色和冷色。一般认为，体力支出较大的劳动比较适宜在冷色工作环境中进行。所谓冷色，主要包括绿色、蓝色、紫色以非彩色中的白色、灰色和黑色等。体力支出较小的劳动比较适宜在暖色的工作环境中进行。暖色主要包括红色、黄色、橙色、绛色等。人们还可以通过颜色视觉知觉到工作对象和工作背景的颜色对比要求。因为工作对象与工作背景有着密切的联系，当它们的颜色对比不适当时，劳动者的视觉分辨的清晰度就降低，不仅影响生产效率，而且容易发生事故。根据研究证明，下列的颜色对比较好：蓝白，绿白，黑白，红黄，红白，橙黑，橙白等。人们再可以通过颜色视觉知觉生产劳动中的安全颜色和安全标志。所谓安全颜色就是表达安全信息含义的颜色，有四种：红色表示禁止、停止（防火）。蓝色表示指令、要遵守的规定。黄色表示警告、注意。绿色表示提示、安全状态、通行。所谓安全标志是由安全色、几何图形符号构成，用以表达特定的安全信息，分为禁止、警告、指令、提示四类安全标志。

（3）视觉错觉。是指由于视觉而对客观事物不正确的知觉。造成错觉的主要原因有生理和心理两大类。人们在生产劳动过程中所发生的错觉有危害性，有可能导致事故的发生，是产生某些事故的根源。但有些错觉，特别是颜色方面的错觉可以用来改善人们的劳动心理情绪。日常生活和劳动中，常出现的错觉有：第一，几何图形的错觉。例如，一个正方形的零件往往被看成高比宽长的长方形；同样大小的零件如果被小零件包围时就会显得大一些，而被大零件包围时就会显得小一些；同样大小的设备远看小近看大，俯视低仰望高，这类错觉容易造成吊装上的失误。第二，大小重量的错觉。这类错觉主要是指人们对两个重量相同、大小不一的物体进行知觉时，会产生一种小物体比大物体重的不正确的知觉。例如，两个同样重的零件，一个是木模，另一个是铸钢件。由于木材与铸钢的密度不同，铸钢件要比木模小。这类错觉容易致使吊装和搬运方面的疏忽。第三，空间定位的错觉。主要是由于视觉和平衡的位号不协调而产生了一种不正确的空间知觉。例如，劳动者在高空作业时，由于习惯于用地面的姿势来辨别空间位置，这样容易产生空间定位的错觉。这类错觉容易造成某种事故。如起重机械驾驶员在吊物运行和落点准确方面容易发生偏差而发生事故。

（4）颜色方面的错觉。颜色错觉是指一种由于颜色而引起的不正确的知觉。这种颜色错觉在劳动过程中常有如下几种表现：颜色的重量错觉，同样重的两件物体，涂上黑色的与涂上浅绿色或天蓝色的相比，会使人感到涂上黑色的物体要重。颜色的空间错觉，同样大的空间，如果四周涂上白色、乳色等浅颜色要比涂上黑色、褐色等深色显得更宽阔。颜色的温度错觉，同样温度的工作场所，四周涂上草绿色、浅蓝色等冷色，会使在其中劳动的人们感到凉爽；如果四周涂上粉红、橘黄色等暖色，会使在其中劳动的人感觉暖和。颜色的声音错觉，在多噪声的环境中，如果四周涂上绿色和蓝色，可以使人感到比实际环境安静一些。从以上所述的颜色错觉的特点来看，人们在劳动过程中，可以利用对颜色的错觉来改善劳动环境，调节劳动情绪，保护身心健康，提高劳动效率。

2. 听觉

听觉是指声波作用于听分析器而引起的感觉。听觉的适宜刺激是声波，适宜刺激声波的振动频率为 16～20000 周/秒。发声体产生的振动在空气或其他物质中的传播叫做声波，声波借助各种介质向四面八方传播，当声波进入人耳，便会在大脑中产生听觉。听觉是对声波物理特性的反映，因此，声波的物理特性决定了听觉性质。一是音高，是指声音的高低，它是由于声波的频率所决定的。所谓声波的频率是指声源每秒钟振动的次数。声波的频率越高，声音的音调就越高；声波的频率越低，则声音的音调就越低。例如，男子的声音音调较低，而女子的声音音调较高，就是由于男女的声带振动频率不同而造成的。二是响度，是指声

音的强弱。它是由声波的振幅所决定的。声波的振幅越大，声音的强度就越大。反之，则越小。三是音色，它是由声波的振动波形决定的，是一种声音区别于其他声音的根本标志，有纯音和复合音之分。在不同频率声波所组成的复合音中，根据波形是否有周期性，可把声音分为乐音和噪声。所谓乐音是呈周期性振动的声波，噪声是呈非周期性振动的声波。超过一定强度的噪声，较长时间作用于听觉器官，会对人的身心健康产生极大的不良影响。

人们在劳动过程中，可以根据声音的音高、响度和音色的差异来区别不同的声音，其中有的可以运用到有关安全生产的工作中去。

听觉一般可分为三种形式，即言语听觉、音乐听觉、噪声听觉。在这些听的感觉中，音分析器能分辨声音的不同性质，如音高、响度和音色。加之声音的连续性，从而使人感觉到声音的千变万化，并能知觉各种声音所反映的客观事物。

语言听觉是分辨言语声音的听觉或感受力，这种能力是在生活和劳动中形成的，它依赖于人自动接触语言环境的训练，人们在劳动中的交往、操作、学习等都依赖于语言听觉；音乐听觉，其社会性并不亚于语言听觉，它使人们依赖于与声音相反的某种情绪色彩从而引起审美快感。例如码头工人的号子歌，行军的进行曲，广播操的操练声，等等，都能给人们带来工作和生活方面的快感。它们能帮助人们驱散疲劳，振奋精神，提高工作兴趣，奋发工作。

噪声听觉与安全工作密切相关。从物理学的观点来讲，就是我们上面所说过的呈非周期性振动的声波，即不同频率的声音的杂乱组合。从生理学的观点来说，凡是使人烦躁的、讨厌的、不需要的声音就是噪声。噪声对人体的危害是多方面的，它对中枢神经系统是一种强烈的刺激，能引发机能障碍，并通过神经系统作用于其他器官，导致损害，轻者听力下降，重者耳聋。如人耳突然暴露在极其强烈的高达140～150分贝的噪声下，一次刺激就可能耳聋，如噪声达到175分贝时会置人于死地。根据科学实验和实践经验可以得知，人们在15～35分贝的声音环境中工作一般感到比较舒适，随着声压缩的分贝的增加就会使人们感到头痛、头晕、疲倦、易怒、多疑。在45分贝的噪声刺激下对人的睡眠有一定的影响；长期在80分贝以上的噪声环境中工作会使人的听力受到损害；在90分贝的噪声环境中劳动四十年以上，耳聋概率可达21％；受到100分贝噪声影响时，就会发生血管收缩、心律改变、眼球扩张，或引起身体各个系统的长期病变，如慢性疲劳、噪声性耳聋、高血压、心脏病、胃溃疡等。噪声对人的影响非常大，它不仅引起身体生理的改变和损害，还会导致心理上的不良影响，妨碍工作，影响工作效率，甚至会导致工作上的差错和事故的发生。噪声会提高人的情绪反应水平，使人的心情烦躁不安，在噪声条件下，人变得容易激动、心神不安、情绪剧烈。噪声对人的情绪的影响有如下特点：一是高频噪声比低频噪声更加讨厌；二是夜间噪声比白天噪声更加糟糕；三是间歇起伏的噪声比稳定的噪声更加可恶；四是人为的噪声比自然的噪声危害更大。

噪声影响人的工作主要表现在以下几方面：一是噪声会分散人的注意力。心理学原理告诉我们，在劳动过程中，任何与生产任务不相干的刺激物都会引起人们的注意。也可以说，噪声是一种分散注意力的刺激物。熟悉的噪声刚产生时使人注意力不集中；突然而来的噪声，往往会导致"惊跳"反应，产生破坏性影响。不仅使人们的工作注意力分散，而且会使人的生理紧张程度明显提高，从而造成人的疲劳，容易发生事故。二是噪声会破坏人们在劳动中正常信号的传递。特别是强度超过 70 分贝的噪声，会掩盖劳动信号的发生及破坏劳动信号的传递，使人在劳动中反应时间过长（即反应能力下降），影响了劳动的适应性，从而影响人的识记、观察、判断、比较能力等。噪声会使工作时间加长，质量下降，差错率上升。同时，由于噪声破坏了正常信号的传递，使人在劳动过程中的人际间有效交往次数和时间减少。据调查，在噪声极其严重的环境中劳动的人往往比在安静环境中工作的人更具有侵犯性、自私性、更多疑、更易怒，这种对人劳动心理品质和心理状态的影响，既不利于人际感情的发展，又直接危及生产任务的顺利完成。三是噪声会降低人的工作能力。噪声的作用导致降低感觉运动过程的速度和准确性，特别不利于复杂的协调动作的进行，并对人机体心理产生整体性影响，从而降低人的工作能力，降低劳动生产率。有人测算，由于噪声的影响，可使劳动生产率降低 10％～50％。同时，工作上的差错发生得更多，当噪声达到 120 分贝时，人的劳动工作错误率将增加 30％。有人对电话交换台工作人员作调查，噪声从 50 分贝降低到 30 分贝以下，差错率可减少 42％。

噪声在国外已被列为世界三大公害之一，我国自 20 世纪 50 年代以来，随着工农业迅速发展，国民经济日益繁荣，特别是工业交通事业的发展，噪声已成为一种严重的现代环境污染。消除和防治噪声已成为安全科技界的重要挑战。

3. 其他感觉

除上面所述的听觉和视觉外，在劳动感觉过程中，还有触觉、动觉、嗅觉等感觉。这些感觉与安全生产有着密切的关系。触觉是皮肤受到机械作用后产生的一种感觉。触觉的感受器散布于全身体表，它是一种感觉神经元的神经末梢。触觉常常和温度觉、痛觉混在一起，很难将它们严格区分开来。动觉，又叫运动感觉，是指对身体运动和位置状态的一种感觉。动觉的感受器在肌肉、肌腱及内耳的前庭器官中。一个人即使闭上眼睛也知道自己是站着、坐着或躺着，也知道自己的手、脚、头是否在运动，这就是动觉。动觉往往和其他感觉相联系，构成各种复合感觉能力的基础。嗅觉的感受器是嗅觉细胞，位于鼻道上部黏膜的嗅上皮肉。气味主要有六种：花香气、水果气、香料气、焦臭气、树脂气、腐烂气。当几种适宜刺激同时作用于嗅觉感受器时，嗅觉会发生以下三种变化。

气味的融合，指两种不同气味混合后得到一种单一的气味；气味的竞争，指如果同时刺激嗅觉感受器的两种气味中有一种特别强烈时，就会产生只闻到一种优势气味的现象；气味的抵消，当两种气味选择适当而且混合的比例也适当时，可以发生气味抵消、不产生嗅觉的现象。

人们通过触觉、动觉、嗅觉等感觉，可以知觉劳动环境的大气、温度、湿度等状况，这对于安全生产和开展安全生产工作是十分重要的。

首先，工作环境中的大气与人的身心健康和劳动效率有着直接的关系。被污染的大气，能使人产生严重的生理和心理不良症状。其次，劳动环境温度主要取决于从太阳取得的能量，其比率随季节、高度、日时、劳动性质的变化而变化。衡量环境温度主要以人的舒适感为标准。人的舒适温度为23～26℃，过高或过低都容易使注意力涣散，感觉疲劳，影响生产情绪和身心健康。温度环境对人的心理，包括知觉判断、反应能力、动作协调准确性、注意力分配、记忆精确性及心境都有影响。根据研究，人在15～25℃的环境中劳动，接受信息的平均误差较小，低于5℃或高于30℃，误差率就急剧上升，并且持久时间越长，误差越高，对技术较差的劳动者来说更是如此。由此可见，在高温和低温条件下劳动，对人的身心健康和工作效率都会产生不良的影响。人在高温条件下进行工作，身体必然要通过大量排汗来维持正常的体温，但这种新陈代谢的加快必然伴随着心率与呼吸的变化，并且由于大量出汗导致失水、失盐、汗腺疲劳等，使人不能坚持工作。实验证明，人在20℃的环境中工作，舒适感较好，温度升到30℃时，尚可坚持几小时，当温度升高达到35℃时，不到一小时，就会产生恶心、抽搐、疲乏等生理反应。这些反应在生理上统称为"高温症状"。人在低温条件下进行工作，据测定，由于体力劳动使得肌肉产生热量，因此，相对来讲，在低温条件下劳动，人具有一定适应能力。但是，环境温度过低，周围气温会不断吸收人体的热量，为保持恒温，人体就要消耗更多的能量来产热。因而，在低温条件下劳动时的能量消耗要大于允许温度条件下的同等强度的劳动。在低温下持久工作，人会出现呼吸急促、心率加快、头痛、麻木等生理反应。同时出现感觉迟钝，动作反应不灵活，注意力不集中等心理反应。这些反应统称为"低温症状"。低温直接影响人的情绪与意识，使工作受到影响，严重的要伤害人的身体。

人们在劳动过程中认识感觉、知觉是非常重要的。研究生产过程中的人的安全和健康等方面的感觉、知觉，是搞好安全生产和开展安全生产工作的重要方面。人的感觉、知觉的灵敏度的提高，受到各种因素的影响，其一要提高人们的科学知识水平和劳动技能；其二要提高人们的观察能力，做到有目的、有计划、比较持久的知觉；其三要不断提高劳动过程中的安全科学技术水平，创造适应人的生理和心理机能的外界环境。

二、记忆、思维与行为安全

人对劳动过程的认识，如果一直停留在感觉、知觉阶段，是不能正确地、完整地认识客观事物的。可以说，人在生产劳动中感知过的事物，如果没有记忆，等于一无所获，不能形成概念或经验。人的认识过程，只有在感觉和知觉的基础上，须有记忆参与，并在记忆的基础上进行复杂的思维活动，才能完整完成。

（一）记忆的概念与记忆过程的环节

记忆，是过去经验在人脑中的反映。人们在劳动过程中所感知过的事物，思考过的问题，练习过的动作，体验过的情感，在事情经过之后，如果不能把具体感觉的东西保留下来，就不可能获得知识，取得经验，形成概念。而实际上其印象并不会消失，其中，有相当部分作为经验在人脑中保留下来，以后在一定条件的影响下又重新得到恢复，这种在人脑中对过去经验的识记、保持和恢复的心理过程，就叫做记忆。

心理学中的"记"为识记和保持，"忆"为再认或回忆。识记、保持、再认或回忆是记忆过程的三个基本环节。

1. 识记

识记是识别和记往事物，从而积累知识经验的过程。人们对客观事物的记忆是从识记开始，这是记忆过程的第一个基本环节。根据在识记时有无明确的目的，把识记分为无意识记和有意识记。

在日常生活中和劳动中，人们有时虽然没有提出明确的识记目的和任务，也没有做出任何特殊的意志努力和采取专门的方式来记住某些事物，但有些事物却自然地记在头脑里，成为个人知识和经验的组成部分。这种事前没有确定识记的目的，也不用任何有助于记忆的方法的识记，叫做无意识记。

无意识记有很大的选择性，并不是人们所有经历过的事物都能自然而然地被记住的。在所经历的事物中，凡是对人具有重要意义的，与人的需要、兴趣、活动的目的和任务密切联系的能激起人的情感的事物，都容易被无意识记住。由于无意识记不需要意志努力，也不采用任何有助于识记的方法，所以消耗精力较少。因此，我们在安全教育方面如果能通过无意识记使职工增强安全意识和提高安全技能，就可以减轻职工在学习上的负担。但无意识记的内容往往是片断的、带有一定的偶然性，单靠它是不能获得系统的科学知识的。

事先明确了识记的目的，运用一定的方法，必要时需要自己做出一定意志努力的识记，显得更为重要，因为人在掌握系统的科学知识时，主要依靠有意识记。由于有意识记要求人们具有高度的积极性与自觉性，因此，在条件基本相同的情况下，有意识记的效果远比无意识记的效果要好得多。影响有意识记的因素大致有两方面：一是识记目的；二是识记任务。根据人们对认识论材料的意义是否理解，可将识记分为机械识记和意义识记。机械记忆主要是机械地重复记忆，而意义记忆主要是通过对事物意义理解的记忆。在安全宣传教育中，我们从意义记忆上支持理解、熟悉安全生产的方针政策和安全生产规律制度更为有现实的意义。

2. 保持

保持是巩固已获得知识和经验的过程。信息处理的观点认为，保持是我们感知过的事物、体验过的情绪、思考过的问题在头脑中的编码和贮存，是记忆和经验在头脑中的系统的贮存和巩固。保持不仅是巩固识记所必需的，而且也是实现回忆或再认的重要保证。

信息在头脑中的保持，并不像物品在保险柜或材料仓库中的保存，它是变化和发展的，这种变化和发展表现在内容的量和质两个方面：在量的方面，其内容所发生的变化有两个特点：第一，记忆内容中不甚重要的部分会趋于消失，而较显著的特征能较好地保持，使记忆的内容更简略、更概括、更合理。第二，记忆中有些内容的某些特征通过选择而保持下来，同时又会增添某些从未出现过的特征，使记忆内容更容易地被理解。在质的方面，信息在记忆中的保持，其内容的质也会发生变化，这主要是常常受到个人的认识经验、心向（定势）以及情绪动机等心理因素的影响所致。

3. 回忆或再认

回忆或再认是在不同的情况下恢复过去的知识经验的过程。过去经历过的事物已不在面前，而把它们在头脑中重新呈现出来的过程称为回忆；过去经历过的事物再次出现在面前时能够把它们辨认出来的过程称为再认。回忆和再认之间的主要区别在于，再认一般是在感知过程中进行的，而回忆则是在感知之外，通过一定的思维进行的。人们记忆过程中的识记、保持、回忆或再认这三个基本环节是相互联系，相互制约的。没有识记知识和经验，就谈不上保持，没有保持，回忆或再认也不可能；反之，回忆或再认不仅是识记结果的表现。而且它也反过来加强了识记，因此，识记和保持是回忆或再认的前提，回忆或再认是识记和保持的结果。人们在生活和劳动实践中就是通过识记、保持、回忆或再认这种统一的记忆过程来对过去经历过的事物进行反映的。

（二）思维的概念和思维种类及特点

所谓思维，就是人脑对客观事物概括的、间接的反映过程。它是人脑对客观事物的本质属性和规律的反映，是人的理性认识，是认识的最高阶段。

人们对客观现实的认识活动，从感觉、知觉到表象，都是人脑对客观现实的直观的反映，这种反映是凭借人们的感觉器官直接与外在事物联系的，它不能认识事物的本质特性与规律。生活和劳动的经验告诉我们，许多事物及其属性都不能被我们直接地感知，也不能仅靠我们的感觉器官去反映它们，认识它们。为此，人们必须通过一定的间接途径，在已有的知识经验的基础上，以概括的、间接的途径去寻找答案，去认识这些事物，这就是思维。人的思维具有概括性和间接性两个特点：思维的概括性是指对同类事物的本质属性和事物之间规律性联系的反映。它反映了事物之间的本质联系的规律。概括有感性的概括和理性的概括这两种不同的水平。感性的概括是低级的概括形式，大都是在直观的基础上自发进行的，往往不能正确地反映事物的本质及其规律。理性的概括则是高级的概括形式，是在分析、综合、比较、抽象和概括等思维过程中进行的。人们可以通过概括，由现象到本质，由片面到全面，由外部联系到内部联系，大大加深和提高了对客观事物认识的水平。思维的间接性是指通过其他事物的媒介来反映客观事物。事物本质属性和规律并不是表露在外，而是蕴含在事物内部，只能间接地去获取。思维的间接性是以人对于事物概括性的认识为前提的。因此，思维的概括性的反映和间接性的反映的特点是密切相连的。它们的反映活动，特别在抽象思维中是凭借语言实现的。从这个意义上说，没有语言人们就不可能脱离开事物的具体特点去进行概括，也就不可能进行抽象概括的思维。

按照人们在思维过程中的不同情况，可以把思维分为以下几种类型。

（1）根据人们在思维过程中凭借物的不同情况，可以分为动作思维、形象思维、抽象思维。

动作思维。动作思维是一种依据实际动作来解决问题的思维过程。它具有明显的外显性特征，即通常是以直观的、具体形式的实际动作表现出来。例如，一台机器发生故障时，进行全面检查，确定是电器故障还是机械损坏，通过一系列操作，最后找出机器损坏的原因，这一系列思维活动过程，都是伴随着实际动作来进行的。

形象思维。形象思维是凭借已有的形象或表象来解决问题的思维过程。当人们利用直观形象来解决问题时，形象思维就很明显地表现出来。心理学研究表明，形象思维是个体发展的重要阶段，特别是在解决比较复杂的问题时，鲜明、生动的形象或表象有助于思维的顺利进行。例如，在开展安全生产的宣传教育工作时，大量地运用了形象思维，能使教育起到生动、形象的效果。

抽象思维。抽象思维是以概念、判断、推理的形式来反映客观事物，达到认识事物的本质特征和内在联系的思维过程。抽象思维亦称逻辑思维，可以分为形式逻辑思维和辩证逻辑思维。

（2）根据人们在思维过程中探索目标的方向，可以分为集中型思维和发散型思维。

集中型思维是指把问题所提供的各种信息聚合起来，朝着同一个方向，导出一个正确答案（或一个最好的解决方案）的思维过程。其主要特点就是求同，即对要解决问题的信息加以组织，在不知结论的情况下，朝着一个方向思考，寻找出一个正确的答案来。从一个肯定的前提，推导出一个明确的结论，所以也有人称它为求同思维。

发散型思维是指一个问题有多种答案，向着各种可能解决的方向，去探索各种解决问题的正确答案。这种思维方式，不拘泥于一种解决途径，不局限于既定的理解，其主要特点是求异和创新。发散型思维开始时往往在常识范围内进行思考，从常规方向进行探索，通过不断换向，反复变通，才能向新的方面发散思考，产生更多的新异性成分。思维的流畅性，即对刺激做出流畅的反应的能力；思维的变通性，即对刺激随机应变的能力；思维的独特性，即对刺激做出不寻常反应，具有新异性的成分。这些都是发散型思维的重要特点。

（3）根据人们在思维过程中的创新程度，可以把思维分为习惯性思维和创造性思维两种类型。

习惯性思维亦称再生性思维，是指运用已有的知识和经验，不需更改地去解决类似情境中的问题的思维过程。它也可以有创新的成分，但它与创造性思维中的创新相比程度有所不同。习惯性思维常应用现成的结论和方法来解决问题，不善于变通，因此，其创新成分较少。

创造性思维是指以新异的、发明性的方法来正确解决问题的思维过程，是人类思维的高级过程。它不仅揭示客观事物的本质特征和内容联系，而且在此基础上追求创新、发明，善于打破条条框框、不拘一格，产生新颖的、前所未有的思维成果，给人们带来新的、具有社会价值的产物。其主要特点是具有鲜明的主动性和创造性。

（三）劳动过程的记忆和思维与安全

记忆是一种比较复杂的认识过程，思维属于认识的高级阶段。一个工人在劳动过程中如果不能正常地记忆和思维，不仅不能搞好生产工作，而且不能保障生产安全。不难想象，一个工人如不能完整地记住机器的操作规程和操作方法，遇到事故征兆，不能作必要的分析、综合、比较，并且不去考虑问题的解决，难免会发生事故的。因此，人们在劳动过程的启发思维是与安全有着密切关系的。

1. 人的记忆过程与安全的关系

在识记方面，人们对于安全技术、安全规程、安全制度等关于安全生产保健和安全生产等方面的经验，在识记时应该以有意识记为主，同时还要提倡实行无意识记，因为机械识记主要是依机械重复而进行的识记。例如，超重机械"十不吊"的内容，作为起重机械驾驶人员必须应该牢记，这是安全操作的必备条件。实践证明，如果单靠无意识记的话是记不住、记不全的，只有用有意识记才会有较好的效果。在记住"十不吊"的内容时，不仅要知其然，而且要知其所以然。要理解"十不吊"的内容与机械原理，设备和人身事故等方面的联系及因果关系。当然，在识记过程中，也不能忽视无意识记。人们往往通过典型事故的教训以及在安全宣传教育等各方面的影响，潜移默化地增强了劳动中的安全意识。

在保持方面，人们对识记过的安全生产知识和经验在头脑保持过程中会在数量上和质量上发生变化，如果不复习，随着时间的推延，人们所保持的内容将会越来越少。例如，一个电焊工在学习焊工"十不烧"后，当时记住了，到了第二天就可能忘记一部分，这就会影响安全生产。人们要保持识记的内容，并能把识记的对象修改得更完整，更合理，不仅要做到及时复习，同时要防止遗忘。

所谓遗忘就是对识记过的事物不能回忆或再认，或者错误地回忆或再认。遗忘也就是说没有把识记过的内容保持下来。德国心理学家艾滨浩斯曾对遗忘现象作了系统的研究，发现人类的遗忘过程是有规律的。他提出的"艾滨浩斯遗忘曲线"表明，在识记之后短期内遗忘马上开始，其进程是不均衡的，最初时间里忘得快，后来逐渐缓慢，到了一定时期，就几乎不再遗忘，遗忘的发展是"先快后慢"。我们要根据遗忘曲线的规律，组织开展安全教育、复习和定期复训工作。例如，对特殊工程和要害岗位的操作工人不仅要抓好培训考核工作，而且还规定了每隔两年复训、考核一次。这实际上就是防止遗忘，保持和发展对工程安全知识和经验的识记。

在回忆和再认方面，回忆对于人们所从事的生产劳动活动具有重要意义，但是回忆常常不是正确无误的，而回忆的错误就潜伏着各种不安全的因素。由于回

忆不是对识记过的事物、旧的经验的简单重复，常常受到每个人的知识、经验等各方面的影响，而使回忆的内容发生变化。人们回忆的错误有以下几个特点：一是认为无关紧要的内容就删掉，自己感兴趣的或已习惯的就增加；二是以自己熟悉、理解的内容来取代自己不熟悉或不理解的内容；三是相似的内容之间易泛化或引起混淆。因此，人们既要充分利用回忆，但也不能过分依赖自己的回忆，俗语说："好记性，抵不上烂笔头"。所以，有些重要的事情，要用文字记录下来。在安全生产方面，就要将比较关键的操作程序、操作规程和安全技术，等等，老老实实地记在纸上，以便需要时能及时查对，以免由于回忆失误而发生事故。同样，再认在生产劳动活动中也是重要的。

2. 人的思维过程与安全管理的关系

人们的思维过程主要表现为分析、综合、比较、抽象、概括和具体化等。其中分析和综合是两种最基本的思维过程，其实思维过程都是通过分析和综合来实现的。在安全管理方面，分析和综合同样是必不可少的基本思维。

（1）分析。分析是人脑把整体的事物分解成各个部分、个别特性或个别方面的一种思维过程。运用分析方法，在安全管理工作上，在研究和揭示安全管理的规律方面，发挥了极为重要的作用。例如，通过职工伤亡事故的分析，可以找出事故发生的规律。通常的分析方法主要有：对事故发生的地点、类别和工种的分析；对发生事故时间的分析；对伤亡人员情况的分析，等等。

（2）综合。综合是人脑把事物各个部分、不同特性和不同方面结合起来的一种思维过程。在安全管理方面，综合的思维过程也是不可少的，是非常重要的。应当说，关于安全生产方针、安全生产法规、安全生产责任制度以及各种安全卫生法规、安全技术规程、安全生产工作条例、劳动安全和劳动卫生标准等，都是在综合的基础上建立起来的。

安全管理问题的解决过程，就是分析和综合的思维过程。人们在生产劳动和安全管理活动中经常碰到各种各样需要解决的问题，问题的解决就要依靠思维，问题解决的能力是人们思维能力的主要表现，也是衡量人们智能水平的一个重要方面。虽然安全管理问题的内容各种各样，表现形式和出现的情况各有不同，人们也各有特点，但是问题的解决都是建立在分析和综合等思维的基础上。问题解决的过程也有一些普遍的规律，基本可以分四个阶段。

第一，提出问题。这是解决问题的起点。提出一个问题比解决问题更重要，因为后者仅仅是方法和实验的过程，而提出问题则要找到问题的关键、要害。提出问题包括明确要解决什么问题，这个问题有什么特点，解决这个问题需要什么条件等。

第二，形成策略。这是指形成解决问题的方案计划、原则、途径和方法，又称为提出假设阶段，这是问题解决的一个主要阶段。在此阶段，对问题内部联系的了解和把握、创造性思维、对过去的经验及有关的科学知识的了解都具有重要作用。

第三，寻找手段。这是指寻找解决问题的方法和相应手段。如果问题较为简单，人们在形成策略的同时，往往也就寻找到了手段。如果问题比较复杂，则需要根据解决问题的策略来进行手段的选择，没有正确的手段往往会使正确的策略归于失败。

第四，实际解决。这是问题解决的最后阶段。提出的问题通过适当的手段最终解决了，这说明策略和手段是正确的。如果没有解决，则说明策略和手段，甚至提出问题可能有错误，需要进行相应的修正。

三、情感、情绪与行为安全

人们劳动的情绪和情感过程，是与认识过程有着密切的联系的。认识过程是产生情绪和情感的来源和基础，情绪和情感总是伴着人的一定认识过程而产生，并且随着认识的变化而变化的。人们在劳动过程中，由于对劳动活动和安全生产的认识，产生了情绪和情感。人们所引起的情绪和情感，对人的身心健康和安全生产有着较大的影响。

（一）情绪和情感的概念及其联系与区别

情绪和情感是心理活动的重要方面，它伴随着认识过程而产生。在情绪和情感中，人们对新认识的事物所表现出来的态度，总是带有某些特殊色彩的体验，不同的态度决定着人们不同的体验，因此，情绪情感也是人们对客观事物态度的体验。高兴、痛苦、恐惧、羞愧等心理现象就是各种形式的情绪和情感体验。根据人的需要满足与否，情绪和情感还具有肯定的或者否定的性质。凡是能满足个人需要的事物或现象，会引起肯定的情绪和情感，如愉快、喜爱、赞叹等；凡是不能满足个人需要的事物或现象，则会引起否定的情绪和情感，如不愉快、烦恼、愤怒等。情绪和情感是伴随人的认识过程产生的，尽管情绪和情感与认识活动的关系密不可分，但二者是不同的心理过程。人的认识过程是对客观事物的特征和规律的反映，而情绪和情感则是人对客观事物与人的需要之间关系的反映。

情绪和情感都是由客观事物或现象对人的需要是否得到满足而产生的，是人对客观现实的态度的体验。情绪和情感的联系是十分紧密的。情绪依赖于情感，情感也依赖于情绪，离开了具体的情绪过程，人的情感就不可能产生，而且情绪的变化会受到已形成的情感的制约。在某种意义上说，情绪是情感的外在表现，情感是情绪的本质内容；情感的发展变化是通过情绪变化来实现的，即是在大量的情绪体验的基础上形成的。若要改变一个人的情感，就必须依赖于情绪的共鸣而逐渐达到。但是，严格来说，情绪和情感这两者是有区别的。

第一，从情绪和情感的内容来看，情绪一般是指有机体的生理需要是否获得满足的情况下产生的经验。如由饮食而引起的满意或不满意的体验。情绪是人和动物共同具有的，但人的情绪在本质上与动物的情绪是有所不同的，它受到了社会生产过程的制约。情感则与人为的社会关系及制约的社会性需要紧密地联系在一起，是人的社会需要是否获得满足的情况下产生的体验。如由精神文化生产的需要引起的体验。其性质常与稳定的社会事件的内容密切相关，因此，情感是人类所特有的一种心理现象。

第二，情绪在其表现形式方面比较短暂、不稳定。情绪一般是由在当时当地的特定条件下产生的，具有较强的情境性，但情感更具有较强的稳定性、长期性和深刻性。

第三，情绪比情感具有较强的冲动性和明显的外部表现。情感一般说来很少有冲动性和很明显的外部表现，情绪则相反。

（二）情绪的基本形式和状态

一般把快乐、愤怒、恐惧、悲哀列为人类最基本的或原始的情绪形式。引起这些情绪状态的情境与其追求目的的活动紧密地联系在一起，所以它们常常具有高度的紧张性。

（1）快乐。快乐往往是一个人盼望或追求的目的达到后，继之而来的紧张解除时的情绪体验。快乐的程度依赖于追求目的行动过程中的紧张水平，其可以从满意、愉快、欢乐和狂喜等不同等级来标示。当然，目的的达到和紧张解除的突然性也会影响快乐的程度。

（2）愤怒。愤怒往往是由于遇到了与愿望相违背或愿望不能达到，并一再地受到妨碍后逐渐累积了紧张的情况下产生的体验。如果是由于不合理的原因或是被人故意、恶意地造成挫折时，最容易产生愤怒，并且会导致对阻挠达到目的的对象进行攻击。愤怒的程度可以从不满足、生气、愠怒、忿怒、大怒到暴怒等不同等级来标示。

（3）恐惧。恐惧是企图摆脱、逃避某种情境的情绪状态。快乐和愤怒的情绪都是企图接近、达到各自的目标而引起的，引起恐惧情绪体验的关键因素往往是由于缺乏处理或摆脱可怕情境或事物的力量和能力造成的。恐惧比任何一种情绪体验更具有感染力。一个人在看到或听到处于恐惧处境中的其他人的面容和声音时，尽管他不处于这种情境，也没有任何引起他恐惧的原因，常常会产生恐惧的体验。

（4）悲哀。悲哀是由于失去某种追求的目的或所盼望的东西所引起情绪体验。悲哀的程度依赖于失去了的事物的价值。有各种程度不同的悲哀，如遗憾、失望、难过、悲伤、哀痛，等等。悲哀所带来的紧张的释放，会产生哭泣。

在上述四种基本情绪形态的基础上，可以派生出许多情绪形态，形成不同的情绪组合形式。从赋予它们不同的社会内容中，会产生更加复杂的情绪体验，使情绪更具有丰富性和多样性。

一般说来，人总是处于某种情绪状态下的，情绪状态可以根据其产生过程的特点而区分成心境、激情和应激三种基本情绪状态。

（1）心境。心境是一种带有渲染作用的，比较持久而微弱的，影响人的整个精神生活的情绪状态。心境不是对某些具体事物的特定体验，它具有弥散性的特点。当一个人处于愉快的心境时，他的一切活动都会以这种同样的情绪状态来反应。引起心境变化的因素很多，一般说来，生活中那些对人具有重要意义的事件，事业的成败，工作的顺利与否，以及人际关系处理得如何等都会引起某种心境。时令节气，环境景物也是引起心境原因之一。冬天风雪交加，容易产生抑郁的心境，夏天酷暑炎热，容易引起烦躁的心境；春天气候宜人，秋天秋高气爽，容易产生愉快的心境。身体状况，如健康、疲劳、疾病等因素也会影响人的心境。总之，各种客观事物或现象都有可能成为影响人的心境的原因。人的心境主要是受人的理想和世界观的控制和调节的。

（2）激情。激情是一种猛烈爆发而又短暂的情绪状态。激情通常是由一个人生活中具有重大意义的事件所引起的，尤其是某些事情出乎当事人的意料时，更容易产生。激情总是伴有激烈的内部器官活动和明显的表情动作，减弱了人控制和约束自己行为的能力，即产生了所谓的激情状态下的"意识狭窄"现象。但并不是所有的激情都是消极的，也有积极的激情。积极的激情是与理智和坚强的意志相联系的，它能激励人们克服艰难险阻，攻克难关，成为完成任务、正确行动的巨大动力。

（3）应激。应激是出乎预料的紧张情况所引起的情绪状态。在突如其来的或非常危急的情况下，在几乎没有选择余地采取决定以应付紧急局面的时刻，容易发生应激状态。例如，汽车驾驶员在开车时突然出现危险情景，需要迅速判断情况，利用过去的经验，集中注意力，果断地在瞬间做出决定，此时的情绪状态就属应激。人处于应激状态时，会动员各种力量来应付危急局面，以便转危为安。

第六章
人的安全素质分析

97

有时应激会使人活动积极，思维敏捷，而有时则会使人不知所措，很难使自己的行动符合预定的行动目的。在应激情况下，人如何行动，还取决于一个人的个性特征，如在突发情况下，需要迅速判断情况做出决定的能力，坚强的意志力以及类似情况下的经验等。

（三）情绪和情感与安全的关系

人们在劳动过程中的情绪和情感，不仅直接影响工作效率，而且会影响人们的生理变化，与安全生产有着密切的关系。

从情绪的形式和状态来看，情绪具有明显的两极性，即积极的情绪和消极的情绪。积极的情绪又称为增力的情绪，可以提高人们的活动能力，保持和提高工作的效率。而消极的情绪则为减力情绪，它能降低人们的活动能力，分散人们的工作注意力，降低工作效率。例如，人们在愉快的情绪驱使下，能夜以继日地工作而且不出现疲劳的现象，而在悲伤情绪的驱使下，便会很快出现疲劳现象，并且很容易发生工伤事故。又如，心境是由主客观原因所引起的。良好的心境，可以使人振奋，集中注意，能够提高工作的效率、劳动的效果。不良的心境则使人对一切事物厌烦、消极情绪，并且注意力不易集中，除了影响人的身心健康外，既降低了生产和工作的能力，又容易发生事故。

为了使人们在生产劳动过程中，提高工作效率，保障安全生产，经常产生积极情绪，不断克服消极情绪是重要的。为此，应该注意以下几方面。

（1）改善人们的工作环境。良好的工作环境可以引起人们积极的情绪。所谓工作环境，主要包括照明、温度、声音等自然条件和人际关系、心理气氛等社会环境。工作环境的好坏与人们产生何种情绪的关系极大。例如，一个人在舒适的工作场所工作，同事关系又很融洽，这样他很容易产生积极的情绪；反之，一个人在光线阴暗、温度过高、噪声很大的工作场所工作，同事之间的关系又很紧张，这种气氛就很容易产生消极的情绪。

（2）关心职工的身体健康。健康对职工的情绪有一定的影响。一般来说，如果其他条件相似，一个身体健康的人往往比较容易产生积极的情绪，一个体弱多病的人往往比较容易产生消极情绪。

（3）注意每个人的特点。由于每个人的个性不同，经济收入、家庭条件、文化修养、道德水平等各方面都不一样，也就造成了人的情绪差异。人的喜、怒、哀、乐、惧等情绪都会引起一系列的生理变化。情绪与人的身心健康有密切的关系。大部分疾病究其原因都和情绪有关，比较明显的有这几个方面：情绪对神经系统的影响。例如，某些人听到一个好消息而激动，以致彻夜难眠。情绪对神经系统较为严重的影响是可能使有的人患精神病；情绪对消化系统的影响。根据研究，情绪波动过度、消极的情绪反复出现，是人患胃疾病的一个重要原因；情绪对心血系统的影响。紧张、恐惧和愤怒会诱发高血压和心脏病。狂喜也会使心脏受严重损害，看球赛时球迷猝死往往属于这种情况；情绪和癌症也有密切的关系。

只有每一个人在自己的生产和生活中自觉行动起来，学习必需而有效的安全知识和技能，掌握基本的安全科学技术知识和方法，安全意识得以增强、安全素质得到提高、安全行为得到改善，现代社会的安全与减灾措施才能落到实处，使事故风险降低到最小限度，使社会稳定、文化发展、经济繁荣。

四、意志与行为安全

意志是自觉地确定目的、支配和调节行动、克服困难、实现目标的心理过程，它是意识能动性的集中表现。

人的意志是与克服困难相联系的，并在有目的的行动中表现出来。行动的意识性愈清楚，目的性愈明确，在行动过程中克服的困难愈多、愈大，则愈能表现出坚强的意志。所以我们把那种有目的地克服困难的行动称为意志行动。一般来说，意志有三个基本特征。

（1）明确的目的性。离开了自觉性的目的就谈不上意志。冲动的行为，盲目的行为，都是意志薄弱的表现。意志的水平以目的的水平为转移，意志对行动的调节主要表现在能发动符合目的的某些行动，抑制与目的相矛盾的愿望和行动，即表现为"有所为"而又"有所不为"。一个意志坚强的人，工作目的明确后，意志就能激励他采取达到目的所必需的行动，又能制止他不符合目的的行动。所以，衡量一个人的行动是不是意志行动，首先要看他的行动是不是有明确的目的。

（2）与克服困难相联系。意志行动是有目的的行动，而且目的的确定与实现，通常会遇到种种困难。因此，克服困难的过程也就是意志的表现过程。如一个工人在其操作过程中形成了不利于安全生产的习惯，诸如不戴护目镜，工作时喜欢与人讲话，机器运转时喜欢清扫加工残屑或调整机器，等等。要想克服这些习惯，除了明确工作的目的性以外，用意志行为克服困难，排除这些不符合安全生产的目的的行为也是很重要的。因此，意志的坚强程度是以克服困难的程度为标志的，人在行动中克服的困难愈多愈大，表现出来的意志也就愈坚强。

（3）以有意动作为基础。人的行动不论如何复杂，如何多样，都是由许多简单的动作构成的。人的一切动作可分为无意动作和有意动作两大类。无意动作是指那些无条件反射活动，如眨眼、打喷嚏、手被刺痛马上缩回，等等，都属于无意动作。有意动作是指在生活实践中学会了的动作，它们是有目的、有意识的，既是意志行动最简单的表现，又是一切复杂的意志行动的基础和必要的组成部分。人只有掌握了一系列的有意志动作，才有可能根据目的去组织、支配、调节、组成复杂的意志行动，实现一定的目的。例如，某车工为达到保质保量完成生产任务的目的，需要意志努力，克服困难。而这种意志行动就必须以在操作机床时会看、会听、会做等一系列的有意动作为基础，没有这些有意动作的参与，意志行动就无法实现，目的也不能达到。

良好的意志品质有如下特征。

（1）意志的自觉性。自觉性是指对行动的目的意义有深刻的认识，并确信自己行动的正确性和必要性，为实现预定的目的而进行的努力。在生产中要取得效益，就必须在"安全第一"的前提下确保质量和产量，这就是生产的目的。具有意志自觉性的人，总是以这一目的为指导，不做与目的相违背的事（如马虎工作，粗枝大叶，违章违纪等），而是自觉地将有碍于目的的实现的行动克服掉，这就是意志自觉性的表现。

（2）意志的果断性。果断性是指善于迅速地辨明情况，正确地做出决定，并立即付诸行动的品质。在一定目的的指导下，在发生意外情况时，诸如正常的机器突然发出异样的声响，生产工作场所突然嗅到异样的气味时，能当机立断，毫不犹豫地采取果断行动。与果断相对立的是优柔寡断和冒失，冒失者在发生紧急状况时不做周密的思考，草率从事。

（3）意志的坚韧性。坚韧性是坚持不懈地克服一切困难，实现目的的意志品质。它不仅表现为能坚持决心，而且具有顽强的奋斗精神，不因失败而气馁。与坚韧性相反的则是意志的动摇性，具有意志动摇性的人，往往虎头蛇尾，半途而废，不能正确估计自己。

（4）意志的自制力。自制力是一种善于控制自己的能力。表现在动机斗争时，能努力控制自己，克服内心障碍，做出正确的决定。表现在行动过程中，能善于控制自己的消极情绪或冲动行为，促使自己去执行决定。如一个汽车驾驶员在安全生产中遭到了不幸，这时他能努力控制自己消极情绪的干扰，全神贯注地握着方向盘，其中很重要的一条因素就是自制力的意志品质在起作用。缺乏自制力的人，根本谈不上有坚强的意志。有了自制力，就能排除一切干扰，对任何打击都能够用意志的自制力去克服。与自制力相对立的是任性，不加任何约束，感情用事，这是意志薄弱的表现。

综上所述，意志行为品质的培养，对安全生产起着积极的作用。从某种意义上讲，要确保生产的安全，就不能忽视意志行为的培养。

第三节　人的安全态度

一、人的态度与安全行为

态度是人对待客观事物（人或物）稳定的心理与行为倾向。人在社会生产中，无论是处理人与人的关系，还是认识和改造客观事物，都会有各种各样的态度。有的人热爱本职工作，积极肯干；有的人则认为干本职工作没有出息，工作时无精打采，敷衍塞责。这些都是不同的态度的具体表现。构成态度的最基本成分有三种：认知成分、情感成分、行为意向成分。

认知成分是个人对某事物真假、好坏、善恶的价值的认识，是事物的映像在人大脑中的一种简单的评价和概括。

情感成分是指个人对事物好恶程度的体验感受。

行为意向成分是指个人对某人某事接近或避开的行为倾向。

以上三个因素相互联系，相互影响，构成了人的态度整体。每个人的态度尽管千差万别，但总的来说，其基本特征有以下几点。

（1）态度具有社会性。人的态度并不是先天就有的，而是在后天的社会实践中，通过接触事物，通过与他人之间的相互作用逐渐形成的。

（2）态度具有对象性。人的态度都指向特写的对象。特写的对象可能是具体的一件事，也可能是某种状态或观念。

（3）态度具有可稳定性。人的态度一旦形成后，就具有稳定、持久的特点，不易发生改变。因此，要树立正确态度，就必须及早加以教育，不要等已形成错误态度后再来纠正。

（4）态度具有可调节性。人的态度虽然具有稳定性，但仍受着人的世界观、人生观、价值观的调节。人的态度的形成受它们制约，且能在它们的促进下转变。

态度与人的安全行为密切相关，对人的安全行为起调节作用。人的态度在很大程度上决定于人对外界影响的选择和人的安全行为方向。如果一个人当时的态度正确，行为的安全意识水平就高，失误动作就会少。不同的人之所以会有不同的安全行为，一个重要的原因就是由于人具有各种各样的态度。

态度对人的安全行为有以下几个方面的影响。

（1）态度通过影响人的知觉（性）的选择性和判断性，从而影响人的安全行为。造成不安全的因素很多，人的不安全行为是重要因素之一。虽然人的安全行为是由一定的外部或内部刺激引起的，但是人并不是消极地接受外部刺激，而要经过心理活动加以筛选，消除有害的刺激，接受有益的刺激。因此，人的态度就是在人的心理活动中起着加工的作用。一旦人的态度形成，就会对特有的事物持有一套特定的看法，这种"特定"的看法往往会影响一个人对事物的感知与判断。它不但可以影响一个人接受或不接受刺激，而且还决定某一种刺激的性质判断。

（2）态度预示着人的安全行为。态度本身包含着情感成分和行为意向成分，所以已形成的态度就潜在决定了人会按某一方式来行动。如果一个工人对生产安全有正确的态度，就会时时注意行为安全。否则对安全问题满不在乎，就会忽视行为安全。一个热爱他所从事的工作的人，就有热情的工作态度，行为的安全程度就高；反之，工作失误就多，不安全行为就增多。

（3）人的态度的差异性决定安全行为的差异。人的态度是复杂的，每个人所表现出的态度不尽相同，即使同一个人不同时期所表现的态度也会不一样。人存在态度的差异，态度又影响人的安全行为，因而，每个人的安全行为强度也不一样。因此，通过各种宣传教育的形式，促使职工改变对安全工作的不良认识和态度，能增强职工的行为安全效果。

二、对不良安全态度的改变

不良安全态度指人在生产活动中对某些事物所形成的不对的、不科学的态度。安全态度的改变是指人在对已有生产活动的安全态度的基础上发生一定的变化。

态度的改变分为两种。一种是一致性的改变，是指方向不变而仅仅改变原有态度的强度，即量变。如对某事由有点反对（或有点赞成）变得非常反对（或很赞成），或对某人由热爱（或憎恶）降为一般的喜爱（或反感）。另一种是不一致的改变（incongruent change），是指以性质相反的新态度取代原有的旧态度，或者说是方向性的改变，即质变。如对某事的态度由反对变为赞同，对某人由喜爱变为厌恶等。通常所谓态度改变更多是指后者，即方向性的转变。当然，强度的变化存在有引起方向性改变的可能，而方向性改变中也包括强度的变化，两者是彼此关联和互相包容的。同样，态度的形成与态度的改变之间也存在这种辩证关系，因为态度形成就意味着有改变的可能，而态度改变也意味着新态度的形成。

改变人的不良安全态度有如下几种手段和方法。

1. 通过安全宣传工作改变人的态度

安全宣传就是将特定安全信息（思想、观点、意见）传递给他人使之改变安全态度的过程。谈心、说服、教育是宣传；采用一定的工具或方式，如报刊、广播、电影、电视、演讲会、报告会等也是宣传工作。宣传效果的好坏取决于三个因素：信息来源，要求信息可靠，宣传者的威望高、意图明确；信息传递方式，要求论证合理，符合逻辑，易于接受；信息接受者的状况，应充分利用人的情绪、理智和个性特征。

2. 通过人际关系改变人的态度

这是指通过人际接触、人际交往和团体影响来改变人的态度。首先，要建立合理的安全生产规章制度、清晰的岗位责任书，明确安全生产过程中的责任层级，细化岗位分工，确保每个部门的每个人都明白自身的位置，从而建立正确的安全生产态度。其次，对各部门（单位）的安全生产进行阶段性考核、评比，建立有效的安全生产激励机制。通过考评机制改掉不良习惯、发扬优秀做法，建立良好的安全生产氛围，通过整体的安全氛围反过来影响人的安全态度。

3. 利用改变态度的理论

改变态度的理论目前有三种：一是诱因理论。即用某些强化和诱导因素来使人形成一种新的习惯或态度；二是认知失调理论。当人的认知元素、知识、观点、观念、意见、信念中有两种或两种以上出现不协调时，内心就会紧张，从而驱使自己改变态度来消除心理紧张；三是认知平衡理论。即当个人与其他两个对象（人或事物）不平衡时，会促使人改变态度。

第四节　安全观念和安全责任分析

一、人的安全观念评析

1. 安全第一的哲学观

安全与生产存在于一个矛盾的统一体中，安全伴随生产而产生和存在，没有生产就没有安全问题，但是没有安全的保证，生产就难以顺利进行。安全与生产的关系是相互促进、相互制约、相辅相成的关系，即生产是企业的目标，安全是生产的前提，生产必须安全。"安全第一"体现了人们对安全生产的一种理性认识，这种理性认识包含两个层面。

（1）生命观。它体现人们对安全生产的价值取向，也体现人们对人类自我生命的价值观。人的生命是至高无上的，每个人的生命只有一次，要珍惜生命、爱护生命、保护生命。事故意味着对生命的摧残与毁灭，因此，在生产和生活中，应把保护生命的安全放在第一位。

（2）协调观。即生产与安全的协调观。任何一个系统的有效运行，其前提是该系统处于正常状态。因此，"正常"是基础，是前提。从生产系统来说，保证系统正常就是保证系统安全。安全就是保证生产系统有效运转的基础条件和前提条件。如果没有安全的保障，就谈不上有效运转，生产就不能正常地进行。

安全与生产是一个矛盾的统一体，处理得当则二者相得益彰，处理不当则两败俱伤。社会主义企业生产的目标在于社会效益，以人为本，而不能只追求经济效益而不顾社会效益。因此，当生产与安全发生矛盾时，应首先解决安全问题。只有正确地处理好安全与生产的关系，落实好各项安全制度，才能保证安全生产，这就是"安全第一"，这是我国社会主义性质所决定的。只有企业决策者都充分意识到安全生产对人、对企业、对社会的极端重要性，在思想上高度重视安全工作，树立"安全为天"的思想，时时刻刻把安全和人的生命与健康、企业的效益和社会的责任联系在一起，才能通过社会全员的主动、积极参与减少事故的发生，减少人员伤亡和财产损失。

"安全第一"的哲学观要求我们把安全工作放在一切工作的首位。在组织机构上，安全工作部门的权威要大于其他部门，要落实好"安全一票否决权"；在工作安排上，安全工作要主宰一切工作的始终，并以安全为中心安排、部署工作；在资金管理中确保安全设施和设备的资金投入，切实把安全工作作为企业一切工作的基础，正确处理好安全与生产、安全与效益、安全与稳定的关系，才能做好企业的安全工作。

2. 珍惜生命的情感观

"人的生命只有一次"，充分说明人的生命和健康的价值。强化"善待生命，珍惜健康"的人之常情是我们每个人都应该有的情感观，不仅要热爱自己的生命，而且要热爱别人的生命。用"爱人、爱己""有德、无违章"教育珍惜生命，用"三不伤害"保护生命，用"热情教育、盛情关怀、严格管理"增强生命活力，要有"违章指挥就是谋杀，违章作业就是自杀"的责任感。广施仁爱，尊重人权，保护人的安全和健康的宗旨是安全的出发点，也是安全的归宿，更是安全伦理的体现。

3. 合理、安全的风险观

风险无处不在，风险事件普遍存在于我们生活的世界当中，人类和自然界无时无刻不面临着风险损失的威胁。大量意外事故造成财产损失和人身伤亡，各种各样的自然灾害频繁发生，给人们带来巨大的损失。树立合理、安全的风险观，时时处处注意安全，就可以以最小的成本保证风险主体处于安全的情境下。

4. 安全生产的效益观

就宏观而言，安全与效益在本质上是统一的，是互相依从、相互促进的关系。安全是经济发展的前提，安全是不能用经济效益弥补的，它是我们对自己、对他人的责任。现代安全经济学的"三角形理论"认为，经济是三角形的两条边，安全是一条底边。没有底边，这个三角形是不能成立的，底边不牢固，三角形同样是要受到破坏。可见，安全是经济发展的前提，没有安全就没有效益。

就微观而言，安全生产与经济效益是对立统一的关系。二者既相互矛盾，又辩证统一，解决这对矛盾的关键是如何找出两者之间的平衡点。确保员工的生命安全、身体健康、财产不受损失甚至对社会不造成任何危害，这是任何一个企业的责任；同时，确保资产的保值增值和员工的切身利益，这既是责任的体现，也是每一个企业的根本目标。安全生产可以促进企业的良性发展，为企业创造良好的生产环境；安全生产可以避免和减少事故造成的各项损失，增进潜在效益。安全是效益的重要组成部分，也是实现效益的重要手段。没有安全，企业很难维持正常运转，没有安全内涵的效益是缺陷效益，必然无法实现最优效益。企业生产的目的就是用最少的劳动消耗生产最多的符合社会需要的劳动产品，即企业生产的目的就是在生产产品的同时，获取一定的经济效益。没有效益，安全也就失去了存在的价值。

一个企业安全生产搞得如何，必然会影响企业的效益。只有实现安全生产，才能减少事故带来的经济、信誉损失和由此产生的负面效应，员工才有安全感，才能增强企业的凝聚力，提高企业的信誉，才可以获得经济效益和社会效益。因此，一定要建立"安全就是效益"的观念，从抓企业效益的角度抓好安全工作，摆正安全与生产的关系、安全与效益的关系。

由此可见，安全整体水平的提高，才能保证经济效益持续发展和提高。

5. 综合效益的价值观

效益包括经济效益和社会效益。经济效益指个人所得到的利益或比较显而易见的效益，社会效益指给社会带来的效益或长远的、不容易被评估的社会效益。

安全投入包括两个方面：一是直接用于解决物的不安全因素（事故隐患），以改善劳动环境和条件为主，提高物质安全化的资金投入。二是用于加强安全生产管理，以解决人的问题为主的人力资源、人员素质的投入。如开展各种安全知

识竞赛、安全活动、安全教育、安全培训的投入，职工防护用品与保健、安全技术攻关等投入皆构成了企业安全投入、投资。

对于安全投入，很多人认为，安全投资的效益是摸不着、看不见的，是一种只投入不产出的亏本事。增加安全投入就增加企业成本，减少收入和利润。这种看法是片面的，这是因为安全投资所反映的经济效益有它独有的特征，未能被人认识。它不同于一般生产经营性的投资，所产生的效益并不像普通的投资那样直接反映在产品数量的增加和质量的改进上，而是渗透在生产经营活动过程和成果中。究其本质，安全投入应算是一种特殊的投资。安全投入的直接结果不但提高了企业安全管理的水平，解决了不安全因素，不发生或减少发生事故和职业病，而且保证生产经营活动的正常运行，使得生产经营性投入不受到损失，实现产品质量、产量的提高，节约材料，降低成本。而这个结果是企业持续生产、保证取得正常效益的必要条件。从经济的角度看，如果安全生产工作做好了，企业效益就有保证，人们的生活和生产秩序也才有保障，从而就可以发挥极大的社会效益。实践表明，安全投入给企业带来的不仅仅是间接的回报，而且能产生直接的经济效益。增加安全投入可以降低事故成本、误工成本和补充雇员成本，可以提高员工的生产效率。如果摆不正两者的关系，一旦企业发生事故，不但会危及个人的生命安全，而且给企业造成财产损失、停产损失、经济赔偿等一系列重大的经济损失，同时，还要花费一定的人力、物力、财力去处理。另外，还会造成员工情绪波动，人心不稳，危及企业的正常生产，造成恶劣的社会影响等间接损失不可估量。一个好的管理者，要进一步加强对安全工作的认识，增强经济意识，把花在安全生产上的钱，即避免损失的投入看成是一种投资，而不是一项开支，只是它的产出总是间接地反映出来。

所以，我们要树立综合效益的价值观，不要只重视经济效益。

6. 人机环境的系统观

现代工业生产中力求人—机器—环境系统协调，确保人—机器—环境系统的可靠运作是企业管理的重要内容。三者只有正常地相互作用，才能使生产得以顺利进行。在企业生产中，人是主体，具有能动的创造力，而机器、环境为人所驾驭或改造。人们对于机器的操作和对环境的适应也不是与生俱来的，而须经过大量的、长期的培训和练习。况且现代工业生产是集体劳动，在作业过程中的协调配合也是至关重要的。

认识人—机—环境三者之间相互协调、适应和匹配的重要性，对于我们改造和实施安全工程、改变硬件设施，加强管理手段、提高软件水平具有重要的现实意义。

106

7. 本质安全的科学观

本质安全是指实现了人、机（设备系统）和环境的本质上的安全。人的本质安全不但要解决人的知识、技能、意识素质，还要从人的观念、伦理、情感、态度、认知、品德等人文素质入手；物和环境的本质安全化就是要采用先进的安全科学技术，推广自组织、自适应、自动控制与闭锁的安全技术。树立本质安全的科学观，从本质上实现安全，把事故降低到最低甚至实现零事故，使发生事故成为偶然，不发生事故成为必然。通过追求人、机和环境的安全和谐统一，最终实现管理无漏洞、设备无故障、系统无缺陷、人员无"三违"、安全无事故的恒久性安全目标。

二、安全责任体系

安全责任是安全生产的灵魂。安全生产责任制是安全生产制度体系最基础、最重要的制度。《安全生产法》第十四条明确规定"国家实行生产安全事故责任追究制度，依照本法和有关法律、法规的规定，追究生产安全事故责任人员的法律责任。"

安全责任制的实质是"安全生产，人人有责"。其目的是建立以行政一把手为安全第一责任人的安全责任体系，各方面、各层次人员落实责任，建立起横向到边，纵向到底，高效运作，队伍思想、业务、文化素质高的安全管理网络。《安全生产法》第十八条规定生产经营单位的主要负责人对本单位安全生产工作负有下列职责：

（1）建立、健全本单位安全生产责任制；

（2）组织制定本单位安全生产规章制度和操作规程 ；

（3）保证本单位安全生产投入的有效实施；

（4）督促、检查本单位的安全生产工作，及时消除生产安全事故隐患；

（5）组织制定并实施本单位的生产安全事故应急救援预案；

（6）及时、如实报告生产安全事故；

（7）组织制定并实施本单位安全生产教育和培训计划。

同时，《安全生产法》第十九条规定："生产经营单位的安全生产责任制应当明确各岗位的责任人员、责任范围和考核标准等内容。生产经营单位应当建立相应的机制，加强对安全生产责任制落实情况的监督考核，保证安全生产责任制的落实。"这表明安全生产责任制应当做到"三定"，即定岗位、定人员、定安全责任。安全生产责任制应当包括五方面主要内容：一是生产经营单位的各级负责生产和经营的管理人员，在完成生产或经营任务的同时，对保证生产安全负责；二

第六章 人的安全素质分析

是各职能部门的人员对自己业务范围内有关的安全生产负责；三是班组长、特种作业人员对其岗位的安全生产工作负责；四是所有从业人员应在自己本职工作范围内做到安全生产；五是各类安全责任的考核标准以及奖惩措施。生产经营单位应当根据本单位实际，建立由主要负责人牵头，相关负责人、安全生产管理机构负责人以及人事、财务等相关职能部门人员组成的安全生产责任制监督考核领导机构，协调处理安全生产责任制执行中的问题。

建立和完善安全生产责任体系，不仅要强化行政责任问责制，严格执行安全生产行政责任追究制度，还要依法追究安全事故的刑事责任，并随着市场经济体制的完善，强化和提高民事责任和经济责任的追究力度。一个政府领导有了责任心，就能科学处理安全和经济发展的关系，使地区社会发展与安全生产协调共进；一个经营者有了责任心，就能保证安全投入，落实安全措施，有了安全措施，事故预防和安全生产的目标就能够实现；一个员工有了责任心，就能遵章守纪，执行安全作业程序，有了安全行为，事故就不会发生，生命安全就有了保障。因此，建立安全生产责任制，科学地进行安全生产监管，是实现生产经营单位安全生产的有效法宝。

第七章 员工行为激励与管理

研究行为科学的重要目的之一，是为行为的控制和调整提供激励的方法和手段。激励理论就是以这为目的的。本章介绍员工行为的激励理论，及对员工安全行为的激励。

第一节 领 导 理 论

行为科学认为，领导是影响个人或团体，在一定条件下实现团体目标而自觉行动的过程。在这个过程中，发生影响力的人就是领导者。实现安全生产是一个企业的团体目标，在实现这一目标的过程中，需要有人对这一过程施加安全行为导向的影响力。这样的人就是安全生产的领导者。从另一角度讲，一个企业和生产基层的领导者应是能够对实现安全生产有影响力的人。

一、领导力的概念

国际企业成功的安全管理有两条经验，一是安全领导力（safety leadership），二是安全执行力（safety executive power）。

要了解安全领导力的概念，首先要清楚什么是领导。"领导"是一个外来词，在汉语中使用时，该词有 3 种含义，分别对应英文中的 3 个词——"lead"、"leader" 和 "leadership"。当 "领导" 作为动词时，对应于英文中的 "lead"；当 "领导" 作为名词时，有两种含义：一种是表示 "领导者"，对应于英文的 "leader"，另一种是表示为领导能力、领导行为，对应于英文的 "leadership"，称为领导力。罗宾斯将领导力界定为一种能够影响一个群体实现目标的能力，Petersen 认为领导力包括 3 个过程，即认清当前状况、确定未来目标以及实现目标的途径。对于安全生产来讲，该目标就是减少事故数量、降低事故损失。

根据一般的领导概念，引申得到安全领导力的概念，即安全领导力是指为了实现企业的安全生产，在管理范围内充分利用企业现有人力、财力和物力资源以及客观条件，带领和组织企业上下，以最合理的安全成本和最科学有效的安全措施，实现最大安全成效的能力。安全领导力与安全执行力是一对共生的概念。执行力是指践行企业安全核心理念，贯彻企业或组织的安全方针、安全规程、安全规章、安全标准，实现安全生产目标的程度或能力，包括科学践行安全理念、有效落实安全责任、精确执行安全规范、充分完成安全目标的高度、热度、力度和程度。显然，强化领导力需要企业决策层高度重视安全，提高执行力水平，需要员工的自爱、自觉、自律。总之，安全生产的保障要求从决策层到管理层，从管理层到执行层，全员参与、人人有责，人人需要、人人共享。

对他人实施影响、致力于实现安全领导过程的人，即为安全领导者（safety leader），安全领导者是组织中那些有影响力的人员，他们可以是组织中拥有合法职位、对各类安全管理活动具有决定权的主管人员，也可以是一些没有确定职位的权威人士或非正式群体中的"头领"。

领导的概念因时间和研究学科不同而有所区别，很难下一个确切的定义。社会学认为，领导是提供一种便利的活动；心理学认为，领导的主要作用是建立有效的激励制度；社会心理学认为，领导是一种形式，是对下属进行指挥和控制。管理心理学把领导定义为影响个人或组织在一定条件下实现某一目标的行为过程。致力于实现这一过程的人就是领导者，致力于实现这一过程的行为就是领导行为。安全行为科学是建立在管理心理学基础上的，所以可以用管理心理学的领导定义，即领导是指影响个人或组织在一定条件下安全实现某一目标的行为过程。

上述的领导定义包含四层意思：一是"影响个人或组织"——领导就是一个人或数人对他人或组织施加影响力，改变他人或组织的思想、心理和行为；二是"在一定条件下"——组织的外部条件和内部条件，如安全生产方法和安全生产的物质条件等方面，没有这些条件，无法领导；三是"安全实现某一目标"——组织活动的目标，即领导组织活动的领导人的目标，没有目标的组织活动和领导行为是盲目的、无意义的，在实现目标过程中必须做到生产安全；四是"行为过程"——领导既是一种行为，又是一个过程，它是动态的，处在不断发展变化之中。从安全角度来说，要有安全管理的一系列的组织领导工作。以上的四层意思是相互联系的，构成领导定义的完整性。

领导，是由领导者、被领导者和组织环境三个因素组成的复合函数。领导函数：领导＝f（领导者，被领导者，组织环境）。领导者是指领导班子及其成员的素质，包括政治、年龄、身体、知识和心理素质等。被领导是指被领导的素质。组织环境是指组织的外部环境条件。三个因素中，领导者是主要的决定因素。所以，领导班子及其成员的素质好坏，水平高低，对于领导绩效具有重要意义，决不可轻视。安全领导具有以下三个方面的意义。

（1）领导是保障现代社会生产安全的客观要求。现代化生产，分工精细，协作复杂，流水作业，关系密切，任何一个环节不协调就会影响整个生产过程的进行，就有可能发生事故。对安全工作的领导，不只是主管安全工作的厂长、专职安技人员等领导人的事情，而是整个企业所有领导人员的职责。所以，实行对企业各级各类人员以及安全工作和各种活动的领导，是由安全生产的要求和现代化生产的特点所决定的。

（2）领导与被领导的人员素质水平是保障安全生产的根本。领导的素质水平可以决定企业各方面工作的水平，影响被领导者的素质水平。在现实生活中有许多这样的事例，领导班子及其成员的素质好，团结协作，使原来素质水平低的职工不断地得到提高。从安全管理方面来说，可以使职工提高对安全生产重要性的认识，提高生产的操作技术，提高安全知识和技术水平，从而确保生产安全地进行。

（3）优秀的企业领导者是搞好企业安全生产的关键。一般来说，优秀的企业领导者能深刻地认识和妥善地处理安全与生产的关系，切实做到生产必须安全，安全为了生产。在作企业生产经营决定时，同时就对安全技术措施进行研究和决策，将生产目标和安全保障条件结合起来进行决策，这就从研究生产的一开始就在生产过程中贯彻安全生产措施，因此，就能自始至终实现安全生产。

二、几种典型的领导理论

关于领导理论的研究大致可以分为四个阶段：领导特质理论、领导行为理论、领导权变理论和现代领导理论，这些理论均被学者应用于安全领域。

早期的领导特质理论着重于领导者与非领导者的特质差异，在安全领域，Geller 认为领导者应具备十项特质。但是，仅仅依据特质并不足以说明领导，仍需适当的行为。领导行为理论应运而生，Cooper 认为有效的安全领导力需要关照（caring）和控制（control），最有效的领导者是兼具高度关照及高度控制的人。但其忽略了领导者与下属间的关系、任务结构等情形因素的影响，领导权变理论正好弥补行为理论的这一缺陷。费德勒权变理论、领导—成员交换理论、路径—目标理论以及领导者参与模式等都是具有代表性的权变理论。

现代领导理论的研究则特别强调领导者与下属间需求、人格特质上的互动，以及文化、环境等因素对领导行为所造成的影响。现代领导理论主要说的是交易型领导理论和变革型领导理论。交易是指领导者通过给员工安排任务，并给予员

工相应的奖赏，包括随机报酬和例外管理两个主要维度。变革则是通过让下属意识到所承担任务的重要意义，从而激发下属的高层次需要，产生超过期望的工作结果。变革型领导包括理想化影响力、智力激发、鼓舞性激励和个性化关怀等四个维度。Zohar 和 Luria 在对以色列三家企业进行行为安全纠正研究中发现主管交易型领导模式可以增强员工的安全行为，而主管变革型领导模式对于引导员工安全行为效果更为明显。Barling 等研究表明主管的变革型领导力对于转变员工的安全态度、纠正员工的安全行为具有非常积极的作用。

表 7-1 是各个领导力理论的优点、缺点汇总。

表 7-1　领导力理论的优缺点

领导力理论	代表理论	优点	缺点
领导特质理论	吉伯(Gibb)领导应具备的七项特性	认可领导具备特殊能力；区别领导与非领导	仅考虑先天优势，忽略后天培养；领导特质未能统一
领导行为理论	三种领导风格；俄亥俄州维构面理论	不仅考虑领导特质，还对领导行为进行深入研究	考虑领导者特质和行为的影响，未考虑情境因素
领导权变理论	费德勒(Fiedler)的有效领导的权变模式	考虑情境因素，将领导理论从静态的形态研究变为动态的系统研究	权变领导理论在实践过程中，影响情景因素的三种要素界定模糊，无法准确实际应用

行为科学在研究人的领导行为规律的基础上，提出如下几种领导理论。

1. 特性理论

特性理论是根据个人特征来确定领导者的理论。现代特性理论认为，一个领导者应具备十项条件：能与人共事，具有合作精神；能掌握信息，有决策能力；善于组织人力、物力、财力，具有组织能力；既能掌握全局抓大事，集中权力，又能发动下级，分权与授权；能视客观情况作权宜变通；勇于革新，不墨守成规；对上下级和社会有高度责任心，勇于负责；敢于承担风险；尊重他人，不武断；品德高尚，受人敬佩。

2. 作风理论

作风理论是研究领导者的工作作风对被领导者的影响及其与工作效率的关系的理论。目的在于寻找能调动下级积极性、产生高工作效率的最佳领导作风。研究表明，领导作风一般有三种类型：专制作风；民主作风；放任自流作风。实际中属于极端领导作风类型的人是较少的，多数是处于三者之间的混合型。三种作风中，一般认为实行民主作风，不仅工作效率高，而且团体成员士气高，工作主动，富于创造性。

3. 行为理论

行为理论是研究领导行为对被领导者的影响及其与工作效率关系的理论。这种理论研究表明：协商民主型、参与民主型，以及严格管理，关心下级相结合的领导行为方式，能调动职工的积极性和创造性，提高团体工作效率。

4. 权变理论

权变理论综合了特性理论、作风理论和行为理论的特点，即既考虑领导本人的品质、才能等个性因素，又考虑领导者所处的具体环境、领导对象和领导工作的具体条件等外在因素，提出各种领导行为应权衡的情况，并随机应变。

5. 领导方框图

见图7-1。由O到A领导中越来越重视人的因素，由O到B领导中越来越重视专业素质。很明显，在A点领导中主要考虑的是人的因素，这种领导方式称为俱乐部型领导；在B点领导中主要考虑的是专业素质，这种领导方式称为任务型领导；而在C点领导中对于人的因素和专业素质都非常注重，是上面两种领导类型的综合，即为综合型领导；在D点领导中人的因素和专业素质都同等一般注重，即为中庸型领导。应该根据不同的生产方式、工作场所、领导人群去选择不同的领导方式。

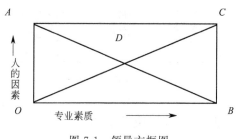

图7-1　领导方框图

6. 情境领导模式

根据领导中支持性行为和指导性行为所占的比重可分为四种类型（图7-2）：

S1 告知式：领导者主导

特点：告知、指导、指示、建立——适用于低准备度水平被领导者。

S2 推销式：领导者主导

特点：推销、解释、澄清、说服——适用于中低准备度水平被领导者。

S3 参与式：被领导者主导

特点：参与、鼓励、合作、承诺——适用于中高准备度水平被领导者。

S4 授权式：被领导者主导

特点：授权、观察、监督、实践——适用于准备度水平较高被领导者。

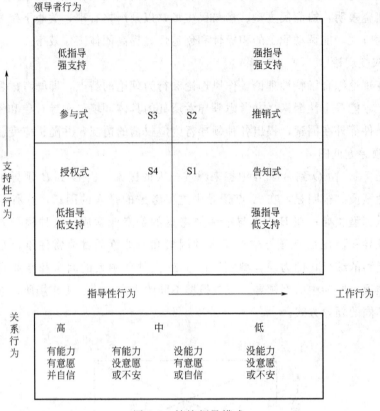

图 7-2　情境领导模式

三、领导者的功能、素质及决策行为

（一）领导的功能

关于领导的功能问题，说法很多，就安全管理方面来说，归结起来主要是组织功能和激励功能。领导者实现组织功能与激励功能的全过程称为领导行为。

1. 组织功能

实现企业目标是领导的最终目的。从生产必须安全的角度出发，领导就必须做到：积极贯彻执行安全生产方针，树立"生产必须安全，安全促进生产"的辩证统一思想。切实保护劳动者的安全健康；根据企业的内部、外部条件，在制定企业的目标与决策的同时，编制安全生产措施计划，编制计划应抓住生产上的关键问题，措施计划应该着力解决对职工安全健康威胁最大，而群众又迫切要求解决的问题；建立科学的安全生产管理系统。厂矿企业是具体贯彻安全生产方针，实现各项安全生产政策的基层单位。有关保护劳动者在生产中安全健康的一切政策法令和措施，都要经过厂矿企业领导的实施。安全管理的机构应采用专业管理和兼职管理相结合的形式。在兼职管理方面，厂矿有分管安全的厂长，各车间有兼职安全的车间主任或科长等，班组里有小组安全员；在专业管理方面，设置安全技术科室，配备安全专业人员，并明确规定各级机构及人员的安全职责和任务。

　　2. 激励功能

　　激励功能是领导的主要功能。一个领导者如果缺乏一定的技术知识和能力，只要他充分发挥激励功能的作用，将职工的积极性调动起来，并组织和借助他人的知识和能力，来弥补自己的不足，就可实现领导的组织功能。但是，如果领导者不能很好地发挥激励功能，那么即使目标再好，组织再合理，管理再科学，也难以安全实现企业生产目标。因此，在安全管理方面，同样必须要重视激励功能的研究和运用。激励功能主要包括三个方面：一是提高被领导者接受和执行安全制度的自觉程度。在有的情况下，个体对安全的认识和组织对安全的要求都不是完全统一的。如果这两者的统一程度较低，甚至发生矛盾，那么个体就会对组织的要求不予重视，甚至认为是多此一举，因此，在贯彻执行安全制度方面自觉程度就不会高；相反，如果职工的认识和组织的要求比较统一时，领导从各个方面为被领导者创造有利于提高行为效率的物质环境和心理气氛。例如，良好的工作环境，性能良好的机器设备和各种安全装置等，以及增强安全意识，掌握必要的安全技术和知识等。二是激发被领导者实现"安全生产"的热情。领导者给予被领导者以热情的心理影响有很大的作用。在企业的内部，领导者与被领导者是人与人关系的一种表现形式，这两者不仅存在着组织上的隶属关系，也存在着相互影响的问题。在一般情况下，领导者和被领导者在相互影响中，领导者往往占有主导地位，满足被领导者的各种安全生产的需要，例如，包括安全装置和安全生产用品等物质需要，安全技术及安全知识等精神需要。这是激发被领导者实现安全要求和组织目标的关键因素。在安全管理上，一个领导者如不能激励职工的热情，那么他的领导是不会有大的成效的。三是提高领导者的行为效率。被领导者的行为效率是指为实现企业目标和安全生产要求所作贡献的大小，这是鉴定领导能力的直接依据。被领导者的自救行为与基本结构，即技能、知识、企业内部人与人的关系、规章制度、管理方式、所从事的工作、在企业中所处的地位等有一定的关系。

（二）领导的素质

一个领导者应具有如下素质。

（1）必须有一定的影响力。

（2）能正确地进行自我认识。也就是领导者应有自知之明，认识自己的长处和短处，了解自己的能力、气质、性格、态度、价值观，还应了解自己在下级中的印象、形象，以便正确把握自己，提高在群众中的威信。

（3）要有坚定的自信心。即要大胆领导，信心坚定，敢于决断，这样才能鼓舞士气，激励下级。

（4）要有沟通思想的能力。即能在思想和感情上与下级打成一片，团结多数成员，有效地改变下级对问题的认知态度。

（5）要掌握必要的专业知识和技术。

（6）能激发下级的积极性和创造性。

（三）领导的决策行为

领导者经过研究和思考，从几种方案、几种计划、几种意见或几种安排中，选择出一种最好的方案、计划、意见、安排的过程就是决策。一般决策过程包括如下三个步骤：确定问题，提出决策目标—寻求可行的行动方案—从各种可行的方案中选择最恰当的方案。

影响决策的因素有三个方面。

第一，情境因素。主要指决策的相对重要性和决策的时间压力。

第二，环境因素。包括四类：确定的环境、风险的环境、冲突的环境和不确定的环境。领导者处于不同的决策环境，应采取不同决策态度和方法。

第三，人的因素。决策过程中人的因素包括两个方面：一是决策者个人的因素，一是群体因素。个人因素主要指决策者对决策所采取的态度，一般分为理智型决策者、半理智半情感型决策者和直觉-情感型决策者。

提高决策的有效性，主要取决于决策质量和认可水平。前者指决策本身是否有科学依据，是否符合科学程序和客观实际；后者指决策是否能被下级接受、理解、容纳和执行。决策质量高，并能为下级充分地接受，决策的有效性就大。

一个领导者应具备的决策素质有：掌握决策理论，有获取信息的能力，有良好的决策心理品质。

一个企业的领导，无论是管生产还是管安全，都需要提高领导水平和决策能力。因此，需掌握领导行为的科学知识。

四、安全领导与安全管理的联系和区别

从前面对安全领导概念的阐述中我们知道，安全领导指的是某个人指引和影

响其他个人或群体，在完成组织任务时，实现安全目标的活动过程。

安全管理是由安全领导者或非安全领导者通过计划、组织、协调、激励、指挥和控制，进而实现组织安全目标的行为过程。所以，安全管理与安全领导的概念既有联系，又有区别。

1. 安全领导与安全管理的联系

安全领导与安全管理在理念层次上是一致的，表现在以下方面。

（1）二者的目标都是有效地实现组织安全目标；

（2）衡量二者的标准均是安全的效果和企业的整体效益；

（3）二者均遵循主客体模式，在一定环境中对他人施加作用，以达到企业安全目标。

安全领导与安全管理的目标是一致的，所以二者在工具层面上有一部分是一致的，如群体动力模型、激励手段等，职能上存在部分重合。

2. 安全领导与安全管理的区别

（1）安全领导要研究企业安全生产中带有全局性、宏观性或战略性的问题，强调的是确定安全方针、阐明安全形势、构建安全远景规划、制定安全生产战略等；安全管理则是研究具体的安全工作与问题，强调的是制定详细的安全工作日程，安排几个月或一年的工作计划，分配必需的资源，以实现组织的安全目标。相应的，领导者和管理者注重的层面也就有区别了。

（2）安全领导侧重激励和鼓励；安全管理强调控制和规定。相应的，安全领导者一般是带着情感进行活动，他们探索的是形成安全的思维和安全文化，他们的活动是为企业长期的、高水平的安全发展问题提供更多可供选择的解决方案；安全管理者则是反应性的，更喜欢解决当下的、"实际的"安全问题，他们采取措施增强规范性、减少不确定性。

综上所述，安全管理可以被看成是一种特殊的安全领导，又或者说安全管理是安全领导力的实际体现。

第二节 员工行为激励理论

一、员工行为激励的基本概念

行为科学认为，激励就是激发人的动机，引发人的行为。人受激励是一种内部的心理状态，看不见，听不到，摸不着，只能从人的行为去加以判断。人的行为的动因是人的需要，因此对人的行为的激励，就是通过创造外部条件来满足人的需要的过程。激励是目的，创造外部条件是激励的手段。

奖励是在管理中普遍采用的激励手段。美国行为学家麦格雷戈把奖励分为"外予的奖励"和"内滋的奖励"。"外予的奖励"是通过外部推动力来引发起人的行为。最常见的是用金钱诱因，此外还有提高福利待遇、职务升迁、表扬、信任等手段。"内滋的奖励"是通过人的内部力量来激发人的行为。内滋的奖励的种类很多，如学习新知识，获得自由，自我尊重，发挥智力潜能，解决疑难问题，实现自己的抱负，等等。这些奖励不是由外部给予的，而是自己给自己的奖励。人在进行自我奖赏后，内心会产生更大的满足感。例如，一个学生经过苦思冥想解答了一道难题以后，内心会产生愉快的感觉；有的科学家有了新的科学发现以后，会激动得几夜睡不着觉。"外予的奖励"和"内滋的奖励"虽然都能激励人的行为，但后者具有更持久的推动力。前者虽然能激发人的行为，但在很多情况下并不是建立在自觉自愿的基础之上的；后者对人的行为的激发则完全建立在自觉自愿的基础上，它能使人对自己的行为进行自我指导、自我监督和自我控制。从管理的意义上说，二者都是需要的。从领导者的角度来说，应该积极创造条件使人的内部需要得到满足，并通过思想教育使人树立远大理想，有事业心和进取心，有较远大的抱负，以便在工作中不断地进行自我激励。

二、行为激励的过程

在任何一个企业中，管理者所需要的是员工的安全行为，即员工安全生产过程行为产生的结果。每个员工的行为的产生不是无缘无故的，必定经历一个复杂的过程。首先，任何行为的产生全都是由动机驱使。关于动机，许多人有一种错误的认识，即动机是人的一种个性特质，有些人有而有些人没有。因此在实践中，有些人则认为如果某一员工没有动机，则无法对他产生激励。所有人的所有行为都有动机，只是每个人的行为动机有所差别，而且每个人的动机还可能因时、因地而有差别，这样就产生了动机与环境的关系，动机受环境的影响和制约。

其次，动机是以需要为基础的。实际上动机的最终来源是人的需要。不论你是否意识到需要的存在，动机都是因需要而产生的。人的需要很复杂，一方面，人的需要分为基本的需要和第二位的需要。基本需要主要是如水、空气、食物、睡眠、安全等生理需要。第二位的需要主要是如自尊心、地位、归属、情感、礼尚往来、成就和自信等。这些需要也因时、因人而异。另一方面，人的需要会受环境的影响。如闻到食物香味可以使人产生饥饿感；看到某商品的广告可激发人的购买欲望等。

从激励的含义中，我们不难看出，激励是从个人需要出发的，需要指的是产生于人体内部希望某种特定结果发生的生理和心理状态。当需要产生而未得到满足时，会引起生理或心理紧张，从而激发寻求满足的动机。动机是一种信念和期望，一种行动的意图和驱动力，它推动人们为满足一定的需要而采取某种行动，表现出某种行为。在动机的驱使下，采取行动，行动的结果达到预定目标，使需要得到满足，紧张消除。如果需要尚未得到满足，将导致新的激励过程的开始。如图 7-3 所示：

图 7-3　激励过程图

在激励过程中，可能会发现，有些需要很容易得到满足，而有些需要满足起来很困难，所以激励的过程有时间长短之分。有些需要可能根本无法满足，尽管付出了巨大的努力也无法满足，这时可能出现两种结果：一种是产生更强烈的需要，付出更大的努力，直至实现需要，达到目的，这是积极的结果。一种是在需要无法满足时，该需要消失，可能产生其他需要，这是消极的结果。一种需要得到满足后，新的需要产生，新的激励过程又开始了，如此往复。

可见，激励实质上是以未满足的需要为基础，利用各种目标诱因激发动机，驱动和诱导行为，促进实现目标，满足需要的连续的心理和行为的过程。

企业对员工的激励，要密切注视并研究激励的过程。有时员工的需要可能不是组织的需要，员工的目标也可能不符合组织的目标，其结果是员工的行为与组织需要的行为不一致。例如，员工需要工作轻松自在，因而不努力工作，所以他努力的目标是少工作，这种努力对组织没有任何价值。所以组织必须积极引导员工的需要，尽量与组织的目标相一致，最终达到良好的激励效果。

三、行为激励的主要原则

1. 组织目标与个人目标相结合的原则

企业必须将安全生产目标的设置与满足员工个人的需要相结合，才会对员工产生吸引力，才能收到良好的激励效果。

2. 物质激励与精神激励相结合的原则

物质激励是基础，精神激励是根本，企业应将物质激励与精神激励结合起

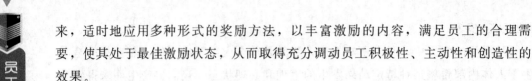

来，适时地应用多种形式的奖励方法，以丰富激励的内容，满足员工的合理需要，使其处于最佳激励状态，从而取得充分调动员工积极性、主动性和创造性的效果。

3. 正激励与负激励相结合的原则

所谓正激励（正强化）就是对员工符合安全生产目标期望的行为进行奖励，以使得这种行为更多地出现，即员工的积极性更高涨；所谓负激励（负强化）就是对员工违背安全生产目标的非期望的行为（例如串岗、习惯性违章）进行惩罚，以使得这种行为不再发生，即犯错误的人员弃恶从善，积极性向正确方向转移。目前，多数企业安全管理采取的是负激励，即违章罚款，虽然有激励效果，但效果不佳。企业应多考虑运用正激励，一方面可以根据各级安全责任制，对完成情况好的集体和个人进行有一定力度的物质和精神奖励；另一方面，可以从管理层到基层都有代表性地评选安全标兵，满足个人的荣誉感，体现"全方位"管理。

4. 民主公正公平原则

激励必须赏罚严明，铁而无私，不论亲疏，一视同仁；赏罚适度，赏与功相匹配，罚与罪相对应。因为人的工作动机不仅受到所得到的绝对收入的影响，面且受相对收入的影响，应重视"比较效应"的意义及作用，否则会挫伤人的积极性，引起习惯性违章等安全行为发生。

四、员工安全行为激励的理论

激励理论首先是通过激励人的动机，从而引发人的行为。人受到激励是一种内部的心理活动状态，这种心理活动状态从外表上看不见，也听不到、摸不着，只能从人的行为方式和状态来加以判断。人的一切行为的动因是人的需要，因此，要对人的行为进行激励，就要创造外部条件来满足人的需要，进而实现对其行为的控制和调整。激励就是创造这种外部条件的方法，行为科学目前提出了如下激励的理论。

（一）X—Y 理论——人性假说理论

不同的管理学家对人性提出了许多假设（假说），其中有代表性的主要有四种，即"经济人""社会人""自我实现人"和"复杂人"假说。这四种假说代表了西方管理界对于人性看法的发展历程。

1. "经济人"假说与安全管理

这种假说起源于亚当·斯密关于劳动交换的经济理论，在 19 世纪末到 20

世纪 20 年代十分流行。"经济人"的假说认为人的行为产生于追求本身最大利益的需要，工作的动机是为获得经济报酬。美国工业心理学家麦格雷戈在他的《企业的人性面》一书中，将这种人性假设概括为 X 理论。

（1）X 理论的基本观点

① 多数人天生是懒惰的，都尽可能逃避工作；

② 多数人都没有什么雄心壮志，也不喜欢负什么责任，而宁愿受别人领导和指挥；

③ 多数人的个人目标和组织目标是相矛盾的，必须用强制惩罚的办法，才能迫使他们为达到组织的目标而工作；

④ 多数人都是缺乏理智的，不能克制自己，很容易受别人影响；

⑤ 多数人干工作是为了满足基本的生理需要和安全需要，所以他们将选择那些在经济上获利最大的事去做，或者说，金钱和其他的物质利益才能激励他们努力工作；

⑥ 人大致可分为两类，大多数人具有上述特性，属于被管理者；少数人能克制自己感情冲动而应当负起管理的责任，成为管理者。

（2）相应的安全管理原则和措施。基于"经济人"的假说，安全管理原则和措施主要可以归纳为以下几个方面。

① 采用强制的方式进行管理；

② 安全监督管理工作与职工无关；

③ 安全奖惩靠物质刺激。

（3）"经济人"假说的局限性

① "胡萝卜加大棒"的管理方法是有限的；

② 在经济较为富裕的社会，这种管理方法失效；

③ 排斥工人参与管理；

④ 否认了工人在安全生产中的地位和作用；

⑤ 不可能激发员工的主人翁精神和主动性、创造性；

⑥ 在发达国家，认为该假说已过时，但在一些欠发达国家（包括我国），尤其是在一些生产条件恶劣的中小型企业，还存在实行 X 理论的制度和方法，同时，X 理论的思想影响还是相当普遍的；

⑦ 在我国企业安全管理中，要有科学的安全考核标准，组织岗位安全培训，建立安全生产责任制，奖金工资与安全工作绩效挂钩，以激发职工的安全行为；要反对一切向钱看的错误倾向，要避免认为对工人管得越严厉越好，把扣发奖金作为管理工人的唯一手段，甚至压制和打击工人的合理批评等。

2. "社会人"假说与安全管理

该理论产生于 20 世纪 30 年代至 50 年代，它认为：人们在工作中得到的物质利益对于调动生产积极性只有次要意义。人们最重视的是在工作中与周围人友好相处，良好的人际关系是调动人的生产积极性的决定性因素。这种假说是建立在社会心理学家梅约教授提出的人际关系学说的理论基础上的。梅约在著名的霍桑试验以后，提出了人际关系学说，在 1933 年出版的《工业文明的人类问题》一书中，提出了以下"社会人"假说的基本观点。

（1）"社会人"假说的基本观点

① 企业职工是社会人；

② "以人为中心"进行管理；

③ 企业中"非正式组织"的存在；

④ 建立新型领导方式的必要性。

（2）相应的安全管理措施

① 安全管理人员不应只注意职工表面的规章制度遵守和是否有违章行为，还要把注意放在关心人、满足人的需要上；

② 责任人员不能只注意生产的指挥、监督、计划和组织，更应该注意职工之间的人际关系，努力提高职工的认同感、归属感、整体感，激励职工对企业安全效益的自觉精神，培养职工的安全群体意识；

③ 在实行安全奖励或惩罚时，主张实行集体奖励惩罚制度而不主张实行个人奖励惩罚制度；

④ 安全管理人员努力发挥员工与管理者的信息联络人的作用；

⑤ 实行"参与安全管理"的新型管理方式。在尽可能大的程度上让职工或下级参与企业安全生产目标确定、方案决策、措施制定等的研究与讨论；

⑥ 正视企业中"非正式组织"的存在。努力创造有利于安全生产的群体氛围，引导"非正式组织"内群体的安全价值观和行为准则；对安全规范破坏型和消极型非正式群体组织要积极干预，使其转变为对企业安全生产目标的实现发挥积极作用的非正式组织。

（3）"社会人"假说的缺点

① 重视工作中的人性和人际关系，对物质条件重视不够；

② 出发点依然是作为管理主体的企业家或管理者，换句话说方案本身只是为企业主、管理者们设计的，被管理者的角色依然是既定的；

③ 偏重非正式组织的作用，对正式组织有放松的趋向；

④ 这是一种依赖性的人性假设，它缺乏对人的积极性、主动性、动机等方

面的研究。

3."自我实现人"假说与安全管理

这种人性假说产生于 20 世纪 50 年代,所谓"自我实现"是指个人才能得到充分发展。马斯洛认为,"一个人能成为什么,他就必须成为什么"。麦格雷戈总结并归纳了马斯洛、阿吉里斯以及其他人的观点,结合管理问题,将这种假说归纳为与 X 理论相对立的 Y 理论。

(1)"自我实现人"假说的基本观点

① 厌恶工作并不是普通人的本性。工作可以是一种满足,人们有自愿去做的愿望;也可以是一种惩罚,人们想逃避而不愿工作。到底如何与控制条件有关。

② 外来的控制和惩罚的威胁不是促使人们努力达到组织目标的唯一手段。由于人们具有一种表现自己才能、发挥自己潜力的欲望,因此,人们在执行任务中,能够自我控制和自我指导。

③ 一般人在适当条件下,不但能够接受责任,而且会追求责任。逃避责任、缺乏抱负以及强调安全感,通常是生存经验的结果,而不是人的本性。

④ 大多数人而不是少数人,在解决组织的困难和问题时,能够发挥高度的想象力、聪明才智和创造性。

⑤ 职工自我实现的需要和完成组织任务、使组织目标得以实现的需要,这二者之间并无必然的矛盾。如果给以机会,职工会自愿地把他们个人的目标与组织目标结合为一体,并以达到组织目标作为实现自我目标的最大报酬。

⑥ 在现代工业化社会条件下,普通人的智力潜能只得到了部分的发挥。

(2)相应的安全管理原则与措施

① 安全管理的重点应该向注重工作环境和条件改变,更加重视人的因素,更加注重人的价值和尊严;

② 以内在的激励因素为重点,实现激励方式的改变;

③ 安全管理制度向授予职工安全管理权限方向改变;

④ 安全管理者职能向创造条件、减少障碍的方向变化。

4."复杂人"假说与安全管理

20 世纪 60 年代末至 70 年代初由组织心理学家薛恩等人提出"复杂人"假说。

上述三种人性假设,各有合理的一面,但都有局限性。因为人是复杂的,不仅人与人不同,而且同一人,在不同年龄、状况、地点也会有不同表现。人的需要和潜力会随着年龄的增长、知识的增加、地位的改变而有所变化。"复杂人"

假说就是以这样的事实为基础，以求合理地说明人的需要与工作动机的理论。根据"复杂人"的假设，摩尔斯和洛希提出了一种应变理论，也叫"超 Y 理论"。

（1）"复杂人"假说的基本观点

① 人的需要是复杂的、多种多样的，并且随着人的发展和工作条件、生活条件的变化而不断变化。每个人的需要层次和水平也各不相同。

② 人在同一时间内有各种需要和动机，这些需要不是并列关系，而是发生相互联系、互相影响、相互作用，并结合为统一整体，形成错综复杂的动机模式。例如，有的人经济上的需要居于中心位置，有的人社会性需要占主导地位，有的人最迫切的需要是施展自己的才华。

③ 动机模式的形成是人的内部需要和外界环境相互作用的结果。人在企业组织环境中，工作与生活条件不断变化会产生新的需要与动机。

④ 一个人在不同单位工作或同一单位的不同部门工作，由于工作性质不同、社会地位不同、能力要求不同、与周围人的关系不同等，因此会产生不同的需要。

⑤ 由于人们的需要不同、能力各异，对于不同的管理方式会有不同的反应。因此，不存在对任何时代、任何组织和任何个人都普遍行之有效的管理模式。

（2）相应的安全管理措施。根据"复杂人"的假说提出的应变理论，并不是要求安全管理人员采取完全不同于上述三种假说的安全管理原则和措施，而是要求安全管理者根据具体管理对象、具体生产工作性质和环境，灵活地采取不同的安全管理措施。其主要的安全管理措施有：

① 在保证基本安全管理组织形式和规章制度的基础上，应根据生产作业情况采取动态的安全组织管理。例如，对常规的和例行的生产作业，可采取固定的组织形式；而对于临时的或非常规的生产作业，则采取灵活多变的组织形式。

② 采用弹性、应变的安全管理方式。根据企业情况的不同，安全管理的方式亦应有所变化。若企业安全职责不明、作业秩序混乱、隐患整改不力，则应采取较严格的安全管理方式，以建立良好的安全生产秩序；若企业安全责任明确，分工清楚，管理秩序井然，则应多采用民主的、授权的管理方式，以充分发挥职工的积极性和主动性。

③ 善于发现职工在需要、动机、能力、个性等方面的个别差异，因人、因时、因事、因地制宜地采取灵活多变的安全管理方式与奖惩措施。

（二）马斯洛的需要层次论

美国心理学家马斯洛在 1943 年提出了"需要层次论"。他认为，人类的主要需要是按层次组织起来的。从低级到高级，需要分为五个层次，见图 7-4。

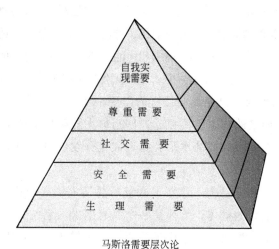

马斯洛需要层次论

图 7-4　马斯洛需要层次结构

1. 生理需要层次，这是第一层次的需要

这是人类最原始的、最基本的需要，它是指饥饿时需有食品、干渴时需有饮料、寒冷时需有衣服、暑热时需有庇护所、患病时需有药物治疗，等等。这些需要如果不能满足，就会有生命的危险，所以是最强烈的，也是不可避免的最低层次的需要。这种生理需要具有自我与种族保护的意义。当一个人存在多种需要时，例如同时缺乏食物、安全与爱情，对于食物的需要总是处于最为重要的位置。这说明生理的需要与其他需要相比，具有更为重要地位。

2. 安全需要层次，这是第二层次的需要

在生产、劳动、生活过程中，人们希望免于灾难，要求有身心和生命的保障，要求有职业的保险，希望以最小的风险创造生活和财富，这就是对于安全的需要。但这一需要是在生理需要得到满足的前提下才能产生和提高。因此，安全的需要是建立在生理需要基础上提出来的。

3. 社会交往需要，这是第三层次的需要

具体表现为社交、归属与认可的需要。当生理的需要和安全的需要得到基本满足之后，社会交往的需要就成为强烈的需要。人们希望和同事们保持友谊，希望得到信任和友爱，人们渴望在精神上有归属，成为群体中的一员，即人的归属感，这就是社会交往的需要。

4. 尊重的需要，这是第四层次的需要

社会中的人有着这样一种愿望和需要，即自我尊重、自我评价及尊重别人。尊

第七章　员工行为激励与管理

125

重的需要又包含两种附属的成分：一是渴望实力、成就、适合性和面向世界的自信心，以及渴望独立与自由；二是渴望名誉与声望。声望来自别人的尊重、赏识、注意或欣赏。满足自我尊重的需要导致自我信任、价值、力量、能力、适合性等方面的感觉，而阻挠这些需要将产生自卑感、虚弱和无能感情。显然，尊重的需要很少能够得到完全的满足，但这种需要一旦成为推动力，就会产生持久的行动和干劲。

5. 自我实现的需要，这是最高层次的需要

自我实现是马斯洛的一个重要概念，即指最大限度地实现个人先天潜能的基本趋向。它代表个性发展的最高水平，指个人充分发展自己的个性，使个性各部分都和谐发展。

马斯洛认为需要具有层次。建立了低级需要纳入到一个连续的统一体之中，把需要看作按层次组织的整体，需要是一个具有层次的系统。马斯洛还把需要概括为两个大层次：基本需要，包括生理需要、安全需要；高级需要，包括社会交往、尊重与友爱和个人实现三个层次的需要。不同的人由于具有不同的客观能力和社会背景，其生活中的主导需要不同，根据其需要主导层次的差异，可把人群的需要分为如图 7-5 所示的需要模式。

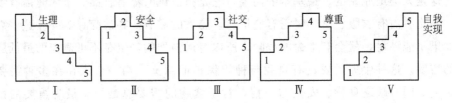

图 7-5　五种需要层次模式

马斯洛把生活需要、安全需要、社会交往需要和尊重与友爱需要称为缺失需要。如果这几种需要得不到满足，寻找满足这些需要的动机就增强；如果这些需要得到满足，这方面的动机就减少。马斯洛把美的需要和自我实现的需要称为生长需要，或存在需要。这些高级需要的满足，并不能使动机停止，而是动机作用进一步提高。一个求知欲望很强的人会不断更新知识、学无止境。

马斯洛的需要层次理论在教育和管理实践中具有一定的意义。

（三）阿尔德弗 ERG 理论

ERG 理论是美国学者阿尔德弗在进行大量的试验研究基础上于 1969 年提出的一种与马斯洛需要层次理论密切相关但又有所不同的需要理论。所谓 ERG 就是生存（Existence）、关系（Relatedness）和成长（Growth）的英文首字母缩写，即生存需要、关系需要和成长需要。见图 7-6。

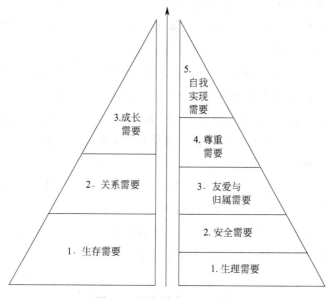

图 7-6 阿尔德弗 ERG 理论

1. 理论基本内容

（1）生存需要。这类需要关系到机体的生存或存在，它包括多种形式的生理的和物质的欲望，如饮食、休息、住处和不受伤害等；在企业组织环境中，包括对工资、津贴和工作物质条件的需要。这种需要实际上相当于马斯洛"需要层次论"中的生理需要和安全需要。

（2）关系需要。这是指发展人际关系的需要。这种需要通过工作中或工作以外与其他人的接触和交往得到满足。它相当于马斯洛理论中的社交需要和一小部分的尊重需要。

（3）成长需要。这是个人自我发展和自我完善的需要。它包括个人在工作上所付出的创造性努力或个人在成长过程中的奋斗。成长需要的满足产生于个人所从事的工作，他不仅需要发挥他的才能，而且还需要培养新的才能。这相当于马斯洛理论中尊重的需要和自我实现的需要。

2. ERG 理论的特点

（1）不强调需要层次的顺序，认为某种需要在一定时间内对行为起作用，当这种需要得到满足后，可能追求更高层次的需要，也可能没有这种趋势。

（2）较低层的需要越是能够得到较多的满足，对较高层的需要就越渴望。比如工人的生存需要越是得到满足，对人际关系或工作成就的需要就越强烈。

（3）当较高级需要不能实现时，可能会转而求其次。较高层的需要越是满足得少，则对较低层的需要的渴求也越多。

（4）某种需要在得到基本满足后，其强烈程度不仅不会减弱，还可能会增强。

3. 对安全管理的启示

一般认为，ERG 理论更切合实际。它将安全需要放在低层的生存需要中，同样说明了安全需要是人的基本需要之一，是必须重视和满足的需要。但是，该理论并不认为各层需要的满足顺序是严格按从低到高的方式发展，低层需要可以越级向高层需要发展，高层需要可能干扰低层需要的满足。这一观点与安全管理实践中的许多事例是吻合的。

例如，在安全管理制度不严、安全措施不到位的企业中，职工可以为了得到领导的表扬或同事的尊敬而单纯追求工作效率，在明知有危险的情况下，不顾安全需要，违章冒险作业，导致事故的发生。由于上述原因，在进行有效的安全管理时，要注意职工各种需要之间的复杂关系，不能仅以安全需要作为研究和处理对象。

管理学家曾经做过的调查表明：约占人口 20％的人基本上处于生存需要的层次；只有不到 1％的人处于成长需要的高层次；而大约 80％的人保留在第二层次，即关系的需要上。因此，利用群体的制约推动安全管理工作，对大多数人都是有效的。

（四）双因素理论

美国心理学家赫茨伯格于 1959 年提出了"激励因素—保健因素"理论，简称双因素理论。通过在美国匹兹堡地区 11 个工商业机构对 200 多位工程师、会计师调查征询，赫茨伯格发现，受访人员提出的不满意的项目，大都同他们的工作环境有关，而感到满意的因素，则一般都与工作本身有关。据此，他提出了双因素理论。

该理论将人的行为动机因素分为保健因素和激励因素两大类。见表 7-2。

表 7-2　保健因素与激励因素

保健因素	激励因素
环境条件	工作本身
政策与管理	成就感
监督	得到社会承认
工作环境	挑战性的工作
人际关系	负有较大的责任
金钱、地位、安全	人成长与发展

1. 理论基本内容

（1）保健因素。保健因素是与人的工作的客观情况有关的一些因素，包括公司政策和管理、技术监督、工资福利、安全生产、聘任保障、人际关系等。赫茨伯格通过对 1844 人次职工进行调查研究后发现，当这些因素缺乏或处理不当时，会引起职工的不满情绪。但即使这些因素都具备，也不会产生强烈的激励作用，也只能防止职工对工作产生不满，而不能激发人们内在的积极性和更多的满意感。保健因素一般不能直接起激励作用。正如"保健"可以防病，但不能治病。保健因素处理得好，可以保证人的工作积极性不受削弱，维持现状，所以称为"保健因素"，也称"维持因素"。

（2）激励因素。激励因素是与人的工作有内在联系的一些因素，包括工作本身的吸引力、工作成就、绩效的认可或奖励、工作职责的加强、工作具有挑战性和受到重视、职务得到提升、对未来的期望等。赫茨伯格调查发现，激励因素是影响和促使人们在工作中不断进取的内在因素。激励因素的改善可激发职工完成工作的积极性，使人感到满意，若处理不善，可导致职工的不满意，但其影响程度不如保健因素。

正因为激励因素和保健因素在激励功能上的这种差别，赫茨伯格认为：应主要从激励因素，即从内部、从工作本身来调动人的内在积极性，使人们对工作产生感情。在他看来，改善保健因素不能直接对人产生刺激，即使有作用也只会暂时提高工作满意度和工作积极性，但这种效果只能维持在一个很短的时期内。相反，改进工作本身的特征，使人能从中体验到成就感、责任感并因此得到别人的赏识等内在激励因素，则能产生更大、更持久的激励效果。这一理论也提示我们，如果组织者能够注意提供某些条件以满足保健性需要，也可能会保持组织中人们一定的士气水平。赫茨伯格认为，传统的"满意—不满意"的观点（即认为满意的对立面是不满意）是不确切的。他认为：满意的对立面应该是没有满意，而不是不满意；不满意的对立面应该是没有不满意，而不是满意。

按照赫茨伯格的理论，管理者若想持久而高效地激励员工，最好的途径是充实和完善工作内容，进行工作任务再设计，实现工作丰富化。另一方面，不应忽视保健因素，但没有必要过分改善它，因为这样做充其量只能消除员工对工作的不满情绪，不能直接提高工作积极性和工作效率。

2. 在安全管理上的应用

首先，要重视职工有关保健因素的满足问题，例如注重改善劳动生产环境和条件，设置必要的福利设施，开展文明生产，力求最大限度地满足职工的合理需要，以减少或消除职工不满的情绪。其次，要充分利用和发挥激励因素对职工进行安全生产的激励作用。例如，对对安全工作有责任感的职工要赋予一定的职责，多安排有挑战意义的工作，扩大工作范围，增强成就需要；将企业安全生产的近期目标和发展规划以不同的形式反馈给职工，以增强职工对企业安全生产的信心。

双因素理论是针对满足人的需要的目标或诱因提出来的。在实用中有一定的道理，但在某种条件下也并非如此，即在一定条件下，保健因素也有激励作用。

（五）操作条件反射理论——强化理论

该理论由美国哈佛大学斯金纳教授提出，也称为强化理论、行为矫正理论。斯金纳认为："操作条件反射的作用能塑造行为，正如一个雕刻师能塑造黏土一样。"总之，在他看来，人的行为受外部环境刺激调节，因而也受外部环境刺激控制，改变刺激就能改变行为。

1. 操作性条件反射的概念

人类后天学习得到的行为可以分为两种：

（1）巴甫洛夫的条件反射理论：对一定刺激的应答反应，即"应答性条件反射"；

（2）没有明显的刺激出现：也许纯粹是一种自发的行为，即"操作性条件反射"。

二者的区别主要在于以下两点：

（1）刺激在反射形成过程中的作用不同。应答性条件反射是"刺激—反应"过程，操作性条件反射是"反应—强化"过程；

（2）强化在反射形成过程中的作用不同。在应答性条件反射中，受重视的是反应前的刺激而不是反应后的结果，因此"强化"在这类反射行为中没有意义。在操作性条件反射中，强化是重要的，是行为的后果而不是行为前的刺激导致行为的保持或消退。

2. 强化理论的基本观点

（1）人的行为受到正强化趋向于重复发生，受到负强化会趋向于减少发生。例如，当一个人做了好事受到表扬，会促使他再做好事；当一个做了错事受到批评，就会使他减少做类似的错事。

（2）欲激励一个人按一定要求和方式去工作，奖励（给予报酬）比惩罚更有效。

（3）反馈是强化的一种重要形式。反馈就是使工作者知道结果。管理者对被管理者的积极行为给予评价会使这种行为重复发生。

（4）为了使某种行为得到加强，奖赏（报酬）应在行为发生以后尽快提供，考虑强化的时效性，延缓提供奖赏会降低强化作用的效果。

（5）对所希望发生的行为应该明确规定和表述。只有目标明确而具体的行为，才能对行为效果进行衡量和及时予以奖励。

3. 安全管理中的正确应用

在企业安全管理中，可应用强化理论来指导安全工作，对保障安全生产的正常进行起到积极作用。在实际应用中，关键在于如何使强化机制协调运转并产生整体效应。应用强化理论应注意以下五个方面。

（1）要设立一个安全目标体系；

（2）应以正强化方式为主；

（3）注意强化的时效性；

（4）因人制宜采用不同的强化方式；

（5）充分利用信息反馈增强强化的效果。

（六）挫折理论

人的行为由需要引起，受动机支配，为一定目标吸引。个体行为积极性促使人的各种心理活动和外部行为，为实现某个目标产生一定程度的努力。实现目标的行为努力无非是两种结果，一种是实现目标的过程，没有遇到大的困难，或遇到了但能够战胜困难去实现目标；一种是遇到了难以克服的困难，人的行为受阻，目标无法实现，需要不能满足而引起一系列心理反应和行为反应，这就是我们所要研究的挫折。

在实际生活和工作中，挫折是一种客观存在，尤其是在实现较高目标的意志行动中，挫折现象更是经常发生。挫折对人的行为积极性的影响是十分突出的，大的挫折引起的消极反应会严重损伤行为积极性。挫折产生后，个体不仅可能以消极的行为对待，也可能以积极的行为对待。究竟以什么样的行为对付挫折，一方面取决于个体的心理特征，如个性倾向性中的理想、信念、世界观，性格中的情绪特征、意志特征等；另一方面取决于周围人和组织所给予的影响。为了在管理工作中维护人的行为积极性，改造挫折引起的消极性行为，管理心理学对挫折进行了大量的研究，并形成了挫折理论。

1. 挫折心理与挫折行为的表现

挫折所引起的心理和行为反应是多种多样的。这些心理和行为反应可归为两类：一类是积极的、建设性的心理和行为；一类是消极的、破坏性的心理和行为。

积极的、建设性的行为常见的有以下四种：

（1）升华。升华是人遭受挫折后，最有建设性的一种积极反应，即把敌对、悲愤等消极因素化为积极动力，作出更有意义的成就。

（2）增加努力。增加努力是指支持原有目标，加倍作出努力，选择其他途径，最终达到目标。

（3）重新解释目标。重新解释目标是指达不成目标时，延长实现目标的期限或者重新调整目标。

（4）补偿。当一个人确定的目标受到条件的限制而无法达到时，他用实现另一个目标来进行补偿，或者以谋求新的需要来取代原来的需要。

消极的或破坏性行为主要有以下 12 种：

（1）折中。折中是指两件事情发生矛盾时，采取折中调和的办法，以避免或减少挫折。

（2）反向行为。努力压制自己的意志和感情，勉强去做一些违背自己愿望的事。

（3）合理化。为解释某种受挫的行为寻找借口。这种借口听起来似乎合理，但并非真实，在第三者听来往往不合逻辑，然而自己却能从中求得内心的某种安宁，减轻受挫感。

（4）推诿。即将自己做错的事诿过于人。

（5）退缩。即知难而退或畏难而退。

（6）逃避。不敢面对受挫的现实，遇到棘手问题或情绪低落时，努力从其他活动（工作或娱乐）中寻找乐趣。

（7）表同。这是一种以理想中的某人自居的变态心理，通过模仿某人的思想、言论、行为乃至衣着等，在心理上分享他人的成功之果，以冲淡自己未能达到此人的成就所产生的挫折感。

（8）幻想。即面对受挫的现实，胡思乱想，作为精神上的寄托。

（9）抑制。将痛苦的记忆和经验从意识中排除出来，压抑到下意识之中，以减轻挫折所带来的痛苦。

（10）回归。这是面对挫折所表现出来的一种与年龄不相称的幼稚行为，形成成熟的倒退现象，甚至退化到做出"小孩般"的幼稚动作。

（11）攻击。一种无理智的、消极的、带有破坏性的行为，可针对他所认为的挫折源（人或事）而发，也可泄怒于无关的旁人或折磨自己，甚至自杀。

（12）放弃。长期受挫，丧失信心。极度消沉，自暴自弃。做什么事都打不起精神，对挫折漠然视之，对未来一无所求。

2. 挫折容忍力及其影响因素

挫折在人的心理和行为上引起的反应的强度，取决于多方面的因素。第一，受挫折程度的影响。一般来讲，轻度的挫折引起的心理反应和行为反应较微弱，重度挫折引起的行为反应较强烈；第二，受人的挫折容忍力的影响。同样一个中等强度的挫折，对于挫折容忍力较强的人来说，消极影响很小，他仍能坚持不懈地去努力实现目标。但对于挫折容忍力较差的人，就可能引起意志消沉、一蹶不振等反应。一个人挫折容忍力的强弱，主要受以下因素影响。

（1）人的生理条件。在其他主客观条件相同的情况下，身强力壮的人比体弱多病的人具有较强的挫折容忍力。

（2）过去的生活经历，特别是以往经受挫折的情况。在以往的生活中历经磨难的人，比生活经历一帆风顺的人挫折容忍力强。以往所经受的挫折锻炼，是影响挫折容忍力的一个重要因素。

（3）人们对挫折的主观判断，也是影响挫折容忍力的一个重要因素。挫折作为一种情感或行为反应，直接受认识因素的影响。一个人依据自己的知识、经验和收集到的信息去判断挫折对自己所产生的不良影响或造成的后果的程度。同样一个挫折，主观上判断为严重挫折，在主体的心理和行为上引起的反应就强烈，而主观上判断为中度或轻度挫折，在主体的心理和行为上引起的反应就较轻。

（4）影响挫折容忍力还有一个很重要的因素，就是人的理想、信念、世界观、人生观。远大的理想，坚定的信念，正确的世界观和人生观，能够大大增强一个人的挫折容忍力，降低挫折的消极影响。

3. 产生挫折的原因分析

在人们的生活、生产、工作和学习中，挫折的表现是多种多样的，引起挫折的原因是纷繁复杂的，一个挫折也可能是由几个甚至几方面的原因引起的。分析挫折产生的原因，有助于在管理工作中降低挫折所产生的消极影响。对于引起挫折纷繁复杂的原因，我们可以从不同方面去加以归纳分析。

（1）客观环境方面的原因。环境因素属于外因，因此而引起的挫折叫做外因性挫折。外界的许多客观因素往往干扰或阻碍人实现目标的意志行动，引起人们的挫折反应。例如，暴风骤雨，洪水猛涨，洪水泛滥，冲毁了家园。强烈的地震，不但毁坏了家园，还会使一些家人永远不能再团圆。这一类导致挫折的原因属自然环境方面的原因。社会环境方面的原因，指个人在行为中受到政治、经济、法律、道德、宗教、风俗习惯等人为因素的影响，这是管理过程中被管理者产生挫折的主要原因。例如：在实现目标的过程中受到他人的阻挠、嫉妒、讥讽，受到官僚主义、本位主义、原来的人际矛盾等的影响都可能引起挫折。

第七章　员工行为激励与管理

（2）主观方面的原因。主观方面的原因引起的挫折叫内因性挫折，主观方面的原因又可分为两个方面：一方面是个人所具备的条件；另一方面是动机的冲突。前者比如因个人体力、智力和容貌的条件不佳，个人经验不足，思想意识不端正，想法片面等，致使个人目标无法实现；后者比如因事实所迫，个人所追求的几个目标，只能在取舍抉择中保留一个，其余的目标不得不忍痛放弃。

（七）期望理论

1964 年，美国学者弗洛姆在其《工作与激发》一书中提出了期望理论，其基本点是：人的积极性被激发的程度，取决于他对目标价值估计的大小和判断实现此目标概率大小的乘积，用公式表示为：

$$激励水平（M）＝目标效价（V）×期望概率（E）$$

式中　V——个人对工作目标对自身重要性的估价；

　　　E——个人对实现目标可能性大小的主观估计。

目标效价，它是一个心理学上的概念，是指一个人对他所从事的工作或所要达到的目标的效用价值，或者说达到目标对于满足个人需要的价值。对于同一个目标，由于各人的需要不同，兴趣不同，所处的环境不同，人们对目标的效价（目标价值）也往往不同。一个需要通过努力工作得到升迁机会的人，在他们心中，"升迁"的效价就很高；如果这个人对升迁毫无要求，而且害怕升迁，那么，升迁对他来说，效价就是负值。

期望概率，它是一个人根据过去的经验判断自己达到某种结果（目标）的可能性的大小。一个人往往根据过去的经验来判断行为所能导致的结果，或所能获得某种需要的概率。因此，过去的经验对一个人的行为有较大的影响。由此可见，该公式说明，假如一个人把目标看得越大，则激发力量就越大；相反，如果期望概率很低或目标价值过小，就会降低对人的激发力量。

期望之所以会影响一个人的积极性，从心理学上解释，是因为"目标效价"的大小直接反映并影响一个人的需要和动机，因而它影响一个人实现目标的情绪和努力程度。"期望概率"本身也直接影响一个人的行为动机和实现目标的信心，如果期望概率很低，经过一定努力仍不能达到目标，就会削弱人们的动机强度，甚至会使人完全放弃原来的目标而改变行为。

这一理论说明，应从提高目标效价和增强实现目标的可能性两个方面去激励一个人的行为。应用这一理论应注意：人对目标价值的评价受个人知识、经验、态度、信仰、价值观等因素影响，而期望概率受条件、环境等因素制约。因此，提高人们对安全目标价值认识、创造有利的条件和环境，增强实现安全生产的可能性，是安全管理和工作人员应尽的义务。

（八）公平理论

公平理论是由美国心理学家亚当斯（J. S. Adams）提出的一种激励理论。这种理论认为，人的工作动机不仅受到所得到的绝对收益的影响，而且受相对收益的影响，即一个人仅看到自己的实际收益，还把其与别人的收益作比较，当二者相等或合理，则认为是正常和公平的，因而心情舒畅地积极工作，否则会产生不公平感，于是影响行为积极性。

该理论着重研究工资报酬分配的合理性、公平性对职工积极性的影响。公平理论认为，人能否受到激励，不仅会因为他们得到了什么而定，还会由他们看到别人（或以为别人）得到了什么而定。他们总是首先进行一番"社会比较"，全面地衡量自己的支出和收入。如果他们发现自己的支出和收入的比例相当时，就会心理平静，认为公平，于是心情舒畅，努力工作；相反，如果他们发现自己的支出和收入的比例不相当，或低于别人时，就会产生不公平感，构成满腔的怨气。

究竟人们是怎样确定自己的报酬是公平还是不公平的呢？亚当斯提出了关于公平关系的方程式，后来又称为公平理论模式：

$$Q_p / I_p = Q_o / I_o$$

式中，Q_p 代表一个人对他自己所获得报酬的感觉；I_p 代表这个人对他自己所投入的感觉；Q_o 代表这个人对某个作为比较对象的人所获得报酬的感觉；I_o 代表他对那个作为比较对象的人所做投入的感觉。

该式简明地表达了影响个体公平感的各变量之间的关系，人们并非单纯地将自己的投入或获取与他人进行比较，而是以双方的获取与投入的比值来进行比较。

当 $Q_p / I_p = Q_o / I_o$ 时，有公平感；

当 $Q_p / I_p < Q_o / I_o$ 时，感到不公平，产生委屈感；

当 $Q_p / I_p > Q_o / I_o$ 时，感到不公平，产生内疚感。

一般而论，人的内疚感的临界阈值较高，而委屈感的临界阈值较低，因此，主要是后者对人的影响较大。

公平理论告诉我们，应重视"比较存在"的意义及作用。在管理工作中，组织领导者必须十分重视在工作上、待遇上不公平、不合理的现象对人的心理状态以及对人的行为动机的消极影响，应当在工作任务的分配上与工资、奖金以及工作成绩的评价中，力求公平合理，努力消除不公平、不合理的现象；否则，必然会挫伤职工群众的积极性，在心理上造成不良影响，不利于企业的生产发展。

（九）综合激励理论

综合激励理论又分为早期的综合激励理论和新的综合激励模式。

早期的综合激励理论是由社会心理学家卢因提出的场动力理论，他把外在激励因素（工资报酬、劳动条件、劳保福利等外部条件）和内在激励因素（对工作本身的兴趣、价值、成就感等）结合起来，认为个人行为的方向和向量取决于外部环境刺激和个人内部动力的乘积。外部刺激只是导火索，能否对行为起作用，还要取决于内部动力强度。

新的综合激励模式是 20 世纪 60 年代波特和劳勒把内在激励和外在激励综合起来而形成的新的激励模式，即波特—劳勒激励模型，如图 7-7 所示。

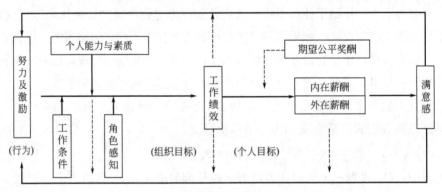

图 7-7　波特—劳勒激励模型

该模型说明工作绩效是一个多维变量，除了受个人努力程度决定外，还受如下四个因素的影响：个人能力与素质、外在的工作条件与环境、个人对组织期望意图的悟感和理解、对薪酬公平性的感知。个人工作努力程度的大小，取决于个人对内在、外在奖酬价值，特别是内在奖酬的主观评价，以及对努力—绩效关系和绩效—奖酬关系的感知情况。波特—劳勒激励模型告诉我们，要形成激励努力—绩效—奖励—满足并从满足反馈至努力这样的良性循环，取决于奖励内容、奖惩制度、组织分工、目标导向行动的设置、管理水平、考核的公正性、领导作风及个人心理期望等多种综合性因素。

第三节　员工安全行为激励方法

员工安全行为的激励是进行安全管理的基本方法之一，在我国长期的安全生产管理中得到广泛应用，特别是随着安全心理学和安全行为科学的发展，这一方法及其作用得到了进一步的发展。

一、激励方法的分类

一般来说，激励对一个人的心理和行为会产生强大的作用，经过激励的行为与未经激励的行为有着明显的差别。但具体来看，不同的激励类型对行为过程会产生程度不同的影响，所以激励类型的选择是做好激励工作的一项先决条件。从不同的角度，可以对激励进行不同的分类，但大体上可分为以下五种。

1. 从激励的内容上分为物质激励和精神激励

物质激励就是从满足人的物质需要出发，对物质利益关系进行调节，从而激发人的向上动机并控制其行为的趋向。物质激励多以加减薪、奖罚款等形式出现，物质激励是激励不可或缺的重要手段。

精神激励就是从满足人的精神需要出发，对人的心理施加必要的影响，从而产生激发力，影响人的行为。精神激励多以表扬和批评、记功和处分等形式出现，它作为激励的一种重要手段，有着激发作用大、持续时间长等特点。

2. 从激励的性质上分为正向激励和负向激励

正向激励是指用对员工的某种行为给予肯定、支持、鼓励和奖励等各种有效的方法去调动员工的积极性和创造性，使这种行为能够更加巩固，并持续有效地进行下去，以满足个人需要，实现组织目标。

负向激励是对个体违背组织目标的非期望行为给予否定、制止和惩罚，使之弱化和消失，使个体积极性朝着有利于个体需要满足和组织目标实现的方向转移、发展。它是通过对人的错误动机和错误行为进行压抑和制止，促使其幡然悔悟，对不好的行为进行反方向激励的方法。

正向激励起正强化的作用，是对行为的肯定；负向激励起负强化的作用，是对行为的否定。

3. 从激励的形式上分为外部激励和内部激励

外部激励就是通过外部力量来激发人的安全行为的积极性和主动性，常用的激励手段如设安全奖、改善劳动卫生条件、物质奖励、提高福利、提高待遇、安全行为与职务晋升或奖金挂钩、表扬、记功、开展"安全竞赛"等，都是通过外部作用激励人的安全行为。严格、科学的安全监察、监督、检查也是一种外部激励的手段。

内部激励是通过增强安全意识、素质、能力、信心和抱负等来发挥作用的。内部激励是以实现提高职工的安全生产自觉性为目标的激励方式。内部激励的方

第七章 员工行为激励与管理

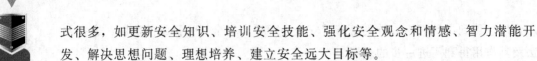

式很多，如更新安全知识、培训安全技能、强化安全观念和情感、智力潜能开发、解决思想问题、理想培养、建立安全远大目标等。

外部的刺激和奖励与内部的鼓励和激励，都能激发人的安全行为，但内部激励更具有推动力和持久力。前者虽然可以激发人的安全行为，但在许多情况下不是建立在内心自愿的基础上，一旦物质刺激取消后，又会回复到原来的安全行为水平上。而内部激励发挥作用后，可使人的安全行为建立在自觉、自愿的基础上，能对自己的安全行为进行自我指导、自我控制、自我实现，完全依靠自身的力量来控制行为。从安全管理的方法上讲，两种方法都是必要的。作为一个安全管理人员，应积极创造条件，形成人的内部激励的环境，在一定和特殊场合针对特定的人员，也应有外部的鼓励和奖励，充分地调动每个领导和职工安全行动的自觉性和主动性。

4. 从激励的状态上分为静态激励与动态激励

静态激励是指企业根据不同层次人员的行为特点和规律，采取不同的激励方式与激励方法，从而掌握激励的主动权，以调动各层次、各方面积极性为目的，取得最佳激励效果。

动态激励是指企业针对员工个性的成熟度和事业发展规划，采取不同的激励措施，让员工的发展与企业的发展真正融为一体，从而最大限度地激发员工的巨大潜能。动态激励的表现手段为工作内容丰富化、职务灵活、双阶梯型的晋升通道等。

5. 从激励的对象上分为个人激励与团队激励

个人激励是针对员工个体的激励，团队激励是针对整个团队而进行的激励。目前的激励已开始越来越重视对团队的激励。

二、常用的激励方法

1. 目标激励

目标激励，是指给员工确定一定的目标，以目标为诱因驱使员工去努力工作，以实现自己的目标。任何企业的发展都需要有自己的经营目标，目标激励必须以企业的经营目标为基础，任何个人在自己需要的驱使下也会具有个人目标。目标激励要求把企业的经营目标与员工的个人目标结合起来，使企业目标和员工目标相一致。员工为追求目标的实现会不断努力，发挥自己最大的潜能。

2. 参与激励

参与激励，是指让员工参与企业管理，使员工产生主人翁责任感，从而激励员工发挥自己的积极性。所以，参与激励就是要让员工经常参与企业重大问题的决策，让员工多提合理化建议，并对企业的各项活动进行监督和管理。这样，员工就会亲身感受到自己是企业的主人，企业的前途和命运就是自己的前途和命运，个人只有依附或归属于企业才能发展自我，从而激励员工全身心投入到企业的事业中来。

3. 薪资激励

薪资激励就是通过对员工薪资体系和薪酬水平的合理设计，达到激励员工的目的。薪资通常包括基本工资、奖金和津贴等。薪资使员工从企业获得较为稳定的经济报酬，为员工提供基本的生活保障和稳定的收入来源。尽管增加工资和奖金不是调动员工积极性和创造性的最有效方法，但工资和奖金支付相对不足却是破坏积极性和创造力的重要因素。将一个人的表现和物质利益直接挂钩，在适当的时候给予适当的奖励，包括发放奖金、晋升工资、享受住房、医疗保健等物质待遇，还是很有必要的。

4. 福利激励

福利是员工报酬的一种补充形式，恰到好处的福利极具激励效果。

广义的员工福利，一是法定福利，即政府通过立法，要求用人单位必须以向社会保险经办机构缴纳税（费）的方式提供具有强制性的社会保险项目，主要包括基本养老保险、基本医疗保险、失业保险、工伤保险、生育保险等。另一层次的员工福利，是用人单位或行业在没有政府立法要求的前提下，为增强自身的凝聚力，吸引更多高素质的人才，并鼓励他们在岗位上长期服务，而主动提供的福利，这种福利可以称为用人单位福利。单位福利具体包括住房补贴、交通补贴、通讯补贴、教育补贴、企业补充养老保险、补充医疗保险等。

5. 股权激励

与薪酬和福利这些传统的物质激励法相比，股权激励则是一种现代的、先进的激励方法，它把公司的股份作为奖励员工的工具，针对高层管理者及核心员工，可以通过让其享有股票的权利来进行激励；针对一般的员工，可以通过提供部分首付、分期还款的方式实现其对企业股权的拥有（即期股）。股权激励作为一种先进的激励方法，它弥补了传统激励手段的不足，员工与企业紧紧联系到一起，具有吸附员工和稳定员工的作用，起到充分调动员工积极性的效果，具有较强的激励作用。

6. 榜样激励

模仿和学习也是一种普遍存在的需要，其实质是完善自己的需要，这种需要对青年尤为强烈，最典型的表现就是"明星效应"。榜样激励是通过满足员工的模仿和学习的需要，引导员工的行为朝向安全生产目标所期望的方向。榜样激励

第七章 员工行为激励与管理

139

方法就是树立企业内安全生产先进个人和先进集体的形象，号召和引导模仿学习。

7. 晋升激励

晋升激励是通过把员工晋升到更高的职位，享受更好的待遇，进而使员工努力工作的方法。人既需要精神上的满足又需要物质上的满足，当员工升到更高一级的职位时，他会感受到被尊重，自己的价值进一步提高，同时可以享受的物质待遇也会比以前更高。而其他的员工看到这种现象也会更加努力工作，以期得到晋升。

8. 形象激励

一个人通过视觉感受到的信息，占全部信息量的 80％，因此，充分利用视觉形象的作用，激发员工的荣誉感、光荣感、成就感、自豪感，也是一种行之有效的激励方法。

最常用的方法是照片上光荣榜，每天上班大家都从光荣榜前经过，不仅先进者本人深受鼓舞，而且更多的员工受到激励。现在许多大型企业都安装了闭路电视系统，并开设了"厂内新闻"等电视节目，使形象激励又多了一个更有效、内容更丰富且灵活多样的手段。厂内发生的新人、新事、五好青工、优秀党员、模范家属、劳动模范、技术能手、安全标兵等都在"厂内新闻"中成为新闻人物，立即通过视觉形象传遍千家万户，不仅本人感到光荣，而且全家引以为豪。这种激励效果是强有力的。

9. 荣誉激励

荣誉是众人或组织对个体或群体的崇高评价，是满足人们自尊需要，激发人们奋力进取的重要手段。给予"先进生产者""安全生产能手""安全标兵""青年突击队"等荣誉称号，不仅激励了先进个人、先进集体，也激励了更多有进取心的人们。

10. 兴趣激励

兴趣对人们的工作态度、钻研程度、创造精神的影响很大，往往与求知、求美和自我实现紧密相联。在管理中重视兴趣因素会取得很大的激励效果。兴趣可以导致专注甚至于入迷，而这正是获得突出成就的重要动力。因此，安全宣传教育形式应丰富多样，并与员工文化活动结合起来，如安全竞赛，寓教于乐，这样才能提高员工的学习兴趣，取得良好的宣传教育。

11. 培训激励

培训激励，是指企业将培训作为激发员工工作积极性的一种手段。企业通过培训员工更多的安全技能，可以提高工作效率；员工通过培训，可以挖掘自己的潜力，提高自身的素质和能力，从事更加具有挑战性和竞争性的工作，从而得到更多的发展机会，实现自我价值。

12. 关怀激励

关怀激励，是指企业领导者通过对员工无微不至的关怀，使员工感受到组织的温暖和社会主义的优越性，不断增强员工的主人翁责任感。关怀激励包括政治上的关怀，工作上的关怀，生活上的关怀。企业领导者要摆正自己与员工的关系，把尊重人、理解人、关心人作为思想工作的一条基本原则，了解和掌握员工的思想脉搏和情绪，实实在在地为员工解决问题，使员工产生很强的归属感，从根本上激发员工群众的积极性。

13. 惩罚激励

惩罚激励，是指企业利用惩罚手段，诱导员工采取符合企业需要的行动的一种激励。在惩罚激励中，企业要制定一系列的员工行为规范，并规定逾越了这一行为规范，根据不同的逾越程度，确定惩罚的不同标准。

（1）行政处分。发生违章指挥、违章作业、违反劳动纪律；培训不到位，无证上岗，作业人员缺乏必要的安全意识和安全操作技能等违规行为，虽未造成安全事故，应当对违规行为人和责任单位负责人给予处分，如批评、警告等。安全管理人员希望通过这种批评或警告作为对违反安全规章制度行为的惩罚，并由此尽量减少以后此类的不安全行为。

发生安全生产责任事故，应对事故责任人和事故单位主要负责人追究责任。按照事故的等级的轻重，对负责人给予不同等级的警告、记过、降级、降职、撤职、辞退处分，严重的还要追究其刑事责任。

（2）经济处罚。发生违规行为，对违规行为人给予经济处罚。如上班迟到、员工佩戴的安全防护用品不齐全、在工作场所吸烟等要罚款。

发生安全事故，对事故发生单位的各级领导班子成员、主要负责人员，给予经济处罚。如罚款、减薪、扣发奖金等。

惩罚是应该的。但是当员工犯错误时，不仅仅有惩罚，还可变惩罚为激励，变惩罚为鼓舞，运用惩罚的手段达到激励和奖励的目的，而不是简单的规范和约束，甚至可以达到单纯奖励所不能达到的目的。

第八章　员工安全心理测评方法技术

第一节　员工安全心理测评指标体系的设计

一、员工安全心理测评指标体系的建立

对员工的安全心理测评，以安全行为科学和心理学的理论为基础，结合《GB/T 13861—2009 生产过程危险和有害因素分类与代码》中对于心理因素的规定，将员工安全心理测评体系设计为社会心理和个性心理两类，共八个指标。

（1）社会心理因素：①精神状态测试；②自信安全感测试；③意志力测试；④乐观程度测试。

（2）个性心理因素：①性格类型测试；②心理承受力测试；③气质类型测试；④性格趋向测试。

二、员工安全心理测评方法的选择

对员工的安全心理要素进行研究，首先要收集到足够的信息。信息的收集也有许多可供选择的方法，然而每种方法在精确度、深度以及心理特征的覆盖范围等方面都有较大的差别。目前，心理学研究方法中比较常用的有：观察法、查阅法、访谈法、实验法、测验法。

（1）观察法，即通过观察来了解被研究者的相关信息。这种方法比较直观、简便，因此也广泛地被采用。

（2）访谈法，即通过与被研究者面对面谈话，或是访问其家人、朋友或同事，来了解被研究者的相关信息。这种方法探究的问题更为深入。

（3）查阅法，即查阅被研究者的相关档案和记录等。由于这些资料和数据最初都不是为了本次研究而收集的，所以可以较客观地反映被研究者的有关情况。

（4）实验法，即借用专门的仪器设备对被研究者进行相关指标的测量，准确地记录指标的数值，以反映相应的心理特征。但这种方法对于实验条件以及仪器设备的要求比较严格，若是实验条件控制不够严格，很难得到精确的实验结果。

（5）测验法，即采用一套经过标准化的量表，来测量被研究者的某种心理特征。测验法是一种效率很高的信息收集方法，不用逐个面谈、观察，可以节约许多时间。测验法与计算机技术相结合，也可以使信息的统计分析更加方便。

针对以上研究方法的特点，以及客观条件等因素的限制，员工安全心理的测评我们主要以测验法为主，辅以观察法、访谈法等研究方法，力求得到最为准确而全面的信息，为员工安全心理分析提供依据。

第二节　员工安全心理测评工具

一、量表设计原则

（1）把握测试重点，体现测试目的，提问不能有任何暗示，保证测量结果能够充分反映测试指标情况。

（2）测试题目必须与安全心理学以及企业生产活动有较好的结合。

（3）对于具有可变性的相关测量指标，设计多套量表，防止多次使用后产生疲劳，失去兴奋度。

（4）考虑到参测者整体测试的心理学时间效应，量表题目不宜过多，每次测试最好可以在 15 分钟内完成。

二、量表设计程序

依据测评量表设计的相关原则，量表的设计工作主要分为六个步骤进行，过程如图 8-1。

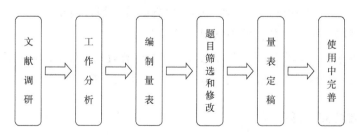

图 8-1　测试量表设计程序

三、测评量表

依据测评量表设计的相关程序，开发出安全心理测评量表八类，共十三套。

（一）精神状态测试

精神状态是一个人的意识、思维、情感、意志以及其他主观心理活动的总称。好的精神状态表现为蓬勃向上的心力、成熟的心态、清醒的意识、缜密的思考、顽强的斗志。随着现代生活节奏的加快，人们精神生活方面的压力愈来愈大。要通过必要的措施和途径来减少这种压力，以保持最佳精神状况。也只有在最佳的精神状态下，人的感知力才能达到最强，感觉阈值才能达到最低，才能更好地应付各种危险事件。

精神状态测试量表共四套，见附录1。

1. 计分方法

第一、二套精神状态测试量表：各题目答案中选 A 得 1 分，选 B 得 2 分，选 C 得 3 分，所有题目得分相加之和，即为精神状态测试分数。

第三、四套精神状态测试量表：各题目答案中选 A 得 3 分，选 B 得 2 分，选 C 得 1 分，所有题目得分相加之和，即为精神状态测试分数。

2. 测试结果

（1）分数为 10～16 分：精神状况较佳。

性格坚强，理解力、工作适应能力、感情状况都不错。这为生活的幸福和事业的成功提供了最好的先决条件。在这种情况下，你的感觉阈值比较低，能较好地体察危机，避免事故，能够很好地胜任安全工作。

（2）分数为 17～23 分：精神状况一般。

精神状况很可能正在走下坡路，因此，对各种生活环境的适应能力也正在减退。此种情况下，你的感觉阈值升高，体察环境细节的能力降低，危机意识减弱，抗风险能力降低。这种状况要想得到好转，不仅需要一段时间，而且需要付出物质和意志方面的代价，从心理和生理两方面着手综合调整。

（3）分数为 24～30 分：精神状况欠佳。

感觉阈值较高，体察环境细节能力极差，不能有效地避除危险，建议离开危险工作岗位，立即采取一定措施，加以改善。必要时可以去看专科或进行心理咨询。

（二）自信安全感测试

自信是个体对自己的信任，表现为对自己的知识、能力、行为、判断等有信心、不怀疑。自信本身就表现为一种积极性，是在自我评价上的积极态度。安全感是指人在摆脱危险情境或受到保护时所体验到的情感，是维持个体与社会生存不可缺少的因素，它表现为人们要求稳定、安全、受到保护、有秩序，能免除恐惧和焦虑等。安全感是一种感觉、一种心理，是人在社会生活中有种稳定的、不害怕的感觉。我们这里所提及的员工安全感，是来自他人的反应和表现所带给员工自身的感觉。没有安全感的表现就是缺乏自信，过于在意别人对自己的看法，关键时刻总是希望依靠别人，希望别人能够帮助自己。同时，有焦虑的情绪，对事物有不必要的过度担心，内心深处对自己和别人又都不够信任，对生活周围的人与事总是抱着怀疑的态度。通过自信安全感测试，可以明确员工自信心和安全感状态，进而体现了员工面对可能出现的对身体或心理的危险或风险的预感，以及个体在应对处置时的有力或无力感，主要表现为确定感和可控制感。依据测试所反映的自信安全感程度，采取相应心理干预与控制措施，从而减少由于盲目自信或过度压抑而引起的安全隐患。

自信安全感测试量表见附录 2。

1. 计分方法

各题目答案中选"是"得 1 分，选"否"不得分，将所有题目得分相加之和即为自信安全感测试分数。

2. 测试结果

（1）分数 10 分及以下：缺乏自信，安全感不足。

测试结果表明你对自己显然不太有信心。你过于谦虚和自我压抑，因此经常受人支配。

（2）分数为 11～24 分：中度自信，安全感中等。

测试结果表明你对自己颇有自信，但是你仍或多或少缺乏安全感，对自己产生怀疑。

（3）分数为 25～38 分：高度自信，安全感强。

测试结果表明你对自己信心十足，安全感很强，对自己有较全面的了解，清楚自己的优点。

（三）意志力测试

意志力是指一个人自觉地确定目的，并根据目的来支配、调节自己的行动，克服各种困难，从而实现目的的品质。员工的意志力是员工安全意识的重要组成部分，良好的意志特征能够抵制安全突发事件的影响，把突发事件造成的损失及影响降低到最低程度。

意志力测试量表共两套，见附录3。

第一套意志力测量量表

1. 计分方法

各题目答案中选 A 得 4 分，选 B 得 3 分，选 C 得 2 分，选 D 得 1 分，所有题目得分相加之和，即为意志力测试分数。

2. 测试结果

（1）分数为 18 分以下：意志力薄弱。

你并非缺乏意志力，只不过你只喜欢做那些你有兴趣的事，对于那些能即时获得满足感的工作，你会毫无困难地坚持下去。你很想坚持你的新年大计，可惜很少能坚持到底。

（2）分数为 18～30 分：意志力中等。

你很懂得权衡轻重，知道什么时候要坚持到底，什么时候要轻松一下。你是那种坚守本分的人，但遇到极感兴趣的东西时，你的好玩心会战胜你的决心。

（3）分数为 31～40 分：意志力强。

你的意志力惊人，不论任何人、任何情形都不会使你改变主意；但有时太执着并非好事，尝试偶尔改变一下，生活将会充满趣味。

第二套意志力测量量表

1. 计分方法

1～12 题中，答案选择 A、B、C、D、E 依次得 5、4、3、2、1 分；13～22 题中，答案选择 A、B、C、D、E 依次得 1、2、3、4、5 分。22 题得分加起来为总得分。

2. 测试结果

（1）分数为 45 以下：意志力薄弱。

你并非缺乏意志力，只不过你只喜欢做那些你有兴趣的事，对于那些能即时获得满足感的工作，你会毫无困难地坚持下去。你很想坚持你的新年大计，可惜很少能坚持到底。

（2）分数为 46～85 分：意志力中等。

你很懂得权衡轻重，知道什么时候要坚持到底，什么时候要轻松一下。你是那种坚守本分的人，但遇到极感兴趣的东西时，你的好玩心会战胜你的决心。

（3）分数为 85 分以上：意志力强。

你的意志力惊人，不论任何人、任何情形都不会使你改变主意；但有时太执着并非好事，尝试偶尔改变一下，生活将会充满趣味。

（四）乐观程度测试

乐观和悲观是人生的两种态度。乐观是一种最为积极的性格因素之一，乐观的人看任何事情能看到事物的长处，看到对自己有利的一面，从而看到希望。悲观的人看问题总盯着不好的一面，越看越烦，越看越不顺眼，心生厌倦。通过乐观程度测试，可以全面了解员工的乐观程度的心理状态，以便及时化解各种负性因素，保证良好身心状态，达到安全高效的工作状态。

乐观程度测试量表共两套，见附录4。

1. 计分方法

（1）第一套乐观测试量表：第1、2、5、6、14、15、19题答案中，选择"是"不得分，选择"否"得1分；其余题目选择"是"得1分，选择"否"不得分。所有题目得分相加之和即为乐观程度测试分数。

（2）第二套乐观测试量表：第3、6、8、12、14、16、18、20题答案中，选择"是"记0分，答"否"记1分；其余各题答"是"记1分，答"否"记0分。所有题目得分相加之和即为乐观程度测试分数。

2. 测试结果

（1）分数为0~7分：悲观主义者。

你是个标准的悲观主义者。看问题总是看到不好的那一面。你随时会担心失败，因此，宁愿不去尝试新的事物，尤其当遇到困难、危险时，你的悲观会让你觉得人生更灰暗、更无法接受。悲观会使人产生沮丧、困惑、恐惧、气愤和挫折的心理。长期处在这种心理下，你的神经会变得紧张、麻痹，感觉阈值也随之提高，对工作环境危险危害因素的体察能力降低，因此，很难避免事故的发生。

（2）分数为8~14分：人生的态度比较正常。

你对人生的态度比较正常。你精神饱满，自信乐观，生活工作中的变故一般不会影响你的情绪，所以，你一般能够较好胜任危险岗位的工作。

（3）分数为15~20分：乐观主义者。

你是个标准的乐观主义者。你看问题总是看到好的那一面，将失望和困难摆到旁边去。

（五）性格类型测试

性格类型分为三种：理智型、平衡型、情绪型，不同类型性格的人会有不同的行为方式。充分了解员工的性格类型，可以为安全生产和安全管理工作提供积极的指导。

性格类型测试量表见附录5。

1. 计分方法

各题目答案中选A得1分，选B得2分，选C得3分，所有题目得分相加之和，即为性格测试分数。

2. 测试结果

（1）分数为30～50分：理智型性格。

理智型的人能够冷静地思考问题，能用理智来衡量一切并支配行动，你很少为什么事而激动。即使生气，也表现得很有克制力，你知道什么时候该干什么，不该干什么。主要弱点是对他人的情绪缺乏反应。

（2）分数为51～69分：平衡型性格。

你时而感情用事，时而十分克制，即使在很恶劣的环境下握起拳头，但仍能从情绪中摆脱出来，因此，很少与人争吵。工作中的人际关系十分愉快、轻松，即使偶尔与人发生纠纷，也能不自觉地处理妥帖。这种人能很好地胜任与安全相关的工作岗位。当然，在安全工作中如果能更好地控制情绪，工作就会更加顺利。

（3）分数为70～90分：情绪型性格。

你是个非常重感情的人，性格非常随和，喜欢自我炫耀，可能经常陷入一些不值当的纠纷，容易冲动，根本不可能劝你冷静。要注意克制自己，这种情况最容易导致事故发生，所以你不适合选择危险性行业，不适合在高危岗位工作。

（六）心理承受力测试

心理承受能力是一种很重要的个性心理素质，心理承受能力的强弱对人们的生活态度和行为有很大的影响，在某种程度上决定着人一生的命运。具有良好的心理承受能力的人能对各种改变和冲击做出适度的反应，从而保持心理平衡。如果一个人的心理承受能力较差，遇到问题就会心绪不宁、思想混乱、内心痛苦，严重时会酿成心理危机，诱发心理疾病，甚至导致极端的行为。健全心理素质是指具有正常的智力、完善的人格、和谐的人际关系，能积极适应学习、生活、交往和环境，能主动寻求、探索自我发展途径，并具有开拓创新的能力。充分认识自身上的种种心理问题，对于提高心理承受能力很有必要。

心理承受力测试量表见附录6。

1. 计分方法

1～11题，选择"是"得2，"否"得0分，"不确定"得1分；12～20题，选择"是"得0分，"否"得2分，"不确定"得1分。将所有题目得分相加之和即为心理承受力测试分数。

2．测试结果

（1）分数为 0～10 分：心理承受力弱。

您的心理承受力较弱，经不起突如其来的变故和打击。这可能和你一帆风顺的经历有关。你心灵脆弱，经受不住刺激，更经不起意外打击，经不起突发事件，即使稍不遂意也使你寝食不安。

（2）分数为 10～24 分：心理承受力中等。

您的心理承受力一般。在通常情况下不会有什么问题，至多有点烦恼。不过当遇到大的灾难或事故时，可能难以承受，所以要注意的是能在大的灾难或事故面前想得开、挺得住，同时尽量少想个人得失，因为应付困难的能力说到底是对个人利益损失的承受力。

（3）分数为 25～40 分：心理承受力强。

您的心理承受力较强，自信，坚强，乐观，敢于迎接命运的挑战。您有不平凡的经历，能面对现实，对来自生活中意外事件的冲击应付自如，随遇而安。您能够很好地胜任安全相关工作。

（七）气质类型测试

气质是人的个性心理特征之一，它是指在人的认识、情感、言语、行动中，心理活动发生时力量的强弱、变化的快慢和均衡程度等稳定的动力特征，主要表现在情绪体验的快慢、强弱、表现的隐显以及动作的灵敏或迟钝方面。古希腊著名的医生希波克拉底最早提出气质的概念。他在长期的医学实践中观察到人有不同的气质。他认为气质的不同是由于人体内不同的液体决定的，他把人的气质分为多血质、胆汁质、黏液质、抑郁质四种类型。

人的气质本身无好坏之分，气质类型也无好坏之分。每一种气质都有积极和消极两个方面，在这种情况下可能具有积极的意义，而在另一种情况下可能具有消极的意义。明确员工的气质类型，就可以在工作和管理中更有针对性地应对，采用有的放矢、个别对待的方法，在工作过程中限制其消极方面、发挥积极方面。

气质类型测试量表见附录7。

1．计分方法

在回答"量表"问题时，认为很符合自己情况的计 2 分，比较符合的计 1 分，介于符合与不符合之间的计 0 分，比较不符合的计 −1 分，完全不符合的计 −2 分。

按题号将各题分为四类，计算每类题的得分总和。

胆汁质：2、6、9、14、17、21、27、31、36、38、42、48、50、54、58；

多血质：4、8、11、16、19、23、25、29、34、40、44、46、52、56、60；

黏液质：1、7、10、13、18、22、26、30、33、39、43、45、49、55、57；

抑郁质：3、5、12、15、20、24、28、32、35、37、41、47、51、53、59。

2. 测试结果

（1）如果某气质类型得分明显高于其他三种，均高出 4 分以上，则可定为该气质类型。如果该气质类型得分超过 20 分，则为典型型；如果该气质类型得分在 10～20 分，则为一般型。

（2）两种气质类型得分接近，其差异低于 3 分，而且又明显高于其他两种，高出 4 分以上，则可定为两种气质类型的混合型。

（3）三种气质类型得分相接近而且均高于第四种，则为三种气质类型的混合型，如多血—胆汁—黏液质混合型或黏液—多血—抑郁质混合型。

（八）性格趋向测试

人的性格趋向主要可分为内向型、外向型两类。内向型性格的人安静，离群，内省，喜欢独处而不喜欢接触人，保守，与人保持一定距离，倾向于做事有计划，瞻前顾后，不凭一时情绪，日常生活有规律，严谨，做事可靠。外向型的人活泼，好动，喜欢交朋友，反应快，配合客体而思考、感觉、行动，有时表现为急于求成，有进攻倾向，自我控制力差。

不同性格趋向的人有着不同的思维模式和行为模式，按照员工的个性特点，对其工作和行为进行适当的指导和约束，通过人因的事故心理调适和控制，使人为因素的事故发生率降低到最低程度。

性格趋向测试量表见附录 8。

1. 计分方法

奇数题目（第 1、3、5、…、49 题），选择"符合"得 2 分，选择"难以回答"得 1 分，选择"不符合"得 0 分；偶数题目（第 2、4、6、…、50 题），选择"符合"得 0 分，选择"难以回答"得 1 分，选择"不符合"得 2 分。将所有题目得分相加即为性格趋向测试分数。

2. 测试结果

性向指数在 0～100 之间，由性向指数的数值就可以了解一个人内倾或外倾的程度。

（1）分数为 0～29 分：内向型性格。

您是典型的内向型性格。性格内向的人具有一种非常优秀的特殊品质，这种人不张扬、聪明、肯学习、做事专心、有毅力，是做科研工作极好的人才。

（2）分数为 30～50 分：偏内向性格。

您是偏内向的性格。性格内向的人具有一种非常优秀的特殊品质，这种人不张扬、聪明、肯学习、做事专心、有毅力，是做科研工作极好的人才。

（3）分数为 51～69 分：偏外向型性格。

您是偏外向型的性格。外向型的特征是感情易外露开放，决断，豪爽，不拘小节，容易交朋友，也容易接受外界的影响；缺点是耐心不足，注意力不集中，易浮躁，粗枝大叶。

（4）分数为 70～100 分：外向型性格。

您是典型的外向型性格。外向型的特征是感情易外露开放，决断，豪爽，不拘小节，容易交朋友，也容易接受外界的影响；缺点是耐心不足，注意力不集中，易浮躁，粗枝大叶。

第三节　员工安全心理干预与管理

一、员工精神状态的干预与管理

依据测试相关结果，采取相应的心理干预与控制措施。

1. 精神状态较佳

（1）自我干预。良好的精神状态是保证工作安全、高效的必要条件，应保证自身充足的睡眠，愉快的心情，平和的心态和乐观的思想，尽可能保持良好的精神状态。

（2）公司干预

① 公司领导对于精神状态良好的员工，应该肯定和赞扬其在工作中的表现和成绩，支持和鼓励其良好的精神风貌，建立人本管理机制，充分发挥员工的积极性、主动性、创造性，以保持其良好的精神状态。

② 关注员工思想动向，发现不良情绪积极引导教育。

③ 对于精神状态良好的员工，很适合安排到安全相关岗位或是危险性较高的岗位。

2. 精神状态一般

（1）自我干预

① 充分发挥精神状态中的积极因素，保持平和的心态和乐观的思想。

② 要学会掌控自己的情绪，尽量克服工作和生活中的不良因素，争取最佳的精神状态。保持最佳的精神状态才能充分发挥自己的才能。

（2）公司干预

① 关注员工思想动向，正确引导和教育员工，认清自身状况，阻止不良现象继续发展。

② 对于工作中表现出来的良好的精神状态要给予支持和鼓励，发挥员工的积极性和创造性，以保持其良好的精神状态。

3. 精神状态不佳

（1）自我干预

① 要学会掌控自己的情绪，以最佳的精神状态去发挥自己的才能，就能充分发掘自己的潜能，你的内心同时也会变化，变得越发有信心，别人也会越发认识你的价值。

② 无论干什么工作都要专心致志，尽职尽责，严格执行操作规程和安全制度，不能有丝毫的麻痹、侥幸、松懈心理。

③ 平时要保证充足的睡眠，愉快的心情，玩要有度，不能让体力超支，工作时才能精神饱满。

④ 工作中丢掉一切私心杂念和家务纠纷，不能让儿女情长、是非恩怨缠身，全身心地投入到工作中去。要养成好的工作习惯，工作细致入微，精益求精，高标准，严要求。

（2）公司干预

① 作为领导，要学会察言观色，当发现个别职工在工作岗位上思想、情绪、举动异常，要及时进行教育和心理疏导，阻止不良现象继续发展。

② 当职工在进行重大设备操作，直接作业环节作业，关键、重点、要害部位生产时，要重点加强监督，避免思想不在状态误操作诱发各种事故，造成伤害事故和财产损失。

③ 对个别职工确因身体状况不佳、思想烦恼太重，一时不能调整缓解，确实不能胜任本职工作时，适当地做出岗位调整，减少因精神状态不佳带来的事故因素。

④ 在日常管理中，要坚持"四不上岗"：即家庭变迁、亲人病故、婚恋受挫、思想包袱沉重不上岗；本人不能正确对待批评处分，同志间关系紧张，情绪消沉不上岗；事故发生后未进行处理、情绪未稳定不上岗；有明显对立情绪并袒露言行者不上岗。

二、员工自信安全感的干预与管理

依据测试相关结果，采取相应的心理干预与控制措施。

1. 缺乏自信

（1）自我干预。自信是安全感的重要来源，建立适当的自信心有利于安全感的发展，不自信会影响处理紧急事故的能力，由不自信导致的多疑将使人身心疲惫，疑神疑鬼，经常处于精神高度紧张中很容易导致事故的发生。可以尝试以下方法来提高自信安全感。

① 关注自己的优点，不妨提醒自己，人总是各有各的优点和长处，特别应该看重自己的才能和成就。

② 要明白，任何人都不是完美的，正视和接受自己的缺点对建立稳定的安全感是有利的。

③ 采用"自信的蔓延效应"：在纸上列下十个优点，不论是哪方面，在从事各种活动时，想想这些优点，并告诉自己有什么优点。这样有助提升从事这些活动的自信，这一效应对提升自信效果很好。

④ 自我心理暗示，不断对自己进行正面心理强化，避免对自己进行负面强化。一旦自己有所进步就对自己说："我能行！""我很棒！""我能做得更好！"，等等，这将不断提升自己的信心。

⑤ 树立自信的外部形象。首先，保持整洁、得体的仪表，有利于增强一个人的自信；其次，举止自信，如行路目视前方等。刚开始可能不习惯，但过一段时间后就会有发自内心的自信；另外，注意锻炼、保持健美的体型对增强自信也很有帮助。

⑥ 不可谦虚过度，谦虚是必要的，但不可过度，过分贬低自己对自信心的培养是极为不利的。

（2）公司干预

① 鼓励员工成功，增强员工的自信心，并允许员工在一定的范围内失败。

② 尊重员工，给予其充分信任，采用激励的方式，提高员工自信心。

③ 为员工提供培训和发展机会，使其知识领域和解决问题能力得到明显的突破和提高。

④ 减少监督程度，增加员工自我管理程度，激发员工动机和行为，达到增强自身安全感的目的。

2. 中度自信

（1）自我干预

① 要善于发现自己的优长，不妨提醒自己，在优点和长处各方面并不输人，特别强调自己的才能和成就，做好自己的本职工作，尽量避免过多怀疑，以致身心疲惫，从而影响工作情绪，造成事故隐患。

② 积极悦纳自己，凡是自身现实的一切都应该积极地接受，无论是好是坏，不回避、不哀怨，不厌恶自己，在自我悦纳的基础上，积极地发展自我，更新自我。

③ 注意自我激励，用发展的眼光评价自己，要看到自己的进步和变化。对于取得的成绩，自己首先给予肯定；对于不足之处，也要有清醒的认识，并督促自己去更正。

（2）公司干预

① 关注员工思想动向，维持适度的自信安全感。正确引导员工，认清自身状况，消除不良情绪，缓解工作压力。

② 给员工提供展示自我的平台，提供丰富的活动，让员工感到在多方面有收获、工作能力有提高，会大大增强其自信安全感。

③ 明确奖惩制度，提高员工工作积极性。奖励，是对成绩优秀的员工，给予精神和物质的嘉奖，以激励全体成员。惩罚，是对工作不力或犯有过失的员工进行处罚。奖励与惩处具有激励与控制的双重功能，二者相辅相成，结合使用。通过奖惩制度可以有效地加强员工安全生产的责任心。

3. 高度自信

（1）自我干预

① 自信安全感强，是一个人取得成功的一个重要心理品质，不过，过度自信也会产生一种心理和行为偏差。所以，如果你的得分将近 40 的话，别人可能会认为你很自大狂傲，甚至气焰太盛，你将不能很好地同他人进行合作。不妨在别人面前谦虚一点，这样才能在处理危险、复杂、棘手的问题时和别人有效地沟通合作。

② 麻痹心理也可能使你在工作中不够认真，从而导致安全事故隐患。

（2）公司干预

① 过于自信的员工，在工作中容易产生麻痹心理，有了麻痹心理就会丧失自我保护意识、降低人的感知觉的兴奋程度，出现抑制或愚钝，大部分安全事故的发生就是由麻痹思想造成的。作为领导，应该加强对员工的监督和教育，正确引导员工树立适度的自信心，避免由于过度自信造成安全隐患。

② 加强员工情绪管理，重视引导员工"心理和谐"，使之能够树立正确的人生观、价值观，能够正确认识自己的优点和缺点，正确对待工作和生活中的荣辱

得失，塑造理性、平和、积极向上的和谐心态。

③ 注重教育员工关系和谐，引导员工正确处理好与家人、同事和领导等相互之间的关系，做到互相尊重、互相理解，营造团结协作、求同存异、互信互爱、和谐共进的良好氛围。

三、员工意志力的干预与管理

依据测试相关结果，采取相应的心理干预与控制措施。

1. 意志力薄弱

（1）自我干预

① 积极主动，不要把意志力与自我否定相混淆，当意志力作用于积极向上的目标时，将会变成一种巨大的力量。主动的意志力能让你克服惰性，把注意力集中于未来。在遇到阻力时，想象自己在克服它之后的快乐；积极投身于实现自己目标的具体实践中，你就能坚持到底。

② 确定合理、明确的目标，并充分估计各种阻力。有些时候，不是因为难以做到我们才失去信心，是因为我们缺乏信心才难以做到。

③ 要善待失败。在执行计划时，常常会失败，这个时候不要放弃，只能坚持下去。只要你不放弃，失败就会教你走向成功。

④ 适当给自己一些奖励。实行计划的过程很可能会非常地枯燥，一点儿意思都没有。这个时候，你可以自己给自己一些奖励。达到一个阶段或坚持不下去的时候，让自己放松一下。

⑤ 如果真的对工作没兴趣，你可以尝试换一下别的感兴趣的工作岗位。

（2）公司干预

① 对于意志力较差的员工，领导应该加强引导和教育，鼓励其培养果断性、坚韧性和自制性。

② 创造合适机会，锻炼员工意志力，必要时给他设定目标和要求，并督促其控制自己，努力完成目标，让员工感到成就感，会有效地增强意志能力。

2. 意志力中等

（1）自我干预

① 坚强的意志不是一夜间突然产生的，它是在逐渐积累的过程中一步步地形成，中间还会不可避免地遇到挫折和失败。要充分认识自己已经取得的成绩，并且找出使自己斗志涣散的原因，才能有针对性地解决。

② 然而，如果对于危险性工作中的事物即便很感兴趣，最好也不去冒险。

（2）公司干预

① 关注员工思想动向，维持坚强的意志力。正确引导员工，认清自身状况，消除不良情绪，保持积极心态。

② 给员工提供展示自我的平台，提供丰富的活动，让员工感到在多方面有收获、工作能力有提高，会大大增强其意志力。

3. 意志力很强

(1) 自我干预

① 在工作中，你有极强的可塑性，可以把自己变得精神愉悦，情绪饱满，自信乐观，情绪稳定，可以把自己变成最适合安全相关工作的人。

② 不过，有时意志力过强，过于执着，对错误的决定不能做出及时的调整，也可能导致安全事故的发生。

(2) 公司干预。领导应该给予意志力很强的员工适当的关注，鼓励其保持果断性、坚韧性和自制性。但对于意志力过强，执着而不易醒悟，要积极地引导和教育，避免造成不利影响。

四、员工乐观程度的干预与管理

依据测试相关结果，采取相应的心理干预与控制措施。

1. 悲观主义

(1) 自我干预

① 要正确地认识自己，认识周围的人和事，别盯住消极面，以积极的态度来面对每一件事或每一个人，逐步排遣自怨自艾或怨天尤人的情绪。

② 心胸要宽阔，悲观的人总是对自己进行指责，即使不是自己造成的错误，也总是揽在自己身上，认为是由于自己的原因导致的。

③ 有时候要承认现实，适应环境，悲观不能改变任何事情，只会让自己的情绪更加消沉。那么，还不如承认事实，让自己从悲观的情绪中走出来，让自己适应环境的变化，重新规划自己的未来，积极地生活和工作。

④ 在你的闲暇时间里，努力接近乐观的人，观察他们的行为。通过观察，培养乐观的态度，乐观的火种会慢慢地在你内心点燃。

(2) 公司干预

① 对具有悲观情绪的员工加强关注和管理，培养其积极的人生观。在其取得成绩时，给予积极的鼓励。

② 在员工面对挫折时，及时与其沟通，帮助他们辨识自我的不良信念，帮助员工包容过去，珍惜现在，寻找未来的机会。

③ 积极开展有意义的娱乐和教育活动，让员工体会工作、生活的美好和生

命的价值。

另外，针对这样的员工可以通过周密的心理排练，将注意力的焦点从焦虑感觉转移到特定情境中所面对的事情上，可适当安排其做安全相关工作，有时候就可以未雨绸缪，为各种可能的结果预先规划和演练，有助于企业安全运营。

2. 比较乐观

（1）自我干预。比较乐观，但仍然可以再进一步，只要学会怎样以积极和乐观的态度来应付人生中无法避免的起伏情况，就会变得更加沉着冷静、自信乐观，同时也会发现工作越干越顺，人生路也越走越宽。

（2）公司干预。领导要了解这类员工的思想动向，通过适当的沟通和教育，使其保持乐观情绪，克服悲观情绪。

在工作中，注意监督和管理，不要因为其过分乐观产生不安全心理。

3. 乐观主义

（1）自我干预。乐观，使人活得更有劲，积极向上，适当保持一种乐观情绪。

不过要记住，不要因为过度乐观而做事拖沓。有时候过分乐观，也会造成你掉以轻心，而忽略了不利因素，结果反而误事。

尤其是在安全相关工作中，不要盲目乐观地相信自己的主观意识，不要过低估计可能存在的危险因素，最好制定计划，定期反省，时时检查，谨慎做事，切忌浮躁，避免过度乐观带来的负面影响，否则过分的乐观很可能导致无法承受的灾难。

（2）公司干预。领导要保持员工积极乐观的心态，但过度乐观容易造成非常大的负面效果，要注意监督、管理和教育，使其不要过分乐观，以免工作中掉以轻心，产生侥幸心理，造成安全事故。

五、员工性格类型的干预与管理

依据测试相关结果，采取相应的心理干预与控制措施。

1. 理智型

（1）自我干预

① 由于性格过于理智，有时你内心会觉得很压抑，这时需要松弛自己，否则长期处于这种压抑状态下，你会变得精神紊乱，性格孤僻，不能很好地同他人合作，也不能集中精力用心工作，也可能长时间情绪压抑后突然爆发，产生可怕的后果。

② 建议有时不妨放弃理性，张扬一下情绪，也展示出有血、有肉、有感情

的一面。不需要理性分析与判断，也不需要隐瞒情绪表现，其实，有时候大哭一场就能发泄心中的不快，有时候开怀大笑也会让快乐加倍。

③ 同时，学会多分享别人的情感体验，提高自己的移情能力，相信会让理智多一份感性。

（2）公司干预

① 关注员工思想动向，注意在工作中培养其合作和沟通能力，对于不良情绪积极引导教育。

② 对于性格理智型员工，可以安排安全相关岗位或是危险性较高的岗位。

2. 平衡型

（1）自我干预

① 最好的建议还是继续平衡好你的情绪，因为平衡是自然界的生存法则。平衡一旦掌握不好，容易向性格两端倾斜，或者倾向于冲动，或者倾向于理智。

② 处理好理性与感性、理智与情感的关系，把握好二者之间的尺度是关键。其实，对于具有其他两种性格类型倾向的人而言，平衡自身的情绪也正是掌控自身情绪的有效方式。

（2）公司干预

① 关注员工思想动向，维持平衡型性格类型。正确引导员工，认清自身状况，消除不良情绪，缓解工作压力。

② 对于性格属于平衡型的员工，可以安排安全相关岗位或是危险性较高的岗位。

3. 情绪型

（1）自我干预

① 要培养自己宽容大度的个性，不要为一点小事就情绪极大波动，保持良好人际关系。

② 学会有效管理和调控情绪，选择合理的方式释放自己的情绪，尽量使自己不陷入冲动鲁莽、简单轻率的被动局面。

③ 使自己生气的事，一般都是触动了自己的尊严或切身利益，很难一下子冷静下来，所以当你察觉到自己的情绪非常激动，眼看控制不住时，可以及时采取暗示、转移注意力等方法进行自我放松，鼓励自己克制冲动。

（2）公司干预

① 关注员工思想动向，及时消除不良情绪，缓解工作压力。

② 对于性格属于情绪型的员工，不易安排安全相关岗位或是危险性较高的岗位。

六、员工心理承受力的干预与管理

依据测试相关结果，采取相应的心理干预与控制措施。

1. 心理承受力较弱

（1）自我干预

① 让自己接受适量的挫折经验，即适当地去"经风雨、见世面"，培养勇于面对现实的心态。

② 要认识自己所面对的周围环境，并且要调整自己适应环境。

③ 不要对自己的心理预期过高，给自己合理的心理定位，设定适当的目标。

④ 对生活要抱有乐观态度，要以微笑去面对每一天，胸襟要开阔，丰富自己的知识，多交朋友，走出自我的封地。

（2）公司干预

① 心理承受能力差的员工一般表现为孤独、内向、阴沉的性格，领导应该多关心爱护这样的员工，经常与之沟通，有条件可开展心理健康教育工作。

② 适当地给员工创造机会展示自己，让他们提高性格中的积极因素。

③ 领导不要过分管理，也不要放任不管，要适时开导，及时培养、教育。

④ 这种员工适于竞争不大，危害较小，工作节奏较慢的工作岗位。

2. 心理承受力一般

（1）自我干预

① 要了解自我，正视自我，找出自己的缺点和不足，正确地看待别人。

② 当在学习、生活中遇到困难、挫折时，要在心里多想一想，为什么会这样，是什么原因造成的，可以用什么方法去解决。

③ 要认识到消沉、悲观于事无补，而要振作精神，能解决的就解决，不能解决的则尽力忘掉它。

（2）公司干预

① 对于心理承受力一般的员工，领导要给予适当的关注，注意其在重大变动时的思想波动。

② 正确引导员工，适当地给他们创造机会展示自己，经受适量的锻炼，增强其心理承受能力。

3. 心理承受力较强

（1）自我干预

① 心理承受能力强，使你经得起挫折和磨炼，是人生成功的积极因素，继续保持较强的心理承受能力。

第八章 员工安全心理测评方法技术

② 同时，注意不要因为心理能够接受，而产生一种我无所谓的态度，造成负面影响，酿成安全事故。

（2）公司干预

① 关注员工思想动向，注意在工作中培养其合作和沟通能力，对于不良情绪积极引导、教育，保持其较强的心理承受能力。

② 对于心理承受能力强的员工，可以适当安排在安全相关岗位或是危险性较高的岗位。

七、员工气质类型的干预与管理

依据测试相关结果，采取相应的心理干预与控制措施。

首先，我们要明确气质本身没有好坏之分，也不能决定一个人的社会价值和贡献大小，像普希金是典型的胆汁质特征，赫尔岑是典型的多血质特征，克雷诺夫有着明显的黏液质特征，而果戈理又有着抑郁质特征，但他们在文学上都取得了非凡的成就。不过，不同的气质类型确实会影响到为人处世的态度及方法。就安全心理素质来说，情绪饱满，责任心强，兴趣浓厚，性格内向，谨慎认真等都可以降低感觉阈限，从而提高体察危险的能力。

1. 胆汁质

具有这种气质类型的人，情感发生得快而热烈，并有明显的外部表现。大多数热情而性急，性情坦率直爽，精力旺盛，脾气暴躁，很易大发雷霆而不能自制。但激动的心情并不持久。这种人能以极大的热情投身于工作，勇于克服各种困难，但遇到大的挫折，情绪会很快低落下来。

（1）自我干预

① 胆汁质类型的人要注意在耐心、沉着和自制力等方面的心理修养。

② 工作中处理事情往往比较草率，不沉着冷静。在安全相关工作中遇到紧急情况时应沉着冷静，善于控制自己的情绪，做到果敢、率直但不急躁，工作时尽量选择外界干扰少的环境。

③ 平时多进行棋类活动，有助于克服自己活力有余、沉稳不足的缺点，克服容易冲动、冒失的缺点。还可以多参加瑜伽、太极拳等有助于平心静气的活动，培养认真、踏实、稳重的性格品质。

（2）公司干预

① 胆汁质类型的员工适于从事要求行动迅速、灵巧的工作，不适宜从事稳重、细致的工作。

② 和胆汁质的员工交往要有耐性，也要有包容心，要认识到胆汁质的人做

的一些事情其实并非出于本意，有可能是他出于善意的想法却做得过火而伤害到他人。

③ 在对胆汁质的员工进行教育时应该有耐心，慢慢开导，不要过于严厉，要不可能会适得其反。

2. 多血质

有这种气质的人，情感发生的速度快，外部表现明显，但强度方面却相当温和。为人热情活泼，动作敏捷，心理活动及外部活动具有很高的灵活性，喜欢交际，但失于轻浮。兴趣浮浅且易变，情感活动易于改变或波动。如果你是多血质型，那么说明你活泼、好动富于生气，是个活泼爱动的人，但情绪多变，做事相对轻率。

（1）自我干预

① 要注意在刻苦钻研、有始有终、严格要求等方面的心理修养。

② 努力完成既定的计划，以培养恒心毅力，注意克服做事虎头蛇尾的缺点。

③ 平时工作中做事要细心、耐心，努力克服容易粗心、浮躁的毛病，尤其注意遵守安全操作规程，避免轻率决定。

④ 培养稳定的兴趣，多进行棋类活动，多练习楷书、隶书，有助于克服活力有余、沉稳不足的缺点，培养认真、踏实、稳重的品质性格。

（2）公司干预

① 多血质员工大都机智、敏锐，能较快地把握新鲜事物，适于从事多变化以及要求行动迅速、灵巧的工作，但由于缺乏耐性，注意力容易转移，不适于从事单调和重复性的工作。

② 在工作中，注意监督和管理，避免马马虎虎、粗心大意，尽量避免浮躁。

③ 多血质员工情绪变化快，对其进行教育时应该有耐心，细心开导。

3. 黏液质

具有这种气质的人，其各种心理活动和外部动作都相当迟缓而稳健，且没有强烈的外部表现，心平气和，沉着冷静，能较好地克制自己的感情冲动。态度持重，注意稳定，难于转移，对人对事物均较刻板，有惰性。

（1）自我干预

① 人际交往时尽量将自己的情绪调动起来，让他人更多地了解你的内心感受，以便互相交流，达成共识，避免死板冷淡，僵化保守。

② 在面临压力时，应当主动应对，而不是采取回避的方式，不要通过各种消极形式来放松自己。

③ 平时多进行体育运动，以培养做事敏捷、讲求效率的行为方式，以及干

脆果断的性格，克服反应迟缓、优柔寡断的缺点。

（2）公司干预

① 黏液质的人做事有条不紊、刻板平静、耐受性较高，适于从事有条理、冷静、持久或要求精细而耐心的工作，而不太适于从事激烈多变的工作。

② 具有很强的安全心理素质，很适合于做安全相关工作或危险性较高的工作。

③ 在工作中，领导应当注意对黏液质员工的监督和管理，保持其坚持而稳健的工作作风，避免消极情绪。

4. 抑郁质

这种气质者的心理活动及外部动作都比较缓慢而又非常脆弱，他们的情感活动单调持久，内心体验强烈，多愁善感，易神经过敏，忍耐能力差，经常表现为孤僻。这种人处事谨慎，比较细腻，能胜任别人的委托，适于从事要求沉着、仔细的工作。如果你是抑郁质型，那么说明你柔弱易倦，情绪发生慢而强，敏感而富于自我体验，情感深刻稳定，易孤僻。

（1）自我干预

① 在情绪低落时不要压抑感情，要勇敢地表达，适当地释放，不要孤独自卑。

② 多参加集体的活动，多与人交往，防止孤僻性格的形成，保持良好的人际关系。

③ 在工作中，应当尽量保持沉着冷静、细心谨慎的一面，同时应和同事多加交流，达成共识，增加经验，走出自我封闭空间。

（2）公司干预

① 抑郁质类型的员工能够兢兢业业干工作，适合从事持久细致的工作，而不适合做反应灵敏、处事果断的工作。

② 对于这类员工领导要多加关注，在工作中多给予鼓励和支持，使其在保持谨慎细致的工作态度的同时，培养乐观积极的性格。

③ 积极开展有意义的娱乐和教育活动，让员工在活动中消除不良情绪，释放自我，抒发感情。

八、员工性格倾向的干预与管理

依据测试相关结果，采取相应的心理干预与控制措施。

1. 内向型性格

（1）自我干预

① 内向型性格，比较冷静，善于观察，往往能更深入地思考问题，能体察工作中的危险危害因素，应继续保持自己沉稳踏实、喜欢思考、耐心谨慎的特点。

② 过分内向将造成谨慎犹豫，自我压抑感情，不善交往，容易孤独自卑，甚至自闭，所以，应尝试着走出自己的小天地，学会自信乐观。

③ 注意培养自己的表达能力，与人交流与合作的能力。

（2）公司干预

① 作为领导，应多让内向性格同事参加其熟悉领域，易获得成功的集体活动，取得成功时及时给予褒奖，从而提高其自信程度。

② 可以在学习、工作、生活的细节上多为性格内向的员工做一些实实在在的事，拒绝冷落，施以温暖。尤其是在他遇到了自身难以克服的困难时，友谊的温暖便会消融他心中冰霜的屏障。

③ 性格内向的员工一般不爱讲话，对此，关键是选好话题主动交谈。一般而言，只要谈话有内容触到了他的兴奋点，他是会开口的。

④ 保持耐心很重要。对性格内向的人进行管理，有时很容易遭到对方的冷遇，如果遇到这种情况一定要有耐心。只有到了他们能够完全信任你的时候，你的说话才会有分量，你的管理行为也就具备了威信。

⑤ 这种类型的员工，适合于目标比较专一、人际交往较少的岗位，尤其在安全相关工作中，能体现出谨慎，冷静的特点。

2. 偏内向性格

（1）自我干预

① 偏内向的性格，往往能够冷静深入地思考问题，沉稳踏实、耐心谨慎，应继续保持自己的特点。

② 情绪低落时不要压抑感情，要勇敢地表达，适当地释放，不要孤独自卑。

③ 适当地培养自己的表达能力，与人交流与合作的能力。

（2）公司干预。这种性格的员工，能够长时间地独处，一个人注意力集中专一的工作，同时他并不排斥同他人交往合作，能够很好地胜任安全相关工作。

3. 偏外向性格

（1）自我干预

① 偏外向型性格具有外向型性格优点的同时，外向型性格的缺点表现又不明显。

② 从事安全相关工作时，可以通过多思考、多观察、做事要有计划等弥补容易粗枝大叶的不足。

（2）公司干预

① 乐观有助于工作之中的沟通和交流，及时发现工作中的问题，鼓励员工保持外向的性格。

② 这类性格的员工，可能在工作中表现为不能集中注意力，没耐心。在工作中注意对其监督管理，适当约束，让他们小心谨慎做好安全相关工作。

4. 外向型性格

（1）自我干预

① 这种外向性格的人，要注意多思考、多观察、做事要有计划以弥补容易粗枝大叶的不足。

② 由于性格原因，不能很好地集中注意力，没耐心，在工作中应培养自己谨慎、细致的态度，以免造成不安全因素。

（2）公司干预

① 对于这样的员工，在管理中，不要和他去斤斤计较。

② 奖惩分明，当员工做得好，要给予及时的褒奖，但是在做得不好或没有完成任务的时候要对其批评。

③ 在其工作中进行强有力的约束，注意监督管理，让他们小心谨慎做好安全相关工作。

第四节　员工安全心理测评应用实例

一、测评实例概况

某电力公司应用员工安全心理测评体系，以公司 SG186 系统的 4M 安全生产风险测评体系为平台，对所属八家单位的相关部门、车间、班组开展了员工安全心理素质测试工作。

八家单位参与测评的部门和车间包括：生技部、安保部、营销部、调度中心、科技信息中心、输变电运维中心、输变电检修中心、多家客户中心、配电工程公司等主要生产职能部门和所有生产车间以及主要高危班组。参与测评的人员包括：局长、职能部门负责人、专责、班组（站）长、安全员以及一般职工，总数达到 4464 人。

八家单位的广大干部员工积极参与了包括精神状态、自信安全感、意志力、乐观程度、性格类型、心理承受力、气质类型、性格趋向等八个安全心理素质指标的测评，具体结果分析如下。

二、测评指标统计分析

1. 精神状态测试

从整体情况看，参与精神状态测试的员工总数为 3315 人，其中精神状况佳的有 2556 人，占测评人数的 77.10%；精神状况一般的有 740 人，占测评人数的 22.32%；精神状况不佳的有 19 人，占测评人数的 0.58%。请见图 8-2。

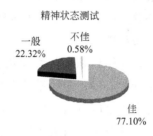

图 8-2　精神状态测试整体分布

可以看出，此次测评结果分布属于正常的精神状态分布情况，其中大部分员工精神状态较佳，少部分精神状态一般，这两类人员都属于精神状态正常，不良心理因素很少，心理异常程度处于可接受的范围，可以很好地胜任工作任务。极少部分员工的精神状态处于不佳状态，需要做出适当的调整。

对于精神状况较佳的员工，其保持的良好的精神状态能充分发挥员工的积极性、主动性、创造性，很适合胜任安全相关岗位或是危险性较高的岗位。

对于精神状况一般的员工，应关注其思想动向，正确引导和教育员工，认清自身状况，阻止不良心理因素发展。对于工作中表现出来的良好的精神状态要给予支持和鼓励，发挥员工的积极性和创造性，以保持其良好的精神状态。

对于极少一部分精神状况欠佳的员工，在工作中容易产生安全隐患，要及时进行教育和心理疏导，阻止不良心理因素继续发展。工作中要加强监督，对个别职工确因身体状况不佳，一时不能调整缓解，应适当地作出岗位调整，或不安排作业任务，以减少因精神状态不佳带来的事故因素。

2. 自信安全感测试

从整体情况看，参与自信安全感测试的员工总数为 3387 人，其中自信安全感强的有 1744 人，占测评人数的 51.49%；自信安全感中等的有 1603 人，占测评人数的 47.33%；自信安全感差的有 40 人，占测评人数的 1.18%。请见图 8-3。

图 8-3　自信安全感测试整体分布

通过结果可以看出，自信安全感中等以上占据了绝大部分，而其中自信安全感很强的员工超过了参与测评总数的一半，自信安全感差的员工占据了百分之一左右，测试结果属于正常的分布范围。

对于自信安全感强的员工，能够以积极的心理状态应对工作中出现的问题。但是，自信心过强，容易产生麻痹心理，应加强对此类员工的监督和教育，正确引导树立适度的自信心，避免由于过度自信造成安全隐患。

对于中度自信、安全感中等的员工，应关注员工思想动向，维持适度的自信安全感。正确引导员工，认清自身状况，消除不良情绪，缓解工作压力。

极少一部分缺乏自信、安全感不足的员工，安全心理素较差，在这种情况下工作，容易产生错误的判断或错误的操作。对此，采用激励的方式，对他们给予鼓励，提高员工自信心。为员工提供培训和发展机会，使其知识领域和解决问题能力得到明显的突破和提高。减少监督程度，增加员工自我管理程度，激发员工动机和行为，达到增强自身安全感的目的。

3. 意志力测试

从整体情况看，参与意志力测试的员工总数为 3340 人，其中意志力强的有 1316 人，占测评人数的 39.40%；意志力中等的有 2014 人，占测评人数的 60.30%；意志力薄弱的 10 人，占测评人数的 0.30%。请见图 8-4。

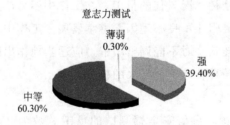

图 8-4　意志力测试整体分布

从结果可以看出，绝大部分员工在意志力测评中都表现出了良好的成绩，其中更是有近四成的员工具备较强的意志力，而极少数员工意志力薄弱，需要加强。

意志力强的员工，应对突发性事件的能力较强，在紧急情况下，意志力可以对心理状态起到调节作用，克服慌乱，保持镇定，很适合胜任安全相关岗位或是危险性较高的岗位。

极少数缺乏意志力的员工，其心理和行为缺少自觉性和果断性，应该加强对其引导和教育，创造合适机会，锻炼员工意志力，培养其坚韧性和自制性。

4. 乐观程度测试

从整体情况看，参与乐观程度测试的员工总数为 3389 人，其中乐观的有 451 人，占测评人数的 13.31%；比较乐观的有 2796 人，占测评人数的 82.50%；悲观的有 142 人，占测评人数的 4.19%。请见图 8-5。

图 8-5　乐观程度测试整体分布

通过结果可以看出，乐观程度的分布呈现较均匀的正态分布状态，悲观主义和乐观主义分别占据了结果的一少部分，其中乐观主义者明显多于悲观主义者，较乐观的心理状态占据了结果的很大部分。

乐观主义员工，总是相信自己有足够的行为能力来承受和减弱原有负向价值对于自己的不良影响，能够以积极的心态去应对和处理工作和生活中的一切问题。但过度乐观容易造成非常大的负面效果，应注意监督、管理和教育，使其不要过分乐观，保持适当的乐观程度，以免工作中的掉以轻心，产生侥幸心理，造成安全事故。

悲观主义员工，总是认为负向价值对于自己的不良影响将是巨大的，而正向价值对于自己的积极效应却是非常有限的。只关心事物的负向价值，而不关心事物的正向价值，并把逃避最大负向价值作为其行为方案的选择标准。对于此类员工，应给予积极的鼓励，在其面对挫折时，及时与其沟通，帮助他们辨识自我的不良信念，帮助员工包容过去，珍惜现在与寻找未来的机会。

5. 性格类型测试

从整体情况看，参与性格类型测试的员工总数为 3395 人，其中理智型的有 546 人，占测评人数的 16.08%；平衡型的有 2798 人，占测评人数的 82.42%；

情绪型的有 51 人，占测评人数的 1.50%。请见图 8-6。

图 8-6　性格类型测试整体分布

从测评结果可以看出，理智型的员工占据了大概六分之一，情绪型的员工只有极少的百分之一左右，其余是平衡型的性格。

性格类型是在生理基础上，在社会实践活动中逐渐形成的态度和行为方式。对于结果中占据绝大部分的理智型和平衡型的员工，一般都能很好地胜任安全相关工作，但是对于一些理智型的员工，在处理问题时，除了沉着冷静，不感情用事外，有时会表现为反应迟缓、心绪消沉，应及时矫正不良的心理问题，让理智多一份感性。

情绪型员工表现为心境变化激烈，易动感情，主观任性，自控能力差，在企业中属于"非安全型"员工，不易安排安全相关岗位或是危险性较高的岗位。对他们应关注其思想动向，及时消除不良情绪，缓解工作压力。

6. 心理承受力测试

从整体情况看，参与心理承受力测试的员工总数为 3387 人，其中心理承受力强的有 1535 人，占测评人数的 45.32%；心理承受力适中的有 1824 人，占测评人数的 53.85%；心理承受力弱的有 28 人，占测评人数的 0.83%。请见图 8-7。

图 8-7　心理承受力测试整体分布

从测评结果可以看出，绝大部分员工心理承受能力为强或中等，只有极少部分员工心理承受能力弱，属于正常的心理承受能力分布结果。

心理承受力是用来承受挫折的心理能力，有了良好的心理承受能力，就会产生心理平衡，心理平衡是身心健康的重要条件。对于心理承受能力强的员工，可以适当安排在安全相关岗位或是危险性较高的岗位。

心理承受力弱的员工，由于其孤独、内向、阴沉的性格，此类员工适于竞争不大、危害较小、工作节奏较慢的工作岗位。平时应该适时开导，经常沟通，增强其承受挫折、适应环境的能力。适当地给他们创造机会展示自己，提高性格中的积极因素。

7. 气质类型测试

从整体情况看，参与气质类型测试的员工总数为6161人，其中胆汁质的有1065人，占测评人数的17.29％；多血质的有2089人，占测评人数的33.91％；黏液质的有2040人，占测评人数的33.11％；抑郁质的有967人，占测评人数的15.70％。请见图8-8。

图 8-8　气质类型测试整体分布

从测评结果可以看出，四种气质类型分布状态比较平均，其中多血质和黏液质类型员工较多，胆汁质和抑郁质类型的员工较少，属于一种正常的气质分布状态。应当指出的是，纯粹属于这四种类型的人是很少的，绝大多数人属于混合型：既有这一气质类型的某些特征，又有另一气质类型的某些特征。

胆汁质员工，适于从事要求行动迅速、灵巧的工作，完成任务意识强，但由于其情绪波动大，安全意识不强，不适宜从事稳重、细致的工作。

多血质员工，大都分机智、敏锐，能较快地把握新鲜事物，适于从事多变和多化以及要求行动迅速、灵巧的工作，但由于缺乏耐性，注意力容易转移，缺乏踏实肯干的精神，不适于从事单调和重复性的工作。

黏液质员工，做事有条不紊、刻板平静、耐受性较高，适于从事有条理、冷静、持久或要求精细而耐心的工作，而不太适于从事激烈多变的工作。其具有很强的安全心理素质，很适合于做安全相关工作或危险性较高的工作。但是同时，又可能表现为不善交流，在接受新技术和创新方面有所欠缺。

抑郁质员工能够兢兢业业干工作，适合从事持久、细致的工作，而不适合做

169

反应灵敏、处事果断的工作。这种气质的员工安全意识很强，工作细心，能够发现较多细微的危险隐患及设备缺陷。但同时，缺乏战胜困难的信心和敢于负责的自我批评精神。

8. 性格倾向测试

从整体情况看，参与性格倾向测试的员工总数为 3370 人，其中内向的 0 人；偏内向的有 1889 人，占测评人数的 56.05%；偏外向的有 1481 人，占测评人数的 43.95%；外向的 0 人。请见图 8-9。

图 8-9　性格倾向测试整体分布

从测评结果可以看出，没有标准的内向和外向性格的员工，整体来说，偏内向型要比偏外向型的员工稍多。需要指出的是，内向与外向是性格的一个维度，没有好坏优劣之分。内向和外向是一个连续体，内向和外向处在这个连续体的两端。

内向型员工，能够长时间的独处，一个人的注意力集中专一的工作，具有独立思考、高度集中注意力、创造性地工作的毅力和能力。同时，并不排斥同他人交往合作，能够很好地胜任安全相关工作。

外向型员工，热情、开朗，善于发散式思维，可能在工作中表现为不能集中注意力，没耐心，在其工作中注意监督管理，适当约束，让他们小心谨慎地做好安全相关工作。

第九章 安全行为管理的应用

第一节　员工行为管理技术

一、行为管理的行政手段

（一）实施科学的安全检查

1. 安全检查的类型

科学的安全检查方法可以分为经常性安全检查、安全生产大检查、专业性检查、季节性检查和节假日前后的检查等几种。

（1）经常性安全检查是企业内部进行的自我安全检查，包括企业安全管理人员进行的日常检查，生产领导人员进行的巡视检查，操作人员对本岗位设备、设施和工具的检查。由于检查人员为本企业管理人员或生产操作工人，对生产情况熟悉，且日常与生产设备紧密接触，了解情况全面、深入细致，因而能及时发现问题、解决问题。企业每年进行经常性安全检查 24 次，车间、科室每月进行 1 次，班组每周进行 1 次，每班次每日均应进行。

（2）安全生产大检查一般是由上级主管部门或安全监察部门组织的各种安全生产检查。这类检查，人员主要来自有经验的上级领导或本行业或相关行业高级技术人员和管理人员。他们具有丰富经验，使检查具有调查性、针对性、综合性和权威性。这种检查一般是集中在一段时间，有目的、有计划、有组织地进行。规模较大、揭露问题深刻、判断准确，能发现一般管理人员与技术人员不易发现的问题，有利于推动企业安全生产工作，促进安全生产中老大难问题的解决。

（3）专业性检查是针对特种作业、特种设备、特殊作业场所开展的安全检查，调查了解某个专业性安全问题的技术状况，如电气、焊接、压力容器、运输等安全技术状况。

（4）季节性检查是根据季节特点，为保证安全生产的特殊要求而开展的安全检查。如：春季防火检查，夏季防暑降温、防雷电、防汛等检查，冬季防寒、防冻检查，等等。

（5）节日前后的检查包括节日前的安全生产、防火、保卫等综合检查和节日后的遵章守纪、安全生产检查。

2. 安全检查的内容

安全生产检查根据不同企业、不同检查目的、不同时期各有侧重，概括地讲，可以分为以下几方面。

（1）查思想认识。主要是检查企业领导在思想上是否真正重视安全工作。首先，检查企业领导对安全工作的认识是否正确，行动上是否真正关心员工的安全和健康；然后，检查企业领导对国家和上级机关发布的方针、政策、法规是否认真贯彻并执行；还要检查企业领导是否向员工宣传党和国家劳动安全卫生的方针、政策，是否加强宣传、表扬重视安全的思想和做法，批评忽视员工安全的错误思想和做法等。

（2）查现场、查隐患。深入生产现场，检查企业劳动条件、生产设备以及相应的安全设施是否符合劳动安全卫生的相关标准。特别是对一些要害部位和设备，如锅炉、变电所、易燃易爆场所要更加严格，逐一检查，不能有遗漏，以免留下隐患。

（3）查管理、查制度。检查企业的安全工作在计划、组织、控制、制度等方面是否按国家法律、法规、标准及上级要求认真执行。具体地说，就是检查厂党委、安委会、厂部、生产调度会记录和安技部门的各种资料档案以及生产现场，看看是否把安全生产工作列入议事日程；是否在计划、布置、总结、评比、表彰生产工作的同时，计划、布置、总结、评比、表彰安全工作；新建、扩建、改建工程（项目）的劳动安全卫生设施是否与主体工程同时设计、同时施工、同时投入使用，安技部门是否参加了审查和竣工验收工作；安全机构是否健全，是否有分管安全工作的厂级领导，人员配备是否符合法规的要求；安措经费是否充足、合理使用；各种台账、图表管理和安全生产规章制度的贯彻执行情况等。

（4）查整改。对被检查单位上一次查出的问题，按其当时登记的项目、整改措施和期限进行复查，检查是否进行了整改及整改的效果。如果没有整改或整改不力的，要重新提出要求，限期整改。对重大事故隐患，应根据不同情况进行查封或拆除。

（二）规范的制度化管理

1. 严密的安全生产责任制

安全生产责任制是生产单位岗位责任制的一个组成部分，是企业最基本的安全制度，是安全规章制度的核心。安全生产责任制是以企业法人代表为责任核心的安全生产管理制度，是安全生产的责任体系、检查考核标准、奖惩制度三个方面的有机统一。安全生产责任制的实质是"安全生产，人人有责"，其作用是能够产生对安全生产行为的制约功能、监督功能和检查评价功能。

2. 全面的安全生产委员会制度

每个企业应该建立安全生产委员会，主任由法人代表担任，副主任由分管安全生产的副总担任，安全、质量、生产、经营、党政工团、人事财务等相关部门负责人参加，实施企业全面安全管理的制度。

3. 动态的安全审核制

新建项目实施"三同时"审核、现有项目或工程推行动态、定期安全评审制度，以保证安全生产的规范、标准得以落实。

4. 及时的事故报告制度

我国对生产安全事故实行严格的报告制度，根据《安全生产法》，事故报告是生产经营单位负责人的责任。因此，企业要建立及时、规范的事故报告制度。

5. 安全生产奖惩制度

企业建立的安全生产奖惩制度，目的是为了不断提高职工进行安全生产的自觉性，发挥劳动者的积极性和创造性，防止和纠正违反劳动纪律和违法失职的行为，以维护正常的生产秩序和工作秩序。只有建立安全生产奖惩制度，做到有赏有罚，赏罚分明，才能鼓励先进，督促后进。

6. 危险工作申请、审批制度

易燃易爆场所的焊接、用火，进入有毒的容器、设备工作，非建筑行业的高处作业，以及其他容易发生危险的作业，都必须在工作前制定可靠的安全措施，包括应急后备措施，向安技部门或专业机构提出申请经审查批准方可作业，必要时设专人监护。企业应有管理制度，将危险作业严格控制起来。易燃易爆、有毒的危险品的运输、贮存、使用也应该有严格的安全管理制度；需经常进行的危险作业，应该有完善的安全操作规程；经常使用的危险品应该有严格的管理制度。

二、行为管理的经济手段

1. 参与保险

随着社会的进步，保险对策作为一种风险转移手段，对事故损失风险起到风险分散和化解的作用，如社会保险中的工伤保险，以及商业保险中的财产保险、工程保险、伤亡保险等。

2. 经济惩罚制度

制度违章、事故罚款制度，并采取连带制、复利制的技巧，即惩罚连带相关人员，罚度随次数增加等。

3. 风险抵押制度

推行安全生产抵押金制度，即在年初或项目之初交纳一定的安全抵押（保证）金，年底或项目完成后进行评估。制度可针对全员或入厂员工实行。

4. 安全经济激励（奖励）制度

采取与工资挂钩、设立承包奖等安全奖励制度，以激励和促进安全生产工作。

5. 积分制

将各类事故、征候、违章行为等管理的事件，进行分级、分类，并确定一定的分值，年底进行测评、考核。

三、行为管理的文化手段

1. "三个一"工程

活动内容：车间一套挂图；厂区一幅图标；每周一场录像

活动方式：宣传挂图、标志实物建设；在企业闭路电视上组织收看安全录像片

活动目标：增长知识；强化意识

参加人员：全体员工

组织人员：安全和宣传部门

2. 标志建设

活动内容：禁止标志、警告标志、指令标志

活动方式：实物建设

活动目的：警示作用、强化意识

接受人员：职工

组织人员：安全与宣传部门专业人员

3. 宣传墙报

活动内容：安全知识、事故教训等

活动方式：实物建设

活动目的：增加知识

接受人员：企业全员

组织人员：安全和宣传部门专业人员

4. 三级教育模式

教育内容：厂级、车间、岗位（班组）安全常识、法规、操作规程及操作技能等

教育方式：课堂学习；实际演练；参观与访问；测试与考核

教育目的：懂得安全知识；掌握基本技能；建立安全意识

教育对象：新工人、换岗工人

组织部门：企业安全专业部门；车间和班组负责人

关键点：内容和效果

5. 特殊教育模式

教育内容：特殊工种、岗位、部门、必需安全知识和规程

教育方式：学习、演练、考核

教育目的：细化意识、掌握知识和技能

教育对象：特殊工种

组织部门：车间、安技部门组织，参与国家特种作业人员培训

关键点：持证上岗；定期复训

6. 全员教育

教育内容：安全知识、事故案例、政策规程

教育方式：组织学习、研讨广播电教

教育目的：增强观念、扩展知识、提高素质

教育对象：全员

组织部门：安技各级机构

关键点：适时、生动、有效

7. 家属教育

教育内容：厂情、工种和岗位知识

教育方式：座谈、家访

教育目的：创造协调的家庭生活背景

教育对象：结合岗位

组织部门：安技、工会

关键点：寓教于乐

8. 班组读报活动

教育内容：选择与自己安全生产相关的读报内容，如事故案例分析，安全知识，政策法规等

教育方式：班组安全活动会

教育目的：提高认识，增加知识，强化意识

教育对象：班组成员

组织部门：班组长或班组安全员

关键点：持之以恒；内容丰富

除上述方法外，还可组织开展安全知识竞赛、安全在我心中演讲比赛、安全专场晚会、安全生产周（月）、百日安全竞赛、"三不伤害"活动、班组安全建设"小家"、开工安全警告会、现场安全正计时、安全汇报会、安全庆功会、安全人生祝贺活动等。

第二节　人为因素的安全管理

一、人的可靠性分析与评价

人的可靠性分析（HRA）是评价人的可靠性的各种方法的总称。人的可靠性是指使系统可靠或正常运转所必需的人的正确活动的概率。人的可靠性分析可作为一种设计方法，使系统中人为失误的概率减少到可接受的水平。人为失误的严重性是根据可能导致的后果来划分的，如损害系统的功能、降低安全性、增加费用等。在大型人—机系统中，人的可靠性分析常作为系统概率危险评价的一部分。

人的可靠性分析的定性分析主要包括人为失误隐患的辨识。辨识的基本工具是作业分析，这是一个反复分析的过程。通过观察、调查、谈话、失误记录等方式分析确定某一人—机系统中人的行为特性。在系统元素相互作用过程中，人为失误隐患包括不能执行系统要求的动作，不正确的操作行为（包括时间选择错误），或者进行损害系统功能的操作。对系统进行不正确的输入可能与一个或多个操作形成因素（PSFS）有关，如设备和工艺的操作不合理，培训不当，通讯联络不正确等。不正确的操作形成因素可导致错误的感觉、理解、判断、决策以及（或）控制失误。上述几种过程中的任何一个过程都能直接或间接地对系统产生不正确的输入。定性分析是人机学专家在设计或改进人机系统时为减少人为失误的影响使用的基本方法。如上所述，定性分析也是人的可靠性分析方法中定量分析的基础。

人的可靠性分析的定量分析包括评价与时间有关或无关的影响系统功能的人为失误概率（HEPS），评价不同类型失误对系统功能的影响。这类评价是通过使用人的行为统计数据、人的行为模型、人的可靠性分析以及其他有关分析方法来完成的。对于复杂系统，人的可靠性分析工作最好由一个专家组来完成。专家组中包括有人的可靠性分析经验的人机学专家、系统分析专家、有关工程技术人员、尤其是对分析对象非常熟悉的有关人员，让他们参与人的可靠性分析是非常必要的。

二、安全行为抽样技术

1. 概述

定量研究人的安全行为的状况和水平，通常采用行为抽样技术。这是一种高效、省时、经济，又具有一定的定量精确及合理性的行为研究方法。这种方法能定量地研究出工人操作过程中的失误状况和水平，即确切地测定出职工的失误率。行为抽样技术是通过对员工作业过程的抽样调查，了解操作者生产过程中的失误或差错状况，其目的是有效控制人的失误率。进行行为抽样要依据随机性、正态分布的概率统计学理论，以保证调查结果的客观真实性。

行为抽样技术应用于安全管理中，其作用是了解职工安全行为状况，从而为安全管理提供依据和工作方向。

行为抽样是以随机抽样的统计原理为基础，通过对整体中的一部分进行观测，能够预料整体的情况，它是在一系列的瞬时随机观测的基础上，使用统计测定技术来评价一定范围内的生产活动的情况。

行为抽样是用于安全管理的一种方法。假如要确定某一操作个人或一个车间里面某一工种的一批人生产过程中不安全行为的时间或操作次数的百分比，确定这些数据的一种办法是进行全面调查，即整天观测这个工人或这群工人的工作情况。显然，由于工作量很大，要精确实现全面的观察或调查是很难做到的。如果有一种方法，经过合理的设计，使之仅对观察或调查对象的部分时间或操作情况进行观测，所获得的结果也能说明其总体的情况，这种测定就是抽样测定，也称抽样调查，对于行为的调查，就是行为抽样。

2. 行为抽样的基本理论

行为抽样技术是一种通过局部作业点或对有限量（时间或空间）的职工行为的抽样调查，从而判定全局或全体的安全行为水平，客观上讲是具有误差的调查方法，但其误差要符合研究的要求，为此，需要遵循一定的理论规律。这就是概率理论、正态分布和随机原理。

（1）概率理论。人的行为是随机现象，概率理论是研究随机现象的，随机现象的特点是对于单次或个别试验是不确定的，但在大量重复试验中，却呈现出明显的规律性。人的一般行为都具有这样的特点，生产过程中的失误或不安全行为也具有这样的特点。

（2）正态分布。为了使调查的数据可靠、准确，在设计抽样的样本时，以正态分布为理论基础，其置信度和精确度都以正态分布的参数为基础。

（3）随机原理。行为抽样要求随机地确定观测或调查的时间，随机地确定测定对象，而不能专门地安排和有意识地设计研究或调查对象、时间或地点，随机确定的样本数据才具有客观的合理性。

3. 抽样技术

对于调查不安全行为的抽样技术步骤是：

（1）将要调查或研究的车间、工种或部门操作的不安全行为定义出来，并列出清单。

（2）根据已有的抽样结果或通过小量的试验观测，初步确定调查样本的不安全行为比例 P 值。

（3）用下式确定此次抽样调查的总观测样本数 N：

$$N=4(1-P)/(S^2P)$$

式中，P 是初步确定的不安全行为的比例；S 是调查精度，一般不安全行为的抽样可取 S 值为 0.1～0.2（即 10%～20%）。

（4）根据调查对象的工作规律，确定抽样时间。即确定每小时的调查观测次数和观测的具体时间（8小时上班时间内）。

（5）根据随机原则，确定观测的对象。即观测那些人或生产班组。一般可以根据调查的目的、要求以及行业生产的特点，采用正规的随机抽样法，或按工种、业务或职工特性使用分层随机抽样法。

（6）通过进行所需次数的随机观测，将观测到的生产行为结果——安全和不安全行为的情况分类记录下来。

（7）计算出不安全行为的百分比：$P=$不安全行为的次数/观测总数。

（8）通常每月重复一次以上步骤的抽样调查，持续 50 周。

（9）根据每次抽样调查获得的不安全行为比例数值，进行控制图管理。

（10）通过控制图的技术，分析生产一线工人的安全行为规律，并提出改进安全生产状况、预防失误导致事故的对策、措施和办法。

三、特种作业人员安全管理

特种作业是指在劳动过程中容易发生伤亡事故，对操作者本人，尤其对他人和周围设施的安全有重大危害的作业。从事特种作业的人员称为特种作业人员。

特种作业包括：电工作业，金属焊接（切割）作业，起重作业，企业内机动车辆驾驶，建筑登高架设作业和根据特种作业基本定义由省级劳动行政部门确定并报相关部门备案的其他作业。

《劳动法》第五十五条规定："从事特种作业的劳动者必须经过专门培训并取得特种作业资格。"凡从事特种作业人员必须年满18周岁、初中以上文化程度、身体健康、无妨碍从事本工种作业的疾病和生理缺陷、并经过有资格的培训单位进行培训考核取得劳动部门核发的操作证。特种作业人员必须持证上岗，严禁无证操作。特种作业人员所有单位，须建立特种作业人员的管理档案。对违章操作的应视其情节给予相应的处分，并记入管理档案。离开特种作业岗位1年以上的特种作业人员，须重新进行安全技术考核，合格者方可从事原作业。退休（职）的特种作业人员，由所有单位收缴其操作证，并报发证部门注销。对于某些设备来讲，由于设备本身存在一定的危险性，如果发生事故，将机毁人亡，不仅对操作者本人，而且对他人和周围设施会造成严重损伤或破坏。因此，对危险性较大的设备，即特种设备应实行特殊管理。对特种设备必须制定安全操作规程、定期检查制度、维修保养管理制度、专人负责管理制度以及建立设备技术档案。特种设备不得长期超负荷带病运行，设备的安全防护装置必须保持完好，并能正确使用。除对特种设备进行严格检测检验，实行安全认证外，同时对操作人员进行严格的技能和安全技术培训。对特种作业人员必须进行定期的特种设备安全运行教育，增强其安全责任心，提高安全意识，做到精心使用、精心操作、精心维护。

四、安全行为"十大禁令"

第一条 安全教育和岗位技术考核不合格者，严禁独立顶岗操作。

第二条 不按规定着装或班前饮酒者，严禁进入生产岗位和施工现场。

第三条 不戴好安全帽者，严禁进入生产装置和检修、施工现场。

第四条 未办理安全作业票及不系安全带者，严禁高处作业。

第五条 未办理安全作业票，严禁进入塔、容器、罐、油舱、反应器、下水井、电缆沟等有毒、有害、缺氧场所作业。

第六条 未办理维修工作票，严禁拆卸停用的与系统联通的管道、机泵等设备。

第七条 未办理电气作业"三票"，严禁电气施工作业。

第八条 未办理施工破土工作票，严禁破土施工。

第九条 机动设备或受压容器的安全附件、防护装置不齐全好用，严禁启动使用。

第九章 安全行为管理的应用

第十条 机动设备的转动部件，在运转中严禁擦洗或拆卸。

第三节 安全行为科学的具体应用

安全行为科学首先可应用于深入、准确地分析事故原因和责任，以使我们科学、有效地控制人为事故。同时，安全行为科学可应用于安全管理、安全教育、安全宣传、安全文化建设等，也可以为提高安全专业人员和职工的素质服务。安全行为科学为安全生产和安全管理提供了理论基础和方法论，具体来说，安全行为科学可应用于以下方面。

一、用安全行为科学分析事故原因和责任

（一）事故原因的分析

安全行为科学的理论指出，人的行为受个性心理、社会心理、社会、生理和环境等因素的影响，因而生产中引起人的不安全行为，造成安全事故的原因是复杂多样的。有了这样的认识，对于人为事故原因的分析就不能停留在"人因"这一层次上，应该进行更为深入的分析。例如在分析人的不安全行为表现时，应分清是生理还是心理原因；是客观环境还是主观原因。对于心理、主观的原因，主要从人的内因入手，通过教育、监督、检查、管理等手段来控制或调整；对于生理或客观的原因，主要是从物态和环境的方面进行研究，以适应人的生理要求，减少人的失误。安全行为科学中人的行为模式、影响人行为的因素分析、挫折行为研究、事故心理结构、人的意识过程等理论和规律都有助于研究和分析事故的原因。

（二）事故责任的分析

根据心理学所揭示的规律，人的行为是由动机支配的，而动机则是由于需要引起的，人们的行为一般来说都有目的，都是在某种动机的策动下为了达到某个目标。

需要、动机、行为、目标四者之间的关系是很密切的。例如安全管理中开办的特种作业人员的培训，学员来自各个企业，他们都表现出积极的学习热情。这种热情来源于其学习的动机，因为在工作中，一个特种作业人员，缺少应有的安全技术知识和技能，就不可能胜任工作，甚至会导致事故。就是这种实际工作的

需要产生了学习的动机，进而产生了学习的热情。

动机是指为满足某种需要而进行活动的念头或想法，它是推动人们进行活动的内部原动力。动机和行为的关系复杂，在对事故责任者进行分析判断上，也要从分析行为与动机的复杂关系入手，为此，可从如下两方面考虑。

首先，在分析一起事故责任者的行为时，要全面分析个人因素与环境因素相互作用的情况。任何一种行为，都是个人因素与环境因素相互作用的结果，是一种"综合效应"。因此，我们在分析事故责任者行为时就必须同时看到个人因素和环境因素这两方面。否则会产生片面性。

其次，分析个人因素时，要同时分析外在表现与内在动机。动机和行为不是简单的线性关系，而是存在着复杂的联系，主要表现在：

（1）同一动机可引起种种不同的行为。例如，想尽快完成生产任务，这种动机可引起以下种种行为：努力工作，革新技术，在保证质量的前提下，加快生产速度；偷工减料，粗制滥造，提高产量；不顾操作规程，省去必要的工艺环节，以求尽快完成生产任务，等等。

（2）同一行为，可出自不同的动机。例如埋头工作，可由种种动机引起：争当先进；多拿奖金；争获表扬；事业心驱动，等等。

（3）合理的动机也可能引起不合理甚至错误的行为。例如为了完成生产任务，加班加点干活，然而忽视了劳逸结合，使工人在极端疲劳情况下连续工作，导致了工伤事故。

因此，在分析问题、解决问题时，要透过现象看本质，从人的行为动机入手，实事求是地进行处理，就能既符合实际，又切中其弊，使问题处理得最好。

二、在安全管理中运用安全行为科学

（一）用安全行为科学指导工作安排

安全行为科学中对于性格、气质、兴趣等个性心理行为规律研究的结果可被应用于一些工种或岗位的工作适应性和胜任力指导。同时，可以通过对情绪、能力、爱好等特点和状态的分析，在生产安排上做出合理的调节，以减少行为失误或事故发生的可能性。

（二）科学应用管理手段

安全管理中可应用激励理论进行科学管理，如科学应用激励理论激发安全行为，以抑制"三违"行为；利用角色理论来调动各级领导和安全专职人员的积极

性；应用领导理论进行有效地安全管理等。下面主要介绍强化理论在安全管理中运用。

动机对人的行为有强化作用。强化，可分为正强化和负强化。在企业安全管理中，实际上人们自觉或不自觉地运用着强化理论，例如进行表扬与奖励、批评与处罚等。

表扬、奖励和批评、处罚是企业管理的主要方法，也是安全管理的有效手段。"奖"起着正面引导的作用，不但使本人有成就感，增进保持荣誉的内在动力，也有利于形成竞争气氛，激励人们上进；"罚"可以起劝阻和警告作用，使本人与他人不再发生或少发生错误行为。"奖"与"罚"好比一条航道上左右两个航标，是保证正确航向必不可少的武器。

然而，在安全管理中要真正用好这两个"航标"，做到奖罚分明，功过分明，达到预期的强化激励的目标，调动领导和职工的安全生产的自觉性和积极性，却并不容易。在运用强化原理进行表扬、批评与奖励、处罚时要注意如下几点。

（1）坚持以正强化为主，即表扬与批评相结合，以表扬为主的原则。这样才符合心理学原理。因为表扬可以使受表扬的人产生一种积极的情绪体验，感到愉快，受到鼓舞，正视正确行为，激发主动精神，把安全生产的目标作为一种自觉行为。

（2）利用"对期望行为的强调"行为科学手段，即要注意表扬与批评、奖励与惩罚的目的性。通过批评和处罚，目的在于少出现或不出现不期望出现的行为。有些管理者，在进行批评与表扬时，容易就事论事，也就是说领导的表扬或批评总是跟在事情的后面，处于被动状态。所谓"对期望行为的强调"就是要摆脱这种被动应付的局面。比如，某个企业一段时期以来最突出的问题是职工劳动纪律差，不遵守规章制度，严重影响安全生产，那么，企业领导就应该有意识地围绕"劳动纪律"问题，表扬好的，批评差的，以达到所期望的遵章守纪的局面。

（3）实事求是。运用奖惩这一激励方法，必须注意准确性，不论是采取表扬、奖励的正强化，还是采取批评、惩罚的负强化，都必须在调查研究的基础上，做到实事求是，恰如其分，力求准确。

（4）因人而异，形式多样。运用奖惩这一强化激励方法，要注意从不同对象的心理特点出发，采取不同的方式和要求。由于每一个人的特点不一样，对正负强化的反应也不相同。有的人爱面子，口头表扬就有作用；有的人讲实惠，希望得到物质的奖励；有的人脸皮薄，会上批评受不了；有的人则相反，如果不狠狠地触动，就起不到强化作用，等等。因此，为了收到好的实际强化效果，就得讲究方法。要讲实效性，注意对象和个体心理差异。

（三）进行合理的班组建设。

在考虑班组人员的构成上，为使团体行为协调、安全和高效，要研究人员结构效应。如需要考虑班组成员的价值观趋同、气质互补和性格互补的搭配等问题。

三、运用安全行为科学进行安全宣传与教育

安全宣传与教育的效果与其进行的方式密切相关。从行为科学的角度，利用心理学、社会学、教育学和管理学的方法和技术，会取得较好的效果。如可利用认知技巧中的第一印象作用和优先效应强化新工人的"三级"教育；应用意识过程的感觉、知觉、记忆、思维规律等，设计安全教育的内容和程序；利用安全意识规律，通过宣教的方法来强化人们的安全意识。

四、用安全行为科学指导安全文化建设

安全文化建设的实践之一就是要提高全员的安全文化素质。显然，针对不同对象（决策者、管理者、技术人员和员工）所进行的安全文化的内容和要求是不一样的，而且也应采用不同的建设方式（管理、宣传、教育等）。安全行为科学理论表明：人的行为不仅受心理、生理等内部因素的支配和作用，也受人文环境和物态环境等外部因素的影响和作用，因而人的行为表现出动态性和可塑性。这样，对于行为的控制和管理需要运用动态的、变化的方式。因此，安全文化活动需要定期与非定期相结合进行，在必要的重复的基础上，从简单地监督检查变为艺术地激励和启发等。

五、塑造安全监管人员良好的心理素质

安全管理和安全监察人员工作的多样性、复杂性与重要性，要求他们具有一系列的心理品质。不然，就不能顺利完成自己的工作职责。一般来说，一个安全监管人员的个性品质、思维能力都是在进行有关工作的实践中形成的。在工作实践中他们考虑多种多样的事物，遇到并解决多种多样的问题，逐渐地便形成所从事的职业的心理品质。

首先，安全监管人员应当具有工作所必需的道德品质。这是由他们的重要任务决定的。他们要对生产过程中因不安全所致的事故及责任者进行处理、教育，或对企业安全状况提出客观公正的评价意见。只有受过良好教育，具有崇高的道德品

质的人，才能对处理的公务实事求是、秉公办事，才能产生良好的效果和影响。

其次，安全监管人员必须要有良好的分析问题的能力。如在分析事故原因及责任时，这种能力非常重要。分析和综合能力常常是密切联系的，所以，安全监管人员还需要有敏捷与灵活的思维，善于综合处理问题。在分析事故时，需要设想肇事的行为，这要求安全监管人员具有空间想象的能力。为了恰当和合理地处理事故，要求安全监管人员具有果断、主见、耐心、沉着、自制力、纪律性和认真精神等个性品质，以及较好的人际关系处理艺术。

只有在实践中锻炼、学习，才能提高自己的心理素质和品质。在安全管理的监察活动中，创造性的活动是经常和必然碰到的。进行创造性活动的基本条件是对本职工作的兴趣和热爱。因此，热爱本职、献身安全事业，是重要而基本的。积极的个性，良好的修养，合作精神，个人利益服从集体利益和国家的利益，完成任务的纪律性，自我牺牲精神，等等，都是安全监管人员应具有的品质。

安全监管人员需要懂得心理学的一般知识。安全认识活动的复杂结构要求掌握心理学知识；思维要有高度和深度；具有分析问题、解决问题的独立性和批判性；善于根据个别事实和细节复现过去事件的模型；思维心理过程的状态应当保证揭示信息的系统性与完备性；保证找到为充分建立过去事件模型所必需的新信息的途径等，这些都要求具有行为科学的知识。

安全管理与监察工作者在完成自己职责时，还需要适应各种不利的条件，善于抑制各种消极性情。只有建立在对智力、意志和情绪的品质进行训练基础上的适应性，才能很好完成复杂和多种的安全分析、事故处理等活动。

六、组织心理在安全中的应用

心理学把组织看成是一种社会心理体系，是个体、群体、社会相互作用，相互影响的复杂有机体。它的主要内容包括：组织是由具有心理活动规律的人组成的，所以，组织活动是多样的和能动的。组织活动是一种社会活动，表现出不同于个体心理活动规律的社会心理活动规律，组织成员与组织相互作用，组织成员的心理受到组织分工、规范等的影响而改变。改变了心理的组织成员又强化或削弱组织的功能，影响组织的变革和发展。综上所述，我们认为安全管理心理学的组织定义应该是：人们为了安全达到某一共同目标，各自明确分担任务，相互影响和协作，按一定方式组合起来的统一行动的人群集合体。

（一）组织的概念及其主要特征

组织是一个有机体，是由许多功能相关的群体所组成。人们对组织的认识不断深化，传统的组织概念与现代的组织概念就有很大的差别。传统的组织的概念是：为了达到某一特定的目标，由某部门的分工合作与各种责任制度，去协调一群人的行动。这个概念说明了组织具有下列三个特征。

（1）组织有一个共同目标。没有共同目标，组织便不存在。从安全管理的角度来看，安全管理的组织目标是与组织的共同目标一致的，而且是以组织目标为前提的，没有组织目标，就不存在组织，也就没有安全的目标。例如，一个企业首先要有一个生产经营目标，从安全管理的要求来说，要有一个为实现生产目标的安全目标。企业的安全工作与生产工作是以互相依存为条件的。任何一方不能孤立地存在，没有生产活动，安全工作就不会存在；反之，如果没有起码的安全条件，生产就根本无法进行。实际上安全生产就是组织的安全目标。

（2）组织有不同层次的分工，有着明确的责任制度。组织为了达到预定目标需要分工合作，需要责任制度来保证。安全管理的组织是整个组织的组成部分，并有机地包含在整个组织的系统之中。例如，在企业、厂级有分管安全的厂长，车间有兼管安全工作的主任，有专职负责安全生产管理的职能科室，在班组里有安全员，他们都有明确的分工，同时，从厂长一直到班组都建立了系列的安全生产责任制。此外，还规定了有关科室及工程技术人员的职责，如机械设备的安全装置的图纸设计，须由安技科室及工程技术人员提出意见；进行机器设备安装时，必须符合安全、卫生要求；迁移或改装机器设备，应将原有的安全防护装置照样装好；机器大修时，应将缺少的安全防护装置进行补充安装；定期检查各种机器设备，特别是有危险的设备，如起重设备、乙炔发生器等，在组织修理时，应该通知安技科参加。

（3）组织是协调组织成员为达到共同目标而进行的活动。从安全管理方面来说，为了实现企业的安全生产要求，达到既定的目标，除了建立和执行各级和各部门的安全生产责任制度外，还应建立各种工种安全操作规程，如车工、刨工、锯木、镗工、磨工等金属切削及机械加工的安全操作规程。

现代的组织概念是开放的社会技术系统。这个概念又说明了现代组织的另外三个特征。

（1）组织是一个开放的系统，它不断地与外部环境进行材料与信息的交流。组织为了适应环境，本身在不断地改革。安全是为劳动者提供一种免除在生产过程中可能伤害人体或毁坏生产条件的偶然事故的环境。在企业中，安全有其复杂的技术性，安全技术和安全管理的要求，贯穿于生产的规划、设计、施工、生产、更新的全过程，由此可见，安全管理组织同样是一个系统。安全技术和管理的要求要适应企业的生产性质和工艺流程等的特点和要求，并随着生产技术发展

而发展。我们正处在生产技术迅速发展的时代，我们的安全技术和安全管理方面的技术及组织等工作的内容和程度，都要与这种飞速发展相适应。这就要不断地与外部进行安全管理方法的理论和信息的交流，并且要不断地改进我们的安全工作。所以安全管理组织同样是一个开放的系统。

（2）组织是一个社会技术系统，它不仅包括结构与技术方面，而且也包括心理、社会和管理方面。安全管理本身是一门综合性学科，它要求有广泛的基础知识，专业知识和社会知识。在工业企业里，由人、安全工程、安全技术、安全教育、人机工程、劳动卫生和安全管理等部分组成安全系统工程。显然，这个系统同样不仅包括结构与技术，而且也包括了心理、社会和管理等方面。

（3）组织是一个完整的系统，由许多系统组成，并与外部环境相互作用。组织调整各自系统及其与环境的关系。安全管理工作应当从"系统"角度出发来考虑，才能做好工作。也就是说，安全工作不仅研究某些安全工程措施，还必须要全面考虑生产中的安全状态。在一个工业企业中分为各个车间、各个职能科室子系统，构成一个整体系统后，构成系统的所有人员与设备必须在一定的生产环境中互相协调，正常运行，以免出现突发事件，致使职工受到伤害，设备受到损坏，生产受到影响，经济效益受到限制。因此，可以说安全管理工作，不只是安全专职机构的事情，在工业企业中有一个安全管理的完整系统。

（二）组织的有形要素与无形要素

组织的要素可分为有形要素和无形要素两类。有形要素是组织构成的物质条件，无形要素是组织构成的精神条件。

组织的有形要素包括：

（1）实现预期目标所需实施的安全工作。组织要达到预定目标，需要通过一系列的工作才能实现，如工业企业要完成生产任务，就必须实现安全生产，各车间和部门都相应明确安全责任制的内容，都规定了全体成员岗位安全责任和安全操作规程，等等。

（2）确定实施工作的人员。要根据每个成员的知识、经验、能力、职业、资格与行为，分配适当的工作，规定一定的职责，例如，在工业企业里，厂长的职责包括：坚决执行并督促所属部门执行国家有关安全生产的方针、政策、法令、决议、指示和各项规章制度等；车间负责人的职责包括：经常检查生产现场的建筑物、机器设备、安全设备、工具、原材料、成品、工作地点及生活室等是否符合安全卫生要求；生产班组长的安全职责包括：对本班组工人进行安全操作方法的指导，检查对安全操作细则的遵守情况；小组安全员的职责包括：教育工人正确使用各种安全装置和个人防护用品等。

（3）确定工作人员与工作环境的关系。工作人员与工作时间之间的相互关系是由权责系统所决定的，例如，明确某一工作人员与另一工作人员之间的关系，明确组织内某一群体与另一群体的关系等。工作人员与工作环境的关系对成员与心理需要和安全因素有很大的影响。例如，在一个生产车间里，正在工作的装配工人、行车司机和指挥人员的关系，不仅存在着各自的心理需要，而且也存在着各自影响的安全因素。

（4）确定必备的物质条件。包括：工作场地、工具、灯光、材料等，及时地向工作人员提供必要的工作条件是工作人员顺利完成安全工作的保证。从安全技术、安全管理的角度来说，还要考虑到工作场地的温度、湿度、尘毒和噪声的影响以及必要的劳动防护用品、安全防护装置等。

组织的无形要素包括：

（1）共同的目的。组织内各单位与成员有着共同的目的，各单位与各个成员都是为了达到共同的目标而结合起来。共同的目的是组织的无形要素中最基本的要素。从安全管理的角度来看，就是安全地实现共同的目标，保护劳动者在生产过程中的安全与健康，满足人们的基本安全需要。

（2）工作的主动性与积极性。只有组织内的各单位与各个成员充分发挥工作的主动性与积极性，才能实现组织的大目标。否则就难以达到组织的预定目标，各单位与个人的共同目的也不能达到。在安全管理上也一样，安全生产要求是实现组织大目标的重要条件。所以，只组织实现生产的安全，个人的安全在生产过程中就会得到保障。

（3）良好的人际关系。只有组织内单位与单位之间，成员与成员之间具有良好的人际关系，才能使大家在很好的精神状态下工作和生产，不仅有利于组织目标的实现，而且有利于做到"生产必须安全"的要求。

（4）通力协作。组织内各单位与各个成员根据工作需要进行适当分工，大家同心协力、密切合作，只有这样才能有利于安全生产，保证组织大目标的实现。如果各行其是，相互间不协调，就会影响组织大目标的实现，就有可能发生种类事故。

（三）研究组织对安全管理的重要意义

实现安全生产有赖于企业对生产活动进行有效的安全管理。因为安全生产方针及政策、法令和各种安全技术措施不可能自动地实现，而必须通过一定的机构和人员去组织贯彻、执行和实施才能实现。因此，研究组织和组织心理对安全管理工作具有重要的意义。归纳起来，有以下几点。

第九章 安全行为管理的应用

（1）有利于提高安全管理水平，并保证组织目标的实现。我国的工业基础较差，科学技术还比较落后，安全技术是生产技术的一个组成部分，它是随着生产技术的进步而发展的。我国目前的工业生产和科学技术还不如工业发达国家，这种客观现实影响着企业劳动条件的改善，同时，我国的安全生产法制建设还刚刚起步，有的规章制度在贯彻落实方面还有待进一步提高；我国虽然已经形成了有效的管理体制，但科学的安全管理方法需要进一步提高。为此，需要依靠组织，即国家、社会来帮助企业提高安全管理的水平。

（2）有利于满足职工的安全需要，大大调动职工的积极性。从组织的效率原理来看，组织能否巩固和发展，关键在于能否激发成员的动机，为实现安全生产组织目标而努力奋斗。成员的士气就是组织的生命，怎样激励职工，既满足其个人安全需要，又有利于实现组织的安全生产目标，这就是我们要研究组织行为在安全管理上的作用的意义。

（3）有利于发挥组织作用，搞好安全管理工作。从管理上，组织作用可分为两种形式：一种是静态的组织；另一种是动态的组织。除生产力的组织外，还有生产关系组织以及人员分配、单位划分、机构设置等都属于静态的组织。企业的生产经营活动是一个复杂的运动过程，高度社会化的现代化企业的各项工作既分工又协作，生产过程的各个环节，一环扣一环地紧密配合，因此，又有一个极其错综复杂的动态组织问题，特别是人的思想、动机、引导人的行为，把所有成员都很好地组织起来、调动起来提高对安全生产重要性的认识，增强安全意识，熟练地掌握和运用各种专业安全技术。并且根据组织行为的规律性，综合生产过程的每一个实际情况，研究、制定、落实、推行各种安全科学管理制度和安全操作规程。这样，安全管理工作水平就能不断地得到提高。

第四节　安全行为科学的应用分析实例

一、一起机械事故的行为分析

事故经过：2001 年 1 月 28 日 0 时 30 分，铵车间化工一班值长陈某、班长秦某、尹某、王某等人值夜班，交接班后，各自到岗位上班。陈某、秦某两人工作职责之一包括到磷酸工段巡查，尹某系盘式过滤机岗位操作工，王某系磷酸工段中控岗位操作工，其职责包括对过滤机进行巡查。5 时 30 分，厂调度室通知工业用水紧张，磷酸工段因缺水停车。7 时 40 分，陈某、尹某、王某 3 人在磷酸工段三楼（事发地楼层）疏通盘式过滤机冲盘水管，处理完毕后，7时45分左右系统正式开车，陈某离开三楼去其他岗位巡查，尹某在调冲水量及角度后到絮凝剂加料平台（距二楼楼面高差3米）观察絮凝剂流量大小，尹某当时看到王某在三楼过滤机热水桶位置处。经过一分多钟，尹某突然听见过滤机处发出叫声，急忙跑下平台楼到操作室关掉过滤机主机电源，然后跑出操作室看见王某倒挂在过滤机导轨上。尹某急忙呼叫值长陈某和几个工人，一齐紧急施救。当时现场情况是：王某面部向上倒挂在盘过导轨上，双手在轨外倒垂，双脚在导轨（固定设施）和平台（转动设备，已停机）之间的空档（200毫米）内下垂，大腿卡在翻盘叉（随平台转动设备）与导轨之间，已明显骨折。施救人员迅速倒转过滤机后将王某取出，并抬到磷酸中控室（二楼），经现场紧急抢救，终因伤势过重于8时25分死亡。

经事故调查小组多次现场考证、比较、分析，一致认为致伤原因如下。

（1）死者王某自身违章作业是导致事故发生的主要直接原因。一是王某上班时间劳保穿戴不规范，纽扣未扣上，致使在观察过程中被翻盘滚轮辗住难以脱身，进入危险区域；二是王某在观察铺料情况时违反操作规程，未到操作平台上观察，而是图省事到导轨和导轨主柱侧危险区域，致使伤害事故发生。

（2）王某处理危险情况经验不足，精神紧张是导致事故发生的又一原因。当危险出现后，据平台运行速度和事后分析看，王某有充分的时间和办法脱险。但王某安全技能较差，自我防范能力不强。

（3）车间安全教育力度不够，实效性不强，是事故发生的又一原因。王某虽然参加了三级安全教育，且现场有规章、有标语，但出现危险情况后，没能采用合理有效的脱险行为，说明车间安全教育力度、深度和实效性不高，有待加强。

（4）执行规章制度不严是事故发生的又一原因。通过王某劳保用品穿戴和进入危险区域作业可以看出，虽然现场挂有操作规程，但当班人员对王某的行为未及时纠正，说明职工在"别人的安全我有责"和安全执规、执法上还有死角，应当引以为戒。

二、飘带的启示——安全环境对工作心理的作用

美国得克萨斯州的一家工厂的工人，一直埋怨他们所在的车间太闷热，工业卫生条件差，因而生产情绪很受影响。于是，工厂管理者对空调设备进行了仔细的检查，发现设备运转正常，气温和湿度也符合工业卫生要求。问题出在哪里呢？厂方请来了环境心理学家会诊。经过认真调查，终于查出了"毛病"所在。原来这些工人大多来自农村，他们习惯在露天工作，从未在无窗的现代化厂房里工作过，所以，一进车间就感到气闷。况且厂房的空调通风口装在50英尺高的

天花板处，难怪他们感觉不到空气在流动。后来，环境心理学家提议有关部门在通风口处悬上一些飘带，凉风吹来，飘带不断飘动，工人们在"看"到风后，在心理上产生一种自慰感，即我们不是在"闷热的罐头"里干活，而是在空气流动的自然空间里工作。结果抱怨消失，生产情绪也正常了。这个案例说环境心理对人行为的重要影响。

三、美国公司推行的"工人自我管理"

美国公司素以注重管理艺术著称。自电子计算机问世以来，美国公司在实行系统科学管理方面一直处于领先地位。据最近一份调查，不少美国公司在改善企业经营管理的过程中认识到"人的因素"的重要性。这些公司试验采取"工人自我管理"形式，取得了一定的成绩。

所谓"工人自我管理"，指的是"参加式管理"，其目的在于刺激工人的干劲和责任心。一家美国公司的具体做法是：根据生产、维修质量、安全管理等不同业务的要求和轮换班次的需要，把全厂职工以 15 人一组分成 16 个小组，每组选出两名组长，一位组长专门抓生产线上的问题，另一位负责培训、召集讨论会和作生产记录。厂方只制定总生产进度，各小组以总进度为参照，自行安排组内人员的工作。小组还有权决定组内招工和对组员的奖惩。该厂抛弃了其他工厂通常采用的每周 5 天、40 小时的工作制，改为职工以组为单位轮换每天工作 12 小时，每周 3 天工作、3 天轮空，然后白班、夜班对调。据调查，该厂实行"自我管理"后生产率激增，成本低于其他厂。还有一家厂，为推行"自我管理"设置了一个机构，取名"百人俱乐部"，代表全厂职工，通过考察工人的表现（出勤率、安全生产、创建性）来对优秀员工颁发奖金、奖品。"百人俱乐部"成立一年，工厂生产率提高了 3.4%，上下级冲突减少了 73%，还减少了事故，共为公司节约开支 160 万美元，平均每个职工每年节省 0.5 万美元。这家公司还向职工算了这笔细账，使他们了解迟到、停机、发生事故将带来很大的损失，意识到如不努力，公司随时都可能在激烈的竞争中垮台，而他们自己则会沦为失业者。这种"自我管理"正是现代安全管理的一个重要目的，即变传统的被动管理为主动管理，变要我安全为我要安全。

四、用行为科学分析事故行为的实例

（一）情绪心理与安全的关系

实例一：情绪是影响行为的重要因素，不良的情绪状态是引发事故的基本原

因。一个青年工人，因家庭问题与兄嫂闹纠纷，被哥哥打了两耳光，他一气之下拿了根绳子欲寻短见，被老母苦苦劝阻。没隔几天这个工人在一次作业中发生了事故而丧生。

实例二：济南某工区青年职工李某，父母双亡，工资很低，还要供养弟妹，本人又患肺病，27岁还未找到对象，生活的情绪非常低沉。他常常对人说："不如死了清心。"经常迟到早退，违章作业不断发生。企业工会经常派人找小李谈心，发给他困难补助，并送他到苏州疗养，病好后又帮他找到对象，小李结婚时工会还帮他找了房子，小李万分感谢组织。从此，他积极工作，严格执行规章制度，在一年里连续防止了两起重大事故，受到单位表扬和奖励。

上述两个实例从正反两方面说明情绪对安全行为的作用和影响。因此，在安全管理中要善于了解职工的精神状态，通常要注意如下心理问题。

（1）低沉：或为家庭拖累所迫，或工作不如愿，或婚姻遇到阻力，或刚刚与同事、家人吵了架，情绪低沉不快，思想难以集中。

（2）兴奋：朋友聚餐，新婚蜜月，或受到表扬奖励，或在工作中取得了某种进展，情绪兴奋，往往忘乎所以。

（3）好奇：青年工人一是好险，总想表现自己胆大、勇敢；二是猎奇，碰到什么新东西总想看一看、摸一摸，往往因为无知蛮干而出事。

（4）紧张：或初次上阵，或刚刚发生过事故，或刚刚受到领导批评，或遇到某种意外惊吓，心情紧张多失误。

（5）急躁：青年人干工作，往往有一种一鼓作气的冲劲，当某一件工作临下班快接近尾声时，就想一口气干完它，往往顾此失彼。

（6）抵触：或是对某件事有看法，或是对某个领导不满，或是被人看成是"不可救药者"，抱着破罐子破摔的态度，工作随便，干好干坏无所谓。

（7）厌倦：青年工人喜新厌旧的心理也很强烈，比如开汽车愿开新的不愿开旧的。又往往富于幻想，想干一番惊天动地的事，不愿意干琐碎的、平凡的、单调重复的工作。对这些工作久而生厌，厌而生烦，烦而生躁，躁而多失误。

（二）事故临界心理剖析

一个清醒的正常人无论是在进行生产活动、社会活动、家庭活动以及其他活动时，他的心理活动每时每刻都在进行着。正确反映客观现实和符合客观规律的心理活动，能为发展物质生产和促进社会进步作出积极贡献。如果一个人的心理活动不符合客观规律，这时受心理活动支配和制约的行为就有可能产生严重的后果。若是工人在生产操作过程中，不正常心理将会导致违章、失误行为，从而促

第九章 安全行为管理的应用

成事故发生。

1. 麻痹心理的实例

某家粉末冶金厂的一名女工在立式压机上操作，上模下模行程很慢，通常都认为不会出事故，因行程较慢，即使手碰到上模也来得及抽脱开，但这位女工的手还是被压伤。分析其心理活动特征：一是因模子行程慢产生不会压住手的麻痹思想；二是注意力不集中，眼睛不注意模子的下行，注意力转移致压机以外的事物上；三是操作过程中遗忘把手抽离模腔。分析其心理过程是：麻痹—不注意—忘记—触觉迟钝，主要是麻痹心理问题。

2. 感知失误导致的无意违章的实例

(1) 理解失误的实例：北方某工厂冬季搞基建，由于冻土在挖基础时要先进行爆破，师傅在往炮眼里放炸药，放好几只后，想到炸药是用电引爆的，虽然闸刀事先已拉开，师傅怕有人随手合闸，就对旁边参加工作不久的新工人讲："去看闸。"这位新工人未搞懂"看闸"的意思，就忙跑到配电板处，看到闸刀开着就上前将闸刀合上。随即爆破现场"轰"的一声，一起重大事故发生了。这是一起理解失误引起的事故，深入分析也有教育和管理方面的原因。

(2) 听觉理解失误的实例：一名长期在地面操作的气割工，第一次站在扶梯上切割离地面 4 米多高的锈铁管，心里有点"紧张"。地面上尽管有人指挥过路来往行人，有人扶住梯子进行保护，但管子快切断时，地面上的人叫了一声"当心"，这位气割工以为要出事故了，就慌忙从梯子上下来，慌忙中脚一踏空，即摔下地面造成重伤。这是由于听觉理解失误导致的事故。

(3) 时间知觉失误的实例：工厂里烘箱操作工将浸过易燃液的零部件在未达到晾干时间的条件下，就直接放入烘箱，因而造成烘箱爆炸事故。这是在操作过程中时间知觉失误的结果。

(4) 知觉恒常负效应实例：电梯工上班前用钥匙开电梯，总以为按老规矩电梯肯定停在通常的位置处，可碰巧在这之前，已有另一名电梯工因急需将电梯开上二楼，并停在那里，该电梯工在门打开后就跨进去，结果踏空造成跌伤。

(5) 遗忘实例：汽车驾驶员在倒车后停车，结果忘记把排挡恢复原处，当再次发动时，车子倒车而引发了事故；机床操作工人把工具放在转动部位忘记拿掉，开动机器后工具飞出伤人；一位义务消防员值班室的房间已更换，一天夜间在消防室值班，起来解手时，打翻了痰盂，怕弄脏脚而往后退，由于遗忘了是在新的地点值班，在原来的空间概念里面移动，结果退致滑梯洞口处而掉下造成重伤。

3. 有意违章实例

（1）注意分散实例：有一位职工将小孩带到车间内，将其放在工作点附近的纸盒内。一边操作冲床，一边注意纸盒内小孩的行动，不久该操作工就出了断指事故。

（2）贪图省事实例：某厂车工为了绕近道，有意识违章，在起吊物下穿行，就在行走过程中吊臂突然落下，击中其头部导致死亡。起重吊物时，由于吊物不平衡，用人登上吊物一端发挥平衡作用，结果钢丝绳松脱，人掉下摔伤。在化工作业车间，为了抄近路，一位工人跨越溶解槽，结果被酸蒸气灼伤。

（3）单纯追求效益实例：司机承包货运任务，贪图多拿报酬，一辆货车载装22人及近两吨物质，人货混装，在急转弯时造成翻车，致使多人死亡。一冲床工人为了多得奖金，将双手揿纽中的一只揿纽卡死，想一手按揿纽，一手进料增加速度，结果导致断指事故发生。

（4）心理过程失控实例：某厂一名青年平常喜欢锻炼身体，正当电视台放映一部有名的武打片时，由于对武功高强角色的羡慕，使得一有机会就模仿电视中角色的动作。一天中班快下班时，这名青工在车间的金属架上学武打动作上下翻转，第一次及时被一位师傅制止，但当别人准备下班到车间外洗手时，他又沿金属架向上爬，当爬到六七米高时，手触到行车导电铝排引起触电掉下，当场死亡。这是一起动机良好，但是在感知—思维—行为认识过程中发生扭曲而造成的事故。

（5）事前违章实例：事前违章对工人来说是很难感知到的，因此，也是一种很难控制的事故。如有一个工厂的传达室的工人被倒下的铁门压死，在事故临界时，这位工人很难感知到门的支撑处已锈蚀到了不起作用的程度。又如，有的企业里锻工炉门（水隔套）由于进出水管的水垢积厚，使炉门内水受热气化而承压，最终引起爆炸事故。在爆炸前夕，工人是无法事前感知的。再有，有的管理人员只管派人修阴沟，不管下班后阴沟盖子盖好没有，待中班或夜班工人上班时，不注意就跌进未盖好的阴沟洞内，而导致伤亡事故。

（三）动机与行为关系的事故实例

1983年4月22日，某铜矿混合井负40米中段，一群下班工人上罐时，因争抢拥挤，将罐笼推离井口平台50多厘米，致使3名工人踩空坠井身亡。有关专业人员应用行为科学理论进行了分析。事故发生时，该矿山施行经济责任制，井下生产实行承包，工人完成当天工作量即可下班。因此，工人在上班时普遍增强了时间观念。据事故现场的调查："派班后，工人急着上班，因为每岔炮爆破掘进工作量要完成1.78米的进尺量，否则要扣奖金。"这种时效观，使班组生产

第九章 安全行为管理的应用

193

效率大为提高。抓紧时间干活，能够收入多，而且能早下班，这已成为工人的基本意识。然而，一旦客观条件破坏了这一心理状况，使形成的心理需要满足定式受到了破坏，这必然产生懊恼情绪。事故发生时的情况正是这种心理状况。当时井下工人虽然完成了任务，却因罐笼运行失常而不能升井下班，随着等罐时间的逐渐延长，工人心里懊恼不安。另外，工人当时都已很疲劳，衣服都很潮湿，加上中段等罐没有等罐室，巷道风很大，寒气袭人，工人们急于摆脱当时的井下环境。再则，如果工人迟下班，只能洗脏水澡，单身职工到食堂买不到热饭，家住市区的工人还要赶班车回家。最后，致使等罐的工人陆续增多，并都集中于井口这个狭窄的环境中，彼此急切下班的情绪相互感染。在这种条件下，当罐笼到位后，工人们蜂拥而上，最终导致了悲剧。

从事故过程分析可见，人的行为失误和机器的运行故障，在同一时空相互交叉，导致了坠井事故。在人—机两个系列中，任何一条轨迹能够被有效中断或控制，事故即可避免。如何消除生产过程中的不安全行为？德国著名心理学家、群体动力理论的创始人勒温曾提出过著名的"群体动力理论行为公式"：行为＝F（个人·环境），即人的行为取决于个性素质和环境刺激。

运用这一理论，行为科学专家向该矿领导提出了良策：满足工人的需要，消除内部可能的力场张力；改善工作环境，改变情境力场；搞好事故善后工作，减少心理和情绪干扰；注意工人的生理、心理特征，掌握其规律。同时，将这种行为科学的道理传授给职工，使之加强自身的心理素质锻炼。通过对这起典型事故的心理分析，从另一个角度教育了广大矿工，大大加强了职工的安全生产自觉性，矿山安全生产状况大为改观，1994年底该矿被授予"安全文明生产优胜单位"称号。

（四）挫折发生后对情绪和行为的影响

某单位一名女青年，平时工作热情，个性活泼。当她用自行车带母亲外出，发生意外车祸，母亲丧生后，致使她精神上受到了严重挫折。从一个活泼、热情的青年，变为另一种极端。在很长一段时间里，她情绪极度低落，工作和生活无热情，行为差错频繁，身体还处于病态之中。

显然，女青年的悲哀情绪是由于惨痛的事故引起的。失去母亲本身就是生活中最大的不幸，意外的车祸使她受到精神的挫折，加之自己承担了一定的责任，被人称作"丧门星"。情绪上的不平衡还导致了生理上的不平衡（病态）。

经过单位领导的分析，应用一定的行为科学理论指导，解决这位女青年的问题。首先是使之脱离挫折的客观情境，即安排新的居住点，不让其路过事故点，不在原居住点生活；二是进行心理开导，即经常与之谈心，安排参加集体活动，与青年人多交往；三是进行必要的生理治疗。经过一段时间后，该青年女工重新激起了生活的勇气和热情，变为一个安全生产的积极分子。

这件事说明，受挫折后，人的情绪对工作、生活、安全都会发生重要的影响。作为领导和组织部门，要注意应用行为科学和心理学的知识进行科学的引导和对症管理，这样能起到很好的效果。

第十章 现场员工安全行为管理

第一节 班组安全管理方法

一、班组安全管理的概述

班组安全管理是指为了保障生产经营单位每个员工生产过程中的安全与健康，保护班组所使用的设备、装置、工具等财产不受意外损失而采取的综合性措施，主要包括建立健全以岗位责任制为核心的班组安全生产规章制度、安全生产技术规范等。班组是企业生产活动的主要场所，安全管理工作只有紧紧围绕生产第一线的班组来进行，才能有效地控制、减少事故的发生。班组安全管理应当抓住班组范围小、人员少、生产比较单一、工艺比较接近、班组成员对生产现场十分了解、有共同语言的特点，实行规范的、有效的、科学的现场管理和岗位管理。

班组是企业的细胞，是搞好安全生产的基础，是保障员工生命安全和实现作业过程安全生产的主体。处在一线的班组是企业生产组织机构的基本单位，是进行生产和日常管理活动的主要场所，也是企业完成安全生产各项目标的主要承担者和直接实现者。企业的设备、工具和原材料等，都要由班组掌握和使用；企业的生产、技术、经营管理和各项规章制度的贯彻落实，也要通过班组的活动来实现。因此，班组是企业安全文明生产的重要阵地，是企业取得安全、优质、高效生产的关键所在，企业安全管理的各项工作必须紧密围绕生产一线班组开展才有效。

二、班组安全管理的原则

班组安全管理是指为了保障每个员工在劳动过程中的安全与健康，保护班组所使用的设备、装置、工具等财产不受意外损失而采取的综合性措施，主要包括建立健全以岗位责任制为核心的班组安全生产规章制度、安全生产技术规范等。

管理中应坚持以下原则。

1. 目的性原则

班组安全管理的目的是为了防止和减少伤亡事故与职业危害，保障员工的安全和健康，保证生产的正常进行。"安全第一"是企业的生产方针，是提高企业经济效益的基础性工作。因此，班组安全管理工作应根据工作现场状况和作业人员情况的变化，将安全管理过程和措施与班组实际相结合，以便有的放矢地实行动态管理。

2. 民主性原则

通过在班组内实行民主管理，充分调动每个员工的积极性，使他们能够肩负起自己所承担的安全生产责任，并能发挥聪明才智，主动参与班组的安全生产管理，为班组的安全建设献计献策。

民主性原则还体现为以人为本，注重人力资源的开发和利用。首先，按照班组的组织结构和岗位设置，为各岗位配备称职的人员，实现人才合理配置，获得最佳效能；第二，要变控制式、命令式的管理方式为理解和参与式管理，为班组成员营造一个能发挥创造力的环境；第三，培训和发掘每一个班组成员的才干，使其更好地完成工作，在班组不断发展的同时，使员工个人也得到发展。

3. 规范性原则

班组安全管理规范化，主要是建立规范化的安全管理运行机制，制定和完善各种安全生产管理制度、安全技术规范、操作程序和动作标准。在此基础上，实现安全生产化、现场标准化和管理标准化。

三、班组安全管理的方法

1. "四全"安全管理

全员——从企业领导到每个干部、职工（包括合同工、临时工和实习人员），都要管安全；全面——从生产、经营、基建、科研到后勤服务的各单位、各部门都要抓安全；全过程——每项工作的各个环节都要自始至终地做安全工作；全天候——一年 365 天，一天 24 小时，不管什么天气，不论什么环境，每时每刻都要注意安全。总之，"四全"的基本精神就是人人、处处、事事、时时都要把安全放在首位。在进行全面的安全管理过程中，同时要注意重点环节和对象。如全员管理中是什么工种、人员最重要？全面管理中什么车间和部门最重要？全过程管理中哪个环节最重要？全天候中，哪个时期最重要？对于大型企业或企业集团，由于管理层次相对比较多，一般有决策层、管理层和操作层，且生产范围包括广，产业分工繁杂，经营立体多元化，实施有效的"四全"管理更显重要性。

2. 现场"三点控制"强化管理

对生产现场的"危险点、危害点、事故多发点"要进行强化的控制管理，实行挂牌制，标明其危险或危害的性质、类型、定量、注意事项等内容，以警示人员。

3. 现场岗位人为差错预防

（1）双岗制。在民航空管、航天指挥等人为控制的重要岗位，为了避免人为差错，保证施令的准确，设置一岗双人制度。

（2）岗前报告制。对管理、指挥的对象采取提前报告、超前警示、报告重复（回复）的措施。

（3）交接班重叠制度。岗位交接班之间执行"接岗提前准备、离岗接续辅助"的办法，以减少交接班差错率。

4. 生产班组安全活动

生产班组的每周安全活动要做到时间、人员、内容"三落实"。以安全生产必须落实到班组和岗位的原则，企业生产班组对岗位管理、生产装置、工具、设备、工作环境、班组活动等方面，进行灵活、严格、有效的安全生产建设。

5. 安全巡检"挂牌制"

"巡检挂牌制"是指在生产装置现场和重点部位，要实行巡检时的"挂牌制"。操作工定期到现场按一定巡检路线进行安全检查时，一定要在现场进行挂牌警示，这对于防止他人可能造成的误操作引发事故，具有重要作用。

6. 危险预知活动

通过生产班组定期班前、班后会议，进行危险作业分析、揭露、警告、自检、互检，对员工危险作业、设备设施危险和隐患、现场环境不良状态等进行有效的控制。

7. 事故判定技术

组织车间一线安全兼职人员通过座谈会填表过程，对可能发生事故的状况进行分析判定。其方式是预先针对生产危险状况及设备设施故障设计的事故、故障或隐患填写登记卡；组织车间一线安全兼职人员对可能发生事故的状况进行分析判定，对可能发生事故的状况进行超前判定，以指导有效的预防活动。

8. 科学系统的应急预案

对危险源进行科学预防的前提下，制定有效的事故应急救援预案，以达到一旦事故、事件发生，使其伤亡、损失最小化。

9. "三群"管理法

在企业内部推行"群策、群力、群管"的全员安全管理战略。

10. "十个一"安全主题活动

在安全活动期间组织员工：背一则安全规章；读一种安全生产知识书籍；受一次安全培训教育；忆一起事故教训；查一个事故隐患；提一条安全生产合理化建议；做一件预防事故实事；当一周安全监督员；献一元安全生产经费；写一篇安全生产感想（汇报）等。

11. 八查八提高活动

一查领导思想，提高企业领导的安全意识；二查规章，提高职工遵守纪、克服"三违"的自觉性；三查现场隐患，提高设备设施的本质安全程度；四查易燃易爆危险点，提高危险作业的安全保障水平；五查危险品保管，提高防盗防爆的保障措施；六查防火管理，提高全员消防意识和灭火技能；七查事故处理，提高防范类似事故的能力；八查安全生产宣传教育和培训工作是否经常化和制度化，提高全员安全意识和自我保护意识。

第二节　班组安全文化建设与行为管控

企业安全文化的建设的难点是执行层，焦点是现场员工素质，关键是班组安全文化。因此，企业安全文化建设的归宿，必须是也必然是："依靠员工、面向岗位、重在班组、现场落实。"因此，企业安全文化建设要遵循"员工为本、岗位为标、现场为实、班组为主"的安全生产保障原则，努力实践着"夯实安全生产基础，注重班组安全建设，持续提升现场执行力"的企业安全文化建设目标。本章对班组安全文化建设的理论方法进行系统探讨。

一、班组安全文化建设理论

（一）班组安全文化建设基本理论

1. 班组是安全生产之基

任何企业的安全生产管理都存在着不同层次的结构，如分为四个层次：公司级、分公司（分厂）级、车间层、班组层。不同层次的安全生产任务功能是不同的。

公司层：负责机制建设、制度建设、监督检查，督导服务；

分公司层：负责落实法规；制定操作规程，落实"三基"，即基层、基础、基本功；责任制建设；干部规范管理；

车间层：负责现场管理，班组长培训，员工培训，规范检查；

班组层：负责民主参与，岗位管理，遵章守纪，有效执行。

显然，班组层是安全生产的执行层，抓好班组安全建设，夯实安全生产基础，使事故预防的能力体现在基层，这是企业确立的长期安全生产工作战略。

决定一个企业安全生产状况的因素，既要认识技术因素、环境因素，更须依靠人的因素，企业安全生产的最终归宿是班组、是员工，安全生产的目标是为了员工的生命安全和健康保障，而企业安全生产的实现最终要落实到现场单元作业，要依靠班组和员工的安全操作来实现；员工的安全素质决定企业安全生产的命运，班组的安全生产状态决定着企业安全生产效益，员工和班组是安全生产管理木桶理论的"最短板"。在此认识基础上，企业应该制定"夯实安全生产基础，注重班组安全建设，保障生产效益稳定发展"的安全生产战略目标，确立"依靠员工、面向岗位、重在班组、现场落实"的安全系统工程工作思路。

2. 班组是事故之源

通过对生产企业所发生大量事故资料的统计分析，表明98％的事故发生在生产班组，其中84％的事故的原因直接与班组人员有关。安全生产好坏是企业诸多工作的综合反映，是一项复杂的系统工程，只有领导的积极性和热情不行，有了部分职工的积极性和热情也不行，因为个别职工、个别工作环节上的马虎和失误，就会把企业的安全成绩毁于一旦。这就是安全管理工作的难度所在。因此，必须把眼睛盯在班组，功夫下在施工现场，措施落实在岗位和具体操作人上。可以说班组是企业事故发生的根源，这种根源是通过班组员工的安全素质、岗位安全作业程序和现场的安全状态表现出来的。

由于习惯性违章作业不一定都造成事故，即使造成事故也不一定会造成重伤和死亡，而且违章行为有时会给违章者带来某些"效益"，如省时省力。所以，违章人在主观上并不认为自己的行为是违章，相反却认为自己是正确的。因此，各级安全管理人员只有不懈地努力纠正违章，对每一次违章都"小题大做"，才能做到未雨绸缪。首先要以落实班组的安全措施为重点，突破形式主义、程序化的框框，防止一级应付一级和走过场等弊端，集中精力对那些危害大、涉及面广的违章行为进行整治，要深入生产、施工一线看、听、查、找、帮，采取普遍查与重点查、反复查与跟踪查、突击查与持久查相结合的方式，全面掌握安全工作的现状，做到心中有数。通过检查形成上下一致反违章的氛围，通过检查推动安全措施全面落实，通过检查发现和培养安全工作的先进典型，以指导和带动安全工作。

3. 班组是安全之本

企业的班组是执行安全规程和各项规章制度的主体，是贯彻和实施各项安全要求和措施的主体，也是成为杜绝违章操作和杜绝重大人身伤亡事故的主体，企业的各项工作，千头万绪，而最终都要通过班组和每个员工去落实、去完成。

生产班组是安全生产的前沿阵地，班组长和班组成员是阵地上的组织员和战斗员。在生产过程中，安全与生产发生矛盾屡见不鲜，能否处理好安全与生产的关系，关键在班组。工程质量的好坏取决于班组；不安全因素能否及时消除也在于班组。尤其是当班组生产任务较重时，出现了不安全因素或其他事故隐患，生产与安全发生矛盾，如果班组长真正牢固树立了"安全第一"的思想，行动必然自觉，就是不生产，也要立即采取安全措施，及时处理事故隐患，消除不安全因素，安全和生产都得到了保障。反之，班组"安全第一"的方针不落实，即使是领导干部大会讲，小会布置，安全员督促检查，而当遇到安全与生产发生矛盾时，生产仍会成为硬指标，安全变成软指标，安全生产必然无保证。事实说明，不仅产量效益通过班组获得，安全工作更需要班组去落实。因此说搞好安全生产，关键在于班组。

当前，我国一些高危险行业都在抓管理，高标准，全面提高企业安全生产的管理水平和事故预防的能力。其中，关键问题是通过班组，使安全生产法规得到落实，操作程序执行力提高，事故预防措施和应急预案能够有效。离开班组，安全生产的管理制度和规范将成为空中楼阁。因此，实现企业提高安全生产水平必须从管理抓起，加强管理必须从基础抓起，基础工作必须从班组抓起。

4. 班组是安全生产的归宿

一个生产班组虽然人员较少，但是"麻雀虽小，五脏俱全"。企业的各项工作都要通过班组去落实，上有千条线，班组一针穿。企业精神的树立发扬，各项规章制度的具体实施，现代化管理方法的普及应用，双增双节目标的实现，企业的民主管理、民主监督措施的贯彻等一系列工作，都必须进班组。从企业的管理系统来看，行政业务科室从生产调度、计划、技术、安全监察、财务、供应、行政、保卫工作，像一支支箭一样，通过车间射向班组，需要班组承担；政工部门又从组织、宣传、纪检、工会、团委、武装部各口经过车间布置下一项项具体工作，最后都需要班组去贯彻落实。班组的每一项工作、每一个具体指标都牵动企业最终的安全生产效果。企业的生命力蕴藏在各个班组之中，只有班组建设抓好了，企业的各项工作才能搞上去。

班组是企业安全管理的落脚点，企业领导，特别是基层领导要加大情感投入，切实关心职工，以情暖人，来弥补制度存在的缺陷和不足。要关心年长职工的生活，发挥其经验和技术的优势，做好传、帮、带工作。要理解中青年职工的创新精神，相信他们的能力，发挥他们的特长，使其成为班组建设的主力军。要

第十章　现场员工安全行为管理

尊重职工的劳动，与其保持平等、合作、友谊的关系，成为班组职工的知己，从而增强企业的凝聚力。

（二）班组安全文化建设主要内容

实践表明"班组安全文化"不仅包括班组安全物质文化和安全精神文化，还应进一步细化，分为班组安全的物质文化、班组安全的制度文化、班组安全的观念文化和班组安全的行为文化等四个部分。班组安全文化建设应该从这四个方面入手。

1. 建设稳定可靠的安全物质文化

（1）加强"三同时"审查，确保新建、改建、扩建装置安全；

（2）加快隐患治理，确保现有装置安稳运行；

（3）开展"5S"活动和清洁生产，搞好现场管理，建设一个安全舒适的物质安全文化环境；

（4）将安全文化氛围以标识、警示、声光环境、人文器物等形式实体化，以此来对员工造成潜移默化的作用，达到安全生产的目的。

2. 建设切实可行的安全制度文化

（1）将国家、省（市）及企业现有的安全卫生制度落到实处；

（2）对有关安全制度进一步加以修订、充实和完善；

（3）编写班组安全制度；

（4）制定相应的安全奖罚条例。

3. 建设形式多样的安全观念文化

（1）对现有的安全管理经验加以规范整理，发扬光大；

（2）开展安全文学、艺术的创作；

（3）对安全知识和三级安全教育的内容进行更新和整理；

（4）开展安全知识、安全技术的普及工作；

（5）强化"红线意识"，发展决不能以牺牲人的生命为代价，将其作为一条不可逾越的红线；

（6）树立"以人为本"的安全理念，增强人在安全管理中的重要性。

4. 建设规范有序的安全行为文化

（1）加强职业安全道德教育，做到"四不伤害"；

（2）狠反"三违"，树立良好工作习惯；

（3）树立安全先进个人和集体的典型，做到"以点带面"；

（4）加强精神文明建设，制定组员的安全行为准则。

随着企业经营机制转化和现代企业制度的逐步实施，企业的安全生产所面临的任务将更加繁重，安全生产的难度也越来越大，"班组安全文化"建设的内容会得到不断充实和提高。

（三）班组安全"细胞理论"

1. 班组安全立论——细胞决定生命力

（1）班组是企业的细胞。班组是企业组织生产经营活动的基本单位，是企业最基层的生产管理组织。企业的所有生产活动都在班组中进行，所以，班组工作的好坏直接关系着企业经营的成败。只有班组充满了勃勃生机，企业才会有旺盛的活力，才能在激烈的市场竞争中长久地立于不败之地。

细胞是由膜包围着含有细胞核的原生质所组成，细胞能够通过分裂而繁殖，是生物体个体发育和系统发育的基础。细胞或是独立地作为生命单位，或是多个细胞组成细胞群体或组织、或器官和机体。班组在企业所处的地位，人们一般都形象地用表现生命现象的基本结构和功能等单位的细胞来形容。这是因为班组是企业组织生产经营活动的基本单位，是企业中最基层的生产管理组织，班组处于增强企业活力的源头、精神文明建设的前沿阵地、企业生产活动和推进技术进步的基本环节地位，它在形式上与细胞构成生命的现象有些相似。

机体的坏死是从一个个细胞的坏死开始的，要想机体健康成长，就要着眼于细胞，同样的，"班组细胞"是企业这个"有机体"杜绝违章操作和人身伤亡事故的主体。只有人体的所有细胞全都健康，人的身体才有可能健康，才能充满了旺盛的活力和生命力。所以说班组是增强企业活力和生命力的源头。

企业活力的源泉在于职工的积极性、智慧和创造力。班组是职工从事劳动、创造财富的直接场所，职工在企业中的主人翁地位首先在班组活动中体现出来。只有班组的每个成员的积极性、主动性、创造性充分调动起来、合理发挥出去，企业才能充满生机。班组搞不好，企业活不了。所以，加强班组建设是开发企业活力源泉的一项重要的工作。

（2）班组是增强企业生命力的源头。所谓增强企业活力，是指企业的产品质量高，有竞争能力；品种多，适销对路；经济效益好，保持稳定增长势头。要达到此目的，除了要有一定的外部条件外，更重要的是深入开展内部改革，增强企业自身的生机；全面加强企业管理，提高企业整体素质；依靠技术进步，加速企业改造；树立商品的经济意识，不断增强企业竞争能力。

2. "细胞理论"模型

企业基础管理工作的好坏与三个要素密切相关，它们分别员工、岗位和现场。一个企业要取得基础管理的成功，关键要在这三个基本要素上下功夫，使其可以健康运行和动态整合。这三大要素相互联系所构成的模型就是班组细胞理论模型（group cell theory model）。见图10-1。

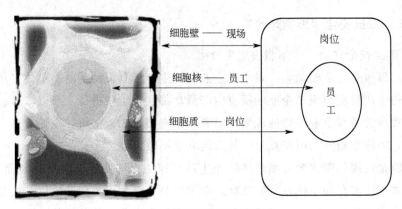

图 10-1 班组安全细胞模型

（1）"细胞理论"模型产生背景。2006年，国家安全生产监督管理总局等六部委联合发表《关于加强国有重点企业安全基础管理的指导意见》。文件强调，每一个国有重点企业应该认清加强安全基础管理的重要性和紧迫性，国有重点企业的安全状况直接影响企业安全的全局。安全基础管理薄弱是当前国有重点企业安全生产的突出问题。总体上看，国有重点企业安全管理有基础、有经验，但由于体制、结构、市场等诸多因素的变化，安全基础管理出现不相适应、甚至滑坡的状况。主要表现在：一些企业领导思想认识不到位，对安全生产不重视，安全责任制落实不到位；技术管理、现场管理、设备管理弱化，劳动组织管理松弛，以包代管较为普遍；安全投入不足，工作质量、工程质量、材料设备质量达不到安全标准要求；规章制度执行不严，"三违"现象时有发生；队伍培训缺失，不适应安全生产的要求等。必须把加强安全基础管理工作摆上重要位置，抓住关键、抓住薄弱环节，采取有力措施，迅速改变上述不良状况。

在国家六部委下达文件之前，诸多石油、电力等高危企业与中国地质大学（北京）安全研究中心合作，开展"班组安全建设""班组标准化建设"等课题研究，旨在提高企业基础安全管理工作。课题研究提出了班组安全"细胞理论"模型的应用理论和思路。

（2）"细胞理论"模型的构成要素与其理论依据。班组安全"细胞理论"模型主要由三大要素构成，分别是员工、岗位、现场。这三大要素构成班组安全"细胞理论"。

（3）班组细胞模型的内容。班组管理的核心是员工，关键在岗位，而所有的班组工作都紧密地围绕着现场，因此，我们认为在班组这个企业细胞中，员工是组成细胞的细胞核，他们工作的岗位是细胞质，而生产现场则是班组细胞的细胞壁。只有细胞中每个元素都强健有力，细胞才能健康，机体才会成长。

第一，员工是细胞之核。细胞核是细胞的控制中心，在细胞的代谢、生长、分化中起着重要作用，是遗传物质的主要存在部位。一般来说，真核细胞失去细胞核后，很快就会死亡。

安全管理大师海因里希认为，88％的事故都是由人的原因引起的，人因是安全系统的首要保障和关键因素，是班组细胞中的细胞核。强健有力的细胞核是细胞成长的核心。

强化教育培训，提高员工的素质是增强企业"细胞核"生命力的最有效途径。加强教育培训，主要是指对班组进行技能、安全生产、岗位职责和工作标准等方面的教育培训，同时将培训成绩记入个人档案，与个人的工资、奖金、晋级、提拔挂钩。

第二，岗位是细胞之质。班组管理的好坏直接影响着区级、矿级乃至企业的管理效果，班组管理的关键体现在工作岗位上。员工是班组的细胞核，岗位则是班组细胞的细胞质。而大多数生命活动都在细胞质里面完成，提供细胞代谢所需的营养。细胞质的"营养"程度，就决定了细胞核的成长。因此，在企业中实行岗位责任制，保证了岗位的"营养"。

岗位安全责任制，就是对企业中所有岗位的每个人都明确地规定在安全工作中的具体任务、责任和权利，以便使安全工作事事有人管、人人有专责、办事有标准、工作有检查，职责明确、功过分明，从而把与安全生产有关的各项工作同全体职工联结、协调起来，形成一个严密的、高效的安全管理责任系统。

实行岗位安全责任制的主要意义在于：①组织集体劳动，保证安全生产，确保安全管理的基本条件。②把企业安全工作任务落实到每个工作岗位的基本途径。③正确处理人们在安全生产中的相互关系，把职工的创造力和科学管理密切结合起来的基本手段。④把安全管理建立在广泛的群众基本之上，使安全生产真正成为全体职工自觉地行动的基本要求。

第三，现场是细胞之壁。继 20 世纪 30 年代海因里希的事故多米诺骨牌理论之后，70 年代哈登提出了能量意外释放的事故致因理论，认为所有事故的发生都是由于能量的意外释放或能量流入了不该流通的渠道以及人员误闯入能量流通的渠道造成的。可以通过消除能量、减少能量或以安全能量代替不安全能量、设置屏蔽等方式阻止事故的发生。能量理论是事故致因理论的另一重要分支，而企业又是一个集热能、动能、势能、化学能等于一体的场所，避免事故发生的重要手段是对能量的控制，而控制能量的关键在班组，班组的重心在现场，现场是班组细胞的细胞壁，现场管理是班组细胞成长的屏障。

3. 班组安全状态——创造健康细胞

要保证企业中细胞的健康成长，就要对细胞补充营养，加强其免疫能力。换句话说，就是班组要具有较高的安全状态，就需要进行班组建设。许多实践证明，安全搞得好，生产建设就能搞好。反之，必然影响生产建设。班组是企业的基层组织，班组的安全工作做好了，就能动员广大群众参加全员管理，就会使安全生产有可靠的基础和保证。为了保证安全生产，有的矿曾提出过"个人不违章，班组无轻伤，车间无重伤，企业无死亡"。

班组建设是一项涉及面广的综合性基础工作，它包括职工的思想管理、生产管理、安全管理、劳动与消耗管理、机电设备管理、民主管理、劳动竞赛以及作风建设等方方面面的工作，可以说，企业的所做的工作都要通过班组去落实。班组工作虽然内容繁杂，但概括起来主要是三项建设，即：组织建设、思想建设及业务建设。

(1) 组织建设。组织建设是班组建设的前提条件，也是搞好班组工作的组织保证。班组的组织建设主要指班组长的选配、班组核心的形成以及科学合理的制度。

班组的制度建设，是指班组制定、执行和不断完善各种规章制度的过程。班组规章制度，是班组在生产技术经营活动中共同遵守的规范和准则。建立合理的班组规章制度，如岗位责任制、交接班制、经济核算制，以及安全、质量、设备、工具、劳动管理等制度，有助于实现班组的科学管理，消除班组工作中混乱和内耗现象，保证班组生产工作的顺利进行。它主要包含四个方面的内容。

第一，合理设置班组。按照有利于生产，有利于安全，有利于管理和适应协作，有利于提高劳动效率和经济效益的原则，从实际出发，合理设置班组。

第二，组建班组核心。班组成员处在生产第一线，班组长是生产组织者和指挥者，处于承上启下的重要位置，可谓"兵头将尾"，班组长的选配十分重要。一定要选拔思想好、安全责任感强、技术精、懂业务、会管理、作风正、干劲足、有威信的人担任班组长。在班组长的带领下，形成班组核心，团结全班组成员共同完成生产任务。作为班组长，在企业中充当的是兵头将尾的角色，通过合理运用手中的权力，调动每个员工的工作积极性，使班组充满活力，为此必须做好班组长的选拔、培训、考核、激励等工作。班组长要做好表率，在班组建设中表率是指班组长的"自治"行为，在班组做表率不仅是让组员效仿，还是衡量班组长是否合格的基本标准。

第三，选配好"工管员"。班组的组织建设除了班组的合理构成外，就是班组的民主管理。班组民主管理是企业民主管理的重要组成部分，也是企业民主管理的基础。搞好班组民主管理，应注意以下两个问题：一是要建立健全班组民主管理制度，如思想政治工作、岗位经济责任、安全生产、文化技术学习、民主生活会等制度。二是要开好班组民主管理会和民主生活会，这是职工参加企业管理的重要形式，也是倾听职工呼声，讨论决定班组重大问题，了解职工工作、学习和生活情况的重要途径。

企业一般设"五大员"，即：政治宣传员、经济核算员、安全检查员、设备工具员、生活福利员。这些"工管员"由班组成员民主推选，按照科学管理的方法，分工负责，各负其责。

第四，完善岗位制度。岗位安全责任制是最直接地体现了企业安全生产全员、全面、全过程、全天候的管理要求。我们在工作中能体会到：哪个班组岗位安全责任制执行得好，安全生产就优，反之亦然。实践证明：岗位安全生产责任制是班组安全之魂。

建立岗位责任制的主要要求是：①必须贯彻安全规程，严格执行安全技术标准。②建立以班组长和班组安全员为主体的安全领导小组，针对本班组的安全问题提出措施，发动班组全体成员查隐患、查缺陷，开展技术革新，提出合理化建议。③针对生产中的薄弱环节和重要工序，确立安全管理重点，加强控制，稳定生产。④班组组织群众性的自检、互检活动，支持专检人员的工作，达到共同保安全的目的。⑤及时反馈安全生产中的信息，认真做好原始记录，对发生的事故按"三不放过"的原则认真处理。

（2）思想建设。生产班组的思想建设是企业思想政治工作的重要组成部分，也是加强班组建设的中心环节，它对于提高职工的思想政治素质，调动职工的积极性，保证各项生产任务的完成，有着重要的直接作用。

生产班组思想建设，既要服从企业思想政治工作的根本任务，又要切合班组的实际，归结起来就是：协调处理班组内部关系，理顺情绪，化解矛盾，调动全体成员的劳动积极性，保证生产任务的顺利完成。在实际工作中，班组思想建设的内容包含着许多方面。它既要将企业和车间安排部署的教育任务融汇、渗透到班组工作中去落实，又要根据本班组的实际情况去做好大量的、经常性的思想工作，从而使班组成为企业两个文明建设的前沿阵地。一般说来，生产班组日常的思想建设的内容主要包括以下四个方面。

第一，经常性的形势任务教育。班组开展形势任务教育，主要是按照车间的统一安排，利用规定的政治学习时间和班前班后会来进行，所以必须讲求实效性。要注意解决好下面四个问题。一是要坚持实事求是，把真情实况如实告诉职工，讲形势，谈任务，要用事实说话，坚持用一分为二的观点去分析，既要宣传成绩和主流，又不避讳客观存在的问题与不足，让职工听了感到真实、可信。二是要把进行工业形势任务教育同企业、矿、区及班组的形势任务教育有机地、系统地结合起来，为职工理出一条清晰的思路，着重把完成本班组生产任务、面临的情况、具体目标、措施灌输给工人，使形势任务教育最终落脚在保证和促进班组生产任务的完成上。三是要注意启发引导职工，对照自己的精神状况、劳动态度、工作表现，在哪些方面与形势任务的要求还不相适应，以促使职工自觉地改造自己的主观世界，适应任务的要求，跟上形势的发展。四是要在讲事实的同时，教给职工用科学的思想方法，用全面的、辩证的、发展的观点去观察形势，分析问题，对待工作和生活。

第二，集体主义教育。生产班组是一个战斗的集体，工人生活、工作在班组这个"集体"中，必须要有集体观念，要突出团结协作这个重点。团结协作是集体主义的核心，也是社会化大生产的要求。班组职工工作在一起，团结不好，关系不顺，感情不融洽，班组就形不成有力的战斗集体，个人的力量也难以发挥出来。因此，班组长和班组骨干要善于搞好各成员间的团结配合，把班组内各方面的力量协调起来，凝聚在一块，使班组始终处于一个"拳头"的状态，一呼百应，关键时候冲得上、争得下。

第三，劳动纪律教育。作为一名工人，在册就要出工，出工就要出力，劳动就要守纪，这是最起码的要求。特别是安全生产，岗位作业，没有铁的纪律是不行的。纪律只有成为自觉遵守的纪律，才会起到真正的作用。生产班组活动在复杂多变的岗位"流动工厂"，同大自然的斗争是有秩序进行的，在劳动中消极散漫、违章违纪不仅影响自己的劳动量，而且还会造成生命的危险。遵章守纪是每一个职工的义务和天职，谁违反了劳动纪律就应受到惩处。要善于通过发生在职工身边正反两方面的典型事例，引导职工认清自由主义的危害，批评违章违纪的人和事，形成"遵章守纪光荣，违章违纪可耻"的浓厚气氛。进行纪律教育，要与必要的行政手段和经济手段相配套，对于那些纪律教育——听就懂，而实际工作中却我行我素的人，实施批评和处罚也是一种教育。只有多管齐下，多种措施并用，才能使功能相互间互补，相得益彰。

第四，"安全第一"教育。企业多系地下作业，生产条件差，危险因素多。生产班组作为企业的前沿阵地，安全始终是头号大事。搞好企业安全，最根本的是要抓好自主保安。一方面需要职工个人的努力，另一方面需要包括班组在内的集体力量。一般说来，集体在这方面的作用是对职工做好"安全第一"的教育，早打"预防针"，常敲"安全钟"，强化职工的自我安保意识。

（3）业务建设。班组的业务建设就是在生产、技术、经济活动中，不断学习和掌握各项专业管理技术，增强班组计划、组织、指挥、协调和控制的能力，使各项专业管理的要求在班组得到落实。班组业务建设的内容，涉及班组生产管理、技术管理、质量管理、设备工具管理、劳动管理、安全文明管理、原始记录凭证和台账管理，以及推进企业班组现代化建设等方面，必须切实加强这方面工作。

班组业务建设的好坏，直接影响班组生产工作任务的完成，因而是班组建设的中心内容，也是工作量最大、涉及面最广、最经常性的一项班组建设工作。工作中应注重从班组的安全业务技术培训和提高业务技术能力方面抓起。

第一，业务技术培训。安全技术培训就是为了解决在实际工作中所发现的问题，这就要求授课人员既要具备一定的理论知识，又要具备一定的实践经验。为了提高安全技术培训的教学质量，我们必须建立起一支稳定的专兼职师资队伍。一是要求专业从事安全技术培训工作的人员，深入生产现场，了解情况，并适时对他们进行专业业务提高培训。二是挖掘、发现、培养兼职培训授课人员，充分发挥生产现场工程技术人员、工作人员的技术优势，加强与他们的合作与协调，请他们走进课堂成为兼职教员，聘他们为现场指导，成为现场教练，使他们能够随时随地进行形式多样的安全技术培训。三是要采用"走出去请进来"的办法，聘请矿外专家学者授课，派出管理人员和专业技术人员学习新技术、新工艺、新管理方法，加强安全技术交流，拓展思维，开阔眼界。四是培训内容和生产实际相结合，增强安全技术培训工作的针对性、实用性，做到学以致用。

第二，业务技术能力。通过业务技术培训，员工对本岗位应知应会的内容要清楚，能在任何情况下准确地说出工艺和设备上存在异常现象的原因及处理方法，并能随时报出各种参数、数据，达到"一专多能"的企业生产特殊要求。同时，要加强班组的业务管理工作，保证生产的持续稳定。

二、班组安全文化建设团体方法体系

（一）班组本质安全化建设

长期以来人们普遍认为，高危险行业发生事故是必然，不发生事故是偶然。随着安全观念文化的进步，人们认识到：通过安全生产的"三E"防范技术体系，即工程技术措施的"技防"、安全科学管理的"管防"和安全文化建设的

"人防"，可以把事故降到最低限度，甚至"零事故"，如使企业、建筑、石油化工等高危行业变为发生事故是偶然的，不发生事故是必然的这样一种协调、理想、和谐的"本质安全"状态。

由此，本质安全建设的主要内容可以包括如下四个方面。

一是人的本质安全。它是创建本质安全型企业的核心，即企业的决策者、管理者和生产作业人员，都具有正确的安全观念、较强的安全意识、充分的安全知识、合格的安全技能，人人安全素质达标，都能遵章守纪，按章办事，干标准活，干规矩活，杜绝"三违"，实现个体到群体的本质安全。

二是物（装备、设施、原材料等）的本质安全。任何时候、任何地点，都始终处在能够安全运行的状态，即设备以良好的状态运转，不带故障；保护设施等齐全，动作灵敏可靠；原材料优质，符合规定和使用要求。

三是工作环境的本质安全。生产系统工艺性能先进、可靠、安全；高危生产系统具有闭锁、联动、监控、自动监测等安全装置，如企业有提升、运输、通风、压风、排水、供电等主要系统及分支的单元系统，这些系统本身应该没有隐患或缺陷，且有良好的配合，在日常生产过程中，不会因为人的不安全行为或物的不安全状态而发生事故。

四是管理体系的本质安全。建立健全完善的规章制度和规范、科学的管理制度，并规范地运行，实现管理零缺陷，安全检查经常化、时时化、处处化、人人化，使安全管理无处不在，无人不管，使安全管理人人参与，变传统的被管理的对象为管理的动力。

创建本质安全型班组是安全管理系统工程的重要环节，是安全生产保障体系中的基础性、根本性、实践性最强的方面。同时，又是安全生产工作随着时代和科技的进步而不断更新和发展的过程。人的不安全行为、物的不安全状态和环境的不安全条件是构成事故的"三要素"。但是，这三者中，物和环境相对来说比较稳定，而人却是最活跃的。人是操控物态、改变环境的主体，因而，事故"三要素"中人是主要的因素。在安全生产管理工作中，关键是管人，管住了人，也就把握住了安全的主动权。

（二）班组安全质量标准化建设

企业生产班组的安全与质量管理，是由生产者和管理者共同采取的、保障班组成员生命健康和劳动成果质量的重要措施，它贯穿在班组生产的全过程。班组的安全管理，主要是指采取一切措施为生产者提供安全的工作环境；质量（主要是指工程质量）是指在生产第一线采取有效措施，保证和提高产品质量。"安全是员工的最大福利"，从这一点上说，质量是员工的命根子。安全和质量具体统一在生产过程之中，特别是在地下作业的环境差，班组直接与自然灾害作斗争，这样质量直接决定着班组成员的安全，从而直接影响着班组的生产和效益，进而影响整个企业的生产效益和人心稳定。由此可见，班组安全与质量管理是企业全面管理的重要组成部分，是企业安全质量管理的基础。

企业生产班组的作业环境和作业特点，要求班组在安全与质量的管理上，必须坚持"安全第一，预防为主"的方针。班组成员，特别是班组长，必须牢固树立高度的安全、质量意识，在生产的全过程中严格执行安全质量标准，达到安全好、质量优的目标。

1. 树立高度的全员安全质量管理意识

企业生产班组的作业环境是复杂多变的，在特殊的作业环境中，生产者必须具备认识、识别、预防和排除不安全因素的能力。而培养这种能力的前提，是要有高度的安全质量意识。安全质量意识，是指生产者对生产环境的正确认识，有了这种认识，才能自觉把握、遵循客观规律，指导安全质量工作。因此，具有高度的安全质量意识，是对每个班组成员的起码要求。在生产过程中，安全质量意识时刻支配着生产者的行动。

班组全员质量意识主要表现在以下方面。

（1）在指导思想上，能够全面理解党的"安全第一"的生产方针，接受安全质量正规培训。

（2）在生产过程中，能够自觉正确处理好安全质量与生产效益的关系，坚持不安全不生产。班组的兼职安全监督人员，在自己搞好安全质量的同时，敢于监督其他人员，抓好安全质量。

（3）在企业生产班组中，一般有兼职安全质量监督员，这部分人员是班组搞好安全质量的骨干，不仅要求他们强化自身安全质量意识，而且还要有高度的责任心和监管意识，能够摸清身边职工在不同条件下对安全质量的认识，在生产中给对方以帮助，及时地制止"三违"现象（违章作业，违章指挥，违犯纪律）。

班组全员安全质量意识集中体现在班组长身上。班组长是班组安全质量管理的第一责任者，班组长的安全质量意识，体现在对班组安全质量的组织安排、执行操作的管理协调上。班组长在安全生产一线，必须做到"眼观六路，耳听八方"，因此、对班组长的安全质量意识有三个基本要求。

首先，班组长要熟知班组成员的"脾气"，掌握每个人的安全质量意识，谁容易出问题，谁容易在某一个问题上出事故等；只有具有这种本领，才能有的放矢，在安排工作时心中有数，因人而异。

其次，在安全质量的执行操作上，班组长直接盯现场，善于发现问题，解决问题，反应敏锐，果断利落的作风，是班组长极为重要的一个素质。

再次，班组长在安全质量的管理协调上，要以严格的标准、一丝不苟的工作态度，认真做好思想工作，督促、启发全体成员正规操作、干标准活的自觉性。总之，要求班组长学会"弹钢琴"的工作方法，在生产和安全中，既兼顾两者，又会抓重要方面。另一方面，还要加强对班组长安全质量的理论和业务培训，创造条件支持他们的工作，使之更好地发挥作用。

2. 严格执行安全质量管理标准

新中国成立以来，许多行业推行安全质量标准管理，经历过两个重要的时期，即20世纪60年代初，提出"工程质量是企业的命根子"的口号，在安全生产中严把"毫米"关，培养了职工队伍的严细作风。《企业安全规程》和《企业技术操作规程》，正是企业安全生产长期实践的经验总结，是安全质量管理的法规性文件。班组是安全质量管理的第一道防线，严格执行这两个规程十分重要。

生产班组能否严格执行安全质量管理标准，关键是必须使班组成员认识到安全的基础是质量标准化，大搞质量标准化是实现安全生产的首要措施，真正从思想上、行动上树立"工程质量是企业的命根子。干一辈子企业，抓一辈子质量标准化"的观念，克服过去那种"手是尺，眼是线，凑凑合合往前干"的旧习惯，把工作秩序、操作行为和工作成果纳入正规化、标准化管理。对于标准的应知应会技能要求班组长要比别人掌握得更全面、更熟练，还要制定评比标准。评比体现出班组安全质量的管理，班组长要通过评比，培养全体成员的安全质量意识和执行规程标准的自觉性。

在掌握安全质量管理标准的基础上，要全员、全方位、全过程严格执行标准。全员是指以班组长为首的全体班组成员；全方位是指所有的工种、岗位；全过程是指整个工艺流程。"三全"是指形成一个严密的安全质量管理网络。"三全"是以人为文本，只有严谨、安全的作风，才能保证人人执行标准，干标准活。在工程施工中，每一个环节都要动尺动线，一丝不苟，把各项质量标准落到实处。班组长在"三全"管理过程中，要"严"字当头，敢于批评，对不合标准的工作坚决推倒重来，以防埋下后患。

3. 对安全质量实施目标管理

为了激励班组的安全质量不断上等级，对班组安全质量工作实施目标管理十分必要。车间一级的管理者应根据每个班组的实际情况，首先确定班组的阶段目标，然后帮助班组长把目标分解到每道工序、每个成员。实施目标管理是优化管理的需要，可以有效地克服短期行为，避免上级强调就抓一阵子，搞"突击"、搞"会战",上级没强调就不管理等不正常的做法，从制度上把安全质量管理目标定出来，长期坚持，促进班组的安全质量管理。

生产班组确定了安全质量管理目标，在安全好、质量优这一总要求上，应从本班组人员的素质、现场条件等实际出发，使目标切实可行，鼓励每个成员"跳"起来"摘到"果子，不能脱离实际。企业近几年来在制定安全质量管理目标时，经过对生产班组人员的技术素质进行科学的测算、分析，分等级制定管理目标，鼓励班组通过竞赛不断向上攀登，推动了安全质量的管理工作。

生产班组确立安全好、质量优的管理目标，目的在于激励班组成员产生实现目标的积极性。原中国女排教练袁伟民，在谈到他调动队员的积极性时说，他的成功之处在于善于发挥每个队员的特长。这一点对于班组长十分重要。班组长要了解班组每个成员的特长，根据他们的特长选择并制定内部管理目标，然后把目标恰如其分地分解到个人身上，这就是班组目标管理的艺术，也是保证班组管理目标实现的重要措施。实现目标的过程中，对班组成员施以一定的物质和精神激励手段，是不可缺少的。为了调动班组成员搞好安全质量的积极性，在经济分配上应与每个人的安全质量工作绩效挂钩。

（三）班组安全文化活动方式

通过系统化、模式化、规范化的方式来总结归纳班组安全活动模式，对于提高企业安全生产管理的水平，改进企业安全文化建设的效果，具有现实的意义。班组作为企业的最基本的组织，其安全文化活动方式符合整个企业安全生产活动方式的大背景。

企业安全文化活动的方式、方法主要包括安全宣教活动、行为文化活动、管理文化活动、环境物态文化活动四个方面。

1. 宣教活动类

（1）班前班后会教育

① 内涵定义。班前班后会是企业生产班组实施工作任务前后进行的组织活动形式，是班组安全教育和作业安全信息交流的重要途径，是一种比较成熟的企业班组安全建设方式。

② 内容要求。班前班后会主要包括班前会和班后会，其主要内容有所不同：a. 班前会：班组长结合工作环境、设备状况、班组人员情况，合理安排开展工作的会议。在班前会上，班组长根据现场条件、工作环境，组织好施工方案的学习，做好危险点分析、安全技术交底和安全措施的落实。b. 班后会：班组长总结讲评当班工作任务和安全措施的落实情况，表扬好人好事，批评忽视安全、违

章作业等不良现象，对人员安排、作业（操作）方法、安全事项提出改进意见，对发生的不安全因素、现象提出防范措施，并做好记录。

③ 目的意义。开好班前班后会，是生产班组保证安全生产的有效措施之一。通过班前班后会介绍生产及安全状况，明确生产任务，提高员工的工作责任感，使员工对自己的工作心中有数、行动有章可循，达到安全生产。

④ 开展实施。班前会：a. 回顾。班组长讲解，结合工作环境、设备设施、班组人员等情况，回顾前一次安全生产状况，并强调出现的主要问题。b. 任务安排、技术交接。了解本班作业人员基本情况，落实本班每个员工的工作任务、责任及范围，交代并预想工作中可能出现的危险因素、可采取的安全措施及应注意事项。c. 其他活动。根据班组实际情况，可进行唱一支"安全歌"、违章员工做"安全检讨"、讲心得、谈安全经验、讲安全小故事等一些娱乐性安全活动。d. 宣誓。即将入井或开工前，班前会最后一项内容是所有与会人员一起做安全宣誓，宣誓内容以安全理念、安全精神等为主，视不同班组自定。班后会：a. 随谈。员工自由发言，谈本次生产作业的安全状况、出现的安全问题、采用的解决方法及感想等，并提倡员工积极提出改进意见。b. 总结。最后由班组长总结本次生产作业的整体安全状况，并表扬好人好事，对忽视安全、违章作业者进行批评，提出惩罚意见。

⑤ 组织部门。安全部门负责定期检查会议落实状况，监督班组认真开好班前班后会。班组是班前班后会的开展主体。

⑥ 参与人员。组织人员是安全部门相关人员、班组长。活动对象是基层员工。

⑦ 特点。现场实施；天天实行；实时动态；贵在坚持。

⑧ 关键。班前班后会的内容要翔实、针对性强，切忌笼统，要采取活泼多样的组织形式，克服念文件、讲规定、提要求、做总结等一成不变的单一模式。会议过程中要做好记录，由每位与会人员签字确认，以备发生事故时查阅，可便于查清原因、分清责任。安全奖罚内容需安排在班后会，避免员工因情绪发生大的波动而影响本次安全生产。

（2）"四特殊、三结合"安全教育

① 内涵定义。"四特殊、三结合"是指以培训、宣传、帮教为主，实施"四特殊""三结合"安全文化教育。"四特殊"包括形势教育、亲情教育、关怀教育、氛围教育。

"三结合"包括安全生产榜样示范教育与员工自我教育相结合、文化宣传教育与问题现场教育相结合、正面安全理念教育与反面事故教训教育相结合。

② 内容要求。"四特殊"安全文化教育内容包括：a. 形势教育。从企业到班组，层层递进，了解不同单位及同行业一段时间内的安全生产状况，通过一些同行业的事故案例分析，对员工起到良好的警示作用。b. 亲情教育。班组运用亲情的力量来鞭策员工，动员员工亲属直接帮教员工学习各种安全知识。c. 关怀教育。企业领导定期与基层员工近距离接触，了解每一位员工的想法、感受，让每位员工都在生活、工作上感受到企业领导的关怀和呵护。d. 氛围教育。积极开展氛围教育，保证所到之处都有安全规章、安全常识，各种警标、警句，让每位员工深刻体会"安全第一"的重要性，让每一位员工都觉得不讲安全是一种耻辱。"三结合"安全文化教育内容包括：a. 安全生产榜样示范教育与员工自我教育相结合。树立安全生产标兵，开展"安全之星"评比活动，让员工以标兵为榜样，提高自身修养。b. 文化宣传教育与问题现场教育相结合。开展安全教育工作要注重理论与实际相结合，使问题具体化。比如在作业现场，通过安全员或班组长现场示范的方式对员工进行安全作业教育。c. 正面安全理念教育与反面事故教训教育相结合。开展安全教育工作要重视警示教育和教训教育，通过对事故的深入分析，让员工了解事故的来龙去脉，从而树立正确的事故观念。

③ 目的意义。通过"四特殊""三结合"安全文化教育，让员工自觉感受到安全与自己切身利益之间的关系，自觉提高安全生产技能。

④ 开展实施。a. 实施准备。由安全部门负责制定各种教育的具体活动方案并统筹安排，要考虑到实施的便捷性、员工的可接受心理和实施后的效果性。b. 实施保障。安全部门专门成立安全培训教育指导组，全面负责教育资料的收集、整理及全面参与实施。c. 教育开展。组织好人员，开展计划好的各项安全培训教育，并实施效果评估，进一步改进培训教育方案，使之更科学、更实际、更有效。

⑤ 组织部门。安全部门统筹规划实施教育的时间、地点、人员、频次等细节内容，并及时汇报上级领导，合理安排相关领导定期参与。班组具体负责基层现场安全教育活动。

⑥ 参与人员。组织人员是安全部门相关人员、班组长。活动对象是基层员工。

⑦ 特点。领导参与；员工互动；相互沟通；强化意识。

⑧ 关键。安全文化教育要确保深入基层，切实在班组开展，不可只走形式。

（3）"每日一题"安全问答

① 内涵定义。对员工应具备的安全法律法规知识、生产技术知识、职业技能、岗位操作水平及安全常识等内容进行每日一题的提问和回答式教育。

② 内容要求。按照"干什么、学什么，缺什么、补什么"的原则，视具体单位制定简捷、通俗、易懂、实用的学习内容，每日选一题进行提问回答式学习，要求"学一题、懂一题、记一题、用一题"，并定期考试考核。

③ 目的意义。通过"每日一题"安全问答培训，让员工不知不觉中掌握各种安全知识，增强安全意识，提高安全素质。

④ 开展实施。a. 抽查。对上次问题进行抽查回答，检查"学一题、懂一题、记一题、用一题"要求的达标状况。b. 提问。在班前会上，每天出一题，由班组长或安全员提问，员工现场问答。c. 答案核对。由提问者给出正确答案，并简要说明出题背景。d. 讨论。与会者共同讨论问题并领会问题实质内容。e. 稳固。在班组活动室等员工休息场所，以板书形式写出每天培训所提问题及答案，加强知识巩固。

⑤ 组织部门。安全部门选定每日问题，并对开展状况实时监督检查。班组是培训主体。

⑥ 参与人员。组织人员是安全部门相关人员、班组长。活动对象是基层员工。

⑦ 特点。内容丰富；现场互动；持之以恒；积少成多。

⑧ 关键。照顾到每一位员工，激发全员积极思考。持之以恒，逐步推进，定期考核，避免流于形式、左耳进右耳出。

(4) 安全竞赛活动

① 内涵定义。企业班组、岗位开展以现场隐患排查、安全技能大比拼、安全知识竞赛等为主要内容的安全竞赛活动。

② 内容要求。经常开展安全竞赛活动是企业促进班组安全工作良性循环的有效手段。安全竞赛活动可采取多种形式，可以是车间范围内的班组竞赛，可以是班组范围内的个人竞赛，也可以是不同班组同一岗位作业人员的竞赛。竞赛的内容主要包括：a. 班组安全建设软件、硬件的评比。安全工作台账的展评，安全教育、安全活动的开展和安全制度的建立状况。b. 现场隐患排查比拼。开展生产现场隐患排查和治理，以辨识出的有效隐患率和实际排查率为指标，进行结果评定。c. 安全技能大比拼。主要以对本岗位安全操作和事故应急处置能力为主要内容，开展班内班外的安全技能比拼。d. 安全知识竞赛。开展安全知识有奖问答等活动，现场问答，现场评比，现场领奖。

③ 目的意义。通过开展各种安全竞赛活动，能够强化员工安全观念，提高班组事故预防能力，有助于班组营造和保持良好的安全作风和安全精神。

④ 开展实施。a. 准备。成立三个小组，一是由企业、车间领导和各班组长

参加的竞赛活动领导小组；二是由各工会小组长参加的宣传小组；三是由安全部门组成的监督检查小组。由领导小组制订活动方案，确定竞赛的考核指标和考核办法。b. 宣传。设置专题板报，班组召开专题宣传发动会，使员工了解竞赛的具体要求。在此基础上，组织员工全面细致学习竞赛方案、安全法规以及行业企业的各项安全规章制度、安全操作规程等。c. 检查评比。查现场：加强对在生产作业现场、重点隐患控制点、重点隐患控制人的监督检查力度，发现隐患立即制止，发现的隐患在每天的班后会上组织班组员工认真分析讨论，引以为戒。问员工：在活动期间，要定期对员工进行安全法规抽查，进行安全知识、作业规程、安全技能考核。看效果：对活动期间班组安全违章违规等情况进行监督记录，并查阅班组安全台账，检查班组安全教育和安全活动开展情况。定量评比：根据竞赛考核指标对各个班组进行评审，确定竞赛结果。d. 表彰。对活动中表现优异的班组进行精神和物质上的表彰，并树立典型，进行宣传。

⑤ 组织部门。安全部门确定竞赛的考核指标和考核办法。工会现场参与督导。宣传部门对赢得竞赛的员工、班组进行全企业范围内的宣传，树立典型。

⑥ 参与人员。组织人员是安全部门、宣传部门及工会相关人员。活动对象是全体员工。

⑦ 特点。形式生动；增进团结；目标明确；落实有力。

⑧ 关键。活动中要坚持三个落实到人：一是宣传发动到人；二是竞赛考核到人。对活动期间出现的各项违章违纪行为，将在每月的安全考核中加倍扣分，并纳入年度的绩效考核；三是考试检查到人。在竞赛活动期间，在生产作业安全知识、安全规程等方面授课，并进行理论考试。

（5）班组"安全日"活动

① 内涵定义。每周开展一次"安全日"活动，主要开展安全学习、安全宣传及安全反思等工作。

② 内容要求。"安全日"活动是班组开展安全工作的最佳载体，"安全日"不仅是宣传上级有关各类安全生产法律法规、文件，加强员工法制观念、增强责任感，提高员工安全生产自觉性和自我保护意识的好机会，更是员工相互交流安全工作经验的平台。"安全日"活动的主要内容包括：学习贯彻上级有关安全精神、安全指示和反事故措施；观看安全警示片，吸取本单位和兄弟单位的事故教训，反思、讨论防止事故发生的方法措施，并结合实际有重点地学习规程。

开展班组"安全日"活动，首先，要全员参加，班组长、安全员在"安全日"活动前要做好充分的准备，安全日活动贵在内容充实、讲求实效，切忌流于形式，每次活动均应有所侧重，有所收获，并认真做好记录，切忌造假编造。其次，作为应参加"安全日"活动的各负责人和有关职能部门，应按规定参加班组"安全日"活动，及时了解班组的安全情况并对其安全日活动的质量进行考核。第三，班组"安全日"活动要注意联系实际并注重效果，要让每个成员都能参与讨论、分析，要结合自身实际，真正把自己融入活动中去。

③目的意义。通过有效地开展班组"安全日"活动，能及时地总结安全生产工作中的经验教训，增强员工的安全意识，进一步营造开展安全生产的氛围，改进安全工作方法，逐步提高班组的安全管理水平，对企业的安全生产起到积极的促进作用。

④开展实施。a. 事故反思。班组长或者轮值负责人组织员工联系现场实际学习通报、简报、事故快报等安全情况资料。通过案例分析、反思，吸取教训，对照实际情况，找出现场存在的问题，在逐步培养组员从技术角度分析事故或异常能力的同时，制定有针对性的防范措施。b. 规章学习。班组长或者安全员组织员工学习《班组安全行为规范》、《岗位安全作业指导书》、行为规范等有关规章制度。在学习中应结合实际，遵循"学以致用"的原则，深刻挖掘其丰富的内涵，这样就不会感到单调、枯燥。c. 总结安全工作。在活动中分析总结上周的安全情况，包括人身、设备发生的不安全事件、不安全因素、隐患及违章行为等。对违章行为要分析其原因、危害，并提出整改措施，对好的做法和好人好事要肯定和表扬。d. 做好记录。设计好栏目齐全的"安全日"活动记录本，设立记录员，做好规范、完整、真实的活动记录。在活动内容栏内，要填写学习的主要内容，应有与会人员根据所学内容和围绕主持人提出的讨论题，联系本班组、本人的实际，讨论发言的简要记录，并有主持人对讲座、发言情况的讲评、总结记录。在存在问题栏内，要记录本班组安全方面存在的问题，特别是上周内本班组安全方面存在的问题，并记录对照学习相关规程的内容。在改进措施栏内，应记录本班组贯彻上级要求，吸取事故教训采取的措施，不安全问题的整改措施和下周安全工作的要求。e. 领导监督。应该建立上级领导和各级管理人员与班组"安全日"活动挂钩制度。车间的生产管理人员要分包负责各班组的"安全日"活动，并经常参加分包的班组"安全日"活动，对分包班组"安全日"活动的实效性和质量负责。在"安全日"活动结束前要对班组的活动情况进行实事求是的评价，并在"安全日"活动记录簿内签字。f. 考核检查。企业安监部门要不定期地对各班组"安全日"活动情况进行检查：一是选择"安全日"活动开展效果好的班组，作为典型加以推广，总结经验，共同提高；二是将"安全日"活动开展情况，纳入对班组的安全考核，对存在的问题和考核情况，每月进行一次通报，并负责监督各班组整改是否落实。

⑤ 组织部门。安全部门负责监督、考核"安全日"活动内容等。班组组织好每个"安全日"活动。

⑥ 参与人员。组织人员包括现场安全员、班组长。活动对象包括基层员工。

⑦ 特点。全员参与；内容充实；形式多样；联系实际。

⑧ 关键。"安全日"活动的关键是形式与内容相结合；结合实际；重视效果。

（6）"十个一"安全主题活动

① 内涵定义。开展以十项安全子活动为内容的安全系列活动，旨在加强员工安全教育，营造浓厚的安全氛围。

"十个一"指背一则安全规章；读一种安全生产知识书籍；受一次安全培训教育；忆一起事故教训；查一个事故隐患；提一条安全生产合理化建议；做一件预防事故实事；当一周安全监督员；献一元安全生产经费；写一篇安全生产感想（汇报）。

② 内容要求。"十个一"安全主题活动是将保障班组安全的主要因素以主题的方式，形成活动模式，易于实施，便于全体员工参与。"十个一"主题活动的内容主要有两个大的方面：a. 安全子活动主题的确定。对十项主题活动做统一规划，每一项活动的时间、活动内容、活动方式、活动后的效果反馈等都必须有明确的规定。b. 每一个主题内容的确定。对每一项活动的具体内容以文本的形式，下发给员工，按既定的内容，逐次开展每一项主题活动。

③ 目的意义。通过开展"十个一"安全主题活动，使员工能在参与活动的过程中强化安全教育，增强安全知识，强化安全意识，营造浓厚的安全文化氛围。

④ 开展实施。a. 策划。由企业党政部门设计整个活动的计划，可集中安排3～5个月开展各项活动。b. 宣传。加大宣传力度，利用宣传栏、报纸、在厂区挂宣传画、横幅等各种方式全力推进宣传工作。召开专题动员启动大会对企业员工进行全面动员，号召全体员工广泛参与活动。c. 落实。由安全部门和工会负责各项活动的落实工作，充分调动一切资源，将每项活动都开展得有声有色。d. 评优。对部分子活动评出优秀奖项，对获奖员工予以物质奖励并在员工安全考核中给予相应的加分。安全系列活动的末期，安全部门和工会通过商议考核，评选出"十个一"安全主题活动的优秀基层单位并给予嘉奖。

⑤ 组织部门。党政部门组织、动员"十个一"安全主题活动。安全部门及工会落实各项活动的开展。宣传部门负责"十个一"安全主题活动的宣传工作。

⑥ 参与人员。组织人员包括党政部门、安全部门和工会相关人员。活动对

象包括全体员工。

⑦ 特点。内容全面；形式多样；宣传有力；全面参与。

⑧ 关键。引导每位员工参与到"十个一"主题活动中并深受教育。

(7)"三自三创"竞赛活动

① 内涵定义。"三自三创"是指"车间自主管理安全，创建本质安全型车间；班组自主保安全，创建本质安全型班组；个人自主保安全，创建本质安全型个人"。

② 内容要求。开展"三自三创"安全管理竞赛活动，要以活动为主要方式，以考核为主要手段，创建本质安全型班组、塑造本质安全型员工，在活动开展过程中要不断培养员工的安全自主意识。

③ 目的意义。把安全生产责任制延伸落实到每个干部职工，使企业各级组织都承担起安全管理的主体责任，形成全企业干部职工人人管安全、抓安全、人人都是安全生产的管理者和受益者的格局。

④ 开展实施。a. 制定"本质安全型车间"考核标准。企业安全部门要针对安全指标、安全基础管理资料、职业安全健康、现场管理、安全教育培训等内容制定考核标准。b. 制定"本质安全型班组"考核标准。制定"班组安全工作考核表"，主要考核安全绩效、安全管理、精神文明等几个方面。c. 制定"本质安全型员工"考核标准。制定员工考核标准，主要考核员工身体状况、心理状况、安全意识水平、技能水平等方面，建立《员工安全绩效档案》《个人"三违"制止统计表》及《安全隐患排查表》，做到资料翔实，有据可查。d. 实施考核。实行每月一考核评比，并认真总结备案，根据考评结果核定本质安全型车间、班组和本质安全型员工，对班组和员工个人进行经济奖励。

⑤ 组织部门。安全部门负责活动的考核和评比工作。宣传部门负责活动的宣传工作。工会负责活动的具体落实。

⑥ 参与人员。组织人员包括安全部门、宣传部门及工会相关人员。活动对象包括基层单位及全体基层员工。

⑦ 特点。全员参与；分层管理；奖罚分明；重在实效。

⑧ 关键。精心组织，明确标准，严格考核，确保效果。

2. 行为文化类

(1)"三为六预"隐患管理

① 内涵定义。以"三为"为准则，开展"六预"事故隐患预防行动，就组成了"三为六预"这一递进式、立体化事故隐患预防体系。

② 内容要求。"三为"即"以人为本、安全为天、预防为主"；"六预"即

"预教、预测、预想、预报、预警、预防"事故隐患预防行动。

③ 目的意义。实施对安全风险超前辨识、过程控制、闭环管理，实现"技防"与"人防"的有机结合，使班组安全管理能力得以提升。

④ 开展实施。a. 预教。以思想教育为主，灌输"以人为本、安全为天、预防为主"的安全理念。b. 预测。车间值班人员掌握全天现场情况，对上级领导要求和需要处理的问题进行综合分析，对现场隐患、可能出现的危险进行预测。c. 预想。员工按照值班人员和班组长安排的任务进行预知、预想，充分考虑如何完成领导安排的工作任务，规程是怎样规定的，需要什么工具、材料、设施等，提前做好预备；班组长重点抓好现场把关、工作指导，根据现场情况、本班人员结构及综合素质，预想、预测出的危险源由谁去处理，根据情况变化随时采取应对措施，做好预防、预备工作。d. 预报、预警、预防。在作业现场的员工必经之路设置预警、预报牌板，由跟班组长填写预警、预报项目和注意事项，安排人员设置安全标识，管理人员按照岗位责任，针对预警、预报项目进行走动式管理，发现问题及时处理，并在信息站汇报登记、签名，形成程序化操作，下一班跟班组长，对照现场预警、预报牌板，按照岗位责任对程序化操作进行督察，发现问题及时整改，并由安监人员全面负责监督工作，对违反程序、落实不力的责任人进行处罚。开好现场班后会，对当班情况进行总结，找出存在问题，预报危险源，实行现场手上交接。

⑤ 组织部门。安全部门负责"六预"工作的管理、落实和考核工作。宣传部门负责"三为"思想宣传。

⑥ 参与人员。组织人员包括安全部门、宣传部门相关人员。活动对象包括班组长和基层员工。

⑦ 特点。集体协作；责任明确；动态管理；过程控制。

⑧ 关键。加强"三为六预"各项环节的落实，从车间、班组到个人切实履行职责。

（2）现场"三点控制"法

① 内涵定义。对生产现场的"危险点、危害点、事故多发点"挂牌，实施分级控制和分级管理。

② 内容要求。"三点"是指危险点、危害点、事故多发点。这"三点"是班组安全生产的要点、主控制点和注意点，有效地控制了"三点"，班组安全生产就有了把握。危险点是指相对于其他作业点和岗位更危险的岗位，危险点固有的危险性使它成为安全控制的重点；危害点是相对于其他作业点更具危害性的作业点，如化工企业有毒有害气体岗位就是危害点；事故多发点指这个点曾经发生过

第十章　现场员工安全行为管理

221

事故或多次发生过事故，这样的点是班组安全生产的必须控制点。

③ 目的意义。通过对作业场所的危险单元进行辨识，了解其规律，采取措施，做到对作业场所"三点"适时、动态、重点、有效的控制，减少事故隐患，保障班组作业安全。

④ 开展实施。a. 辨识分类。以班组或岗位为单位，对现场"危险点、危害点、事故多发点"进行辨识，并上报，安全部门对辨识出的"危险点、危害点、事故多发点"进行整理、分类，实施分级管理。b. 管理控制。分别编制应急预案，制定班组长"三点"巡检制度，加大"三点"的检查力度和频率，加强对危险单元岗位员工的教育培训工作。c. 现场控制。在"三点"设立监控、监测措施，有条件的实行计算机管理监控。在"三点"配备相应的安全器材和设施，保持现场清洁、文明、通道通畅。设置明显的安全标志和警示牌，标明其危险或危害的性质、类型、数量、注意事项等内容，以做警示。d. 改善。对被警示危险源及时动用各种资源，改善危险单元环境，消除或者减少其危险性。

⑤ 组织部门。安全部门负责现场"三点控制"工作开展。技术部门配合班组员工，开展危险源点的辨识工作。

⑥ 参与人员。组织人员包括安全部门、技术部门相关人员。活动对象包括班组长和作业现场。

⑦ 特点。重点预防；分类管理；多方控制；确保安全。

⑧ 关键。加强"三点"辨识工作的科学性和控制管理措施制定的规范性。

（3）安全激励约束制度

① 内涵定义。有效的激励和约束，是调动班组长和员工积极性、规范班组安全工作开展的不可替代的重要手段，制定合理的班组安全生产激励约束制度，确保班组安全工作顺利开展。

② 内容要求。班组安全生产激励约束制度包括两方面，一种是针对班组长，一种是针对普通员工。

③ 目的意义。通过完善班组考核制度，建立班组激励约束机制，能够极大地调动班组长和员工加强班组建设的积极性、主动性和严谨性，增强员工的安全工作压力和抓好安全工作的责任感，提高班组安全建设的水平。

④ 开展实施。班组长的激励约束制度建设：a. 明确考评标准。建立以发生事故情况、班组安全业绩、员工评议、个人表现为内容的考评指标和标准，并合理设置分值和比例权重关系。由班组所在的车间负责，每季度对班组长进行一次全面考核。b. 提高综合待遇。在经济上，通过增加津贴、高定岗位工资等方式提高班组长的工资待遇；在政治上，各级党、团组织重点加强对班组长的政治培

养，对思想表现积极进步、理想信念坚定、本人积极要求进步并自愿加入党、团组织的，要重点培养考察，合格的优先发展入党、入团；在工作上，注重从班组长中提拔车间领导干部。c. 约束制度。依据班组安全工作的开展状况和事故数量制定班组长约束标准，通过扣岗位津贴、免职等方式实现约束。

班组普通员工的激励约束制度建设：a. 建立考核机制。建立健全对班组的绩效考评机制，班组内部应建立规范、明确、公正的员工个人绩效考评机制和分配机制。b. 合理激励和约束。要创造良好的工作环境和学习环境，发挥环境激励作用；合理设计经济分配政策，发挥经济激励作用；及时进行口头和书面的表彰，发挥精神激励作用；为优秀员工提供政治进步的机会，发挥政治激励作用；为员工自我价值实现开拓空间，发挥价值激励作用。要按照公平、公开的原则，对优秀班组和个人进行经济奖励，对表现差的班组处以惩罚。c. 改变工资制度。着力提高员工总体收入水平。要建立多渠道、多方式提高员工收入的新型薪酬制度，不断提高员工总体收入，合理拉大收入差距，适度提高安全绩效考核优秀员工的收入。

⑤ 组织部门。安全部门制定落实班组安全生产激励约束制度。

⑥ 参与人员。组织人员包括安全部门相关人员。活动对象包括班组长和基层员工。

⑦ 特点。对象不同，方式不同；全面激励；奖罚分明。

⑧ 关键。健全制度规范，实现灵活管理，切忌评优考核时"轮流坐庄"的分配情况出现。

（4）安全工作积分考核制度

① 内涵定义。建立班组安全工作积分档案，针对班组安全工作开展情况进行多方面考核，通过所得积分判定班组安全管理水平。

② 内容要求。班组安全管理积分考核实行月度考核、季度兑现的办法。每班组每月总分为 100 分，由安全部门牵头对各班组从事故情况、安全标准化考核、安全培训、安全活动开展、"三违"数量、隐患排查工作开展情况、安全台账检查、现场安全自检等方面进行考核。

③ 目的意义。奖罚相辅相成的积分考核制度，在班组之间形成赶、比、超的氛围，有效地提升企业班组自主管理的能力，全力确保管理效果。

④ 开展实施。a. 减分。对于出现"三违"现象、微伤以上事故、安全标准化建设不达标、没有员工培训计划、培训效果不理想、隐患排查整改等安全管理制度落实不到位的，将酌情对班组作出从 2 分至 100 分不等的扣分处理。b. 加分。设立相应的加分奖励制度，如凡是全年杜绝轻伤及以上人身事故的单位，班

组可获得加分奖励，在企业安全标准化达标验收中表现优秀的班组将获得适当加分奖励，在各类班组安全竞赛中取得优异成绩的班组也将获得加分奖励，等等。

c. 考核。将班组安全管理积分纳入月绩效考核。班组安全管理积分制度的奖惩以绩效工资的形式实现，一月一考核，一季度一清算。班组每位员工的工资都将与班组安全管理积分直接挂钩。

⑤ 组织部门。安全部门制定落实班组安全管理积分考核制度。

⑥ 参与人员。组织人员包括安全部门相关人员。活动对象包括基层班组。

⑦ 特点。标准量化；奖罚分明；风险共担；操作性强。

⑧ 关键。制度要合理完善，安全部门要认真清算。

（5）员工安全考核分级制度

① 内涵定义。根据员工安全培训考核、安全生产表现（有无违章作业）以及日常安全教育的成绩，将员工按照安全考核结果划分等级。

② 内容要求。员工安全考核主要针对以下内容进行：参加宣传教育学习和活动情况；不同风险等级的违章行为；参与企业安全竞赛活动情况；安全教育考试成绩；在作业现场岗位自查情况。

③ 目的意义。建立员工的日常动态考核机制，对员工的安全工作进行等级划分，对优秀员工予以额外的嘉奖，能够调动员工投入安全工作的积极性，引导员工时刻把安全放在至上的高度。

④ 开展实施。a. 奖励。员工安全考核每月一统计，每季一汇总，详细规定每个考核标准的分值权重。考核可设为四个等级，以车间为单位分配第一等级名额，设置"安全标兵奖"，季度末达到第一等级的员工获得奖金和"安全标兵"称号，享有安全评先的资格。b. 鼓励。对本季度考核等级在三级或以上，下一季度等级升高的进步员工，采取发放生活用品的方法给予激励。c. 教育。对季末考核处于最低等级的员工，班组长负责与其谈心、对其教育，找出原因，开展针对教育。

⑤ 组织部门。安全部门制定并落实员工安全考核分级制度。

⑥ 参与人员。组织人员包括安全部门相关人员。活动对象包括全体员工。

⑦ 特点。动态考核；量化标准；分级管理；激励教育。

⑧ 关键。考核制度要合理，考核指标要完善，考核结果要真实。

（6）安全榜样激励教育

① 内涵定义。安全榜样激励教育是指通过树立的安全生产榜样使组织的目标形象化，号召组织内成员向榜样学习，从而提高员工安全素质和安全绩效的方法。

② 内容要求。安全榜样激励教育是安全激励的一种体现形式，有两点要求：a. 纠正打击榜样的歪风，否则不但没有多少人愿当榜样，也没有多少人敢于向榜样学习。b. 不要搞榜样终身制，因为榜样的终身制会压制其他想成为榜样的人，并且使榜样的行为过于单调。有些事迹多次重复之后可能不复具有激励作用，而原榜样又没有新的更能激励他人的事迹，就应该物色新的榜样。

③ 目的意义。通过安全榜样的示范激励，在班组安全建设中真正起到"以一个带一群，以一群推整体"的作用。

④ 开展实施。a. 树立榜样。榜样不能人为地拔高培养，要自然形成，但不排除必要的引导。选择榜样时要注意榜样确实是班组中的佼佼者，所以，选择企业中威望高、安全成绩优秀的典型才能使人信服。b. 宣传。要对榜样的事迹广为宣传，使全体员工都能知晓，使员工知道有什么样的行为才能成为榜样，使学习的目标明确。c. 奖酬。给榜样以明显的使人羡慕的奖酬，这些奖酬中包括物质奖励，更重要的是受人尊敬的奖励和待遇，这样才能提高榜样的效价，使员工学习榜样的动力增加。d. 引导。运用安全榜样的激励导向作用，引导其他员工对照典型找差距、针对不足抓整改，营造一种学先进、争先进、当先进的良好氛围。要注意发挥榜样的示范引导作用，组织员工到榜样所在的岗位参观学习，在耳濡目染中受到启迪，改进安全工作；也可以让安全先进典型与后进员工结成帮教对子，传经授艺。

⑤ 组织部门。安全部门制定榜样评定和审核标准，并实施评定和审核。班组发现榜样，向安全部门提供榜样候选人资料。

⑥ 参与人员。组织人员包括安全部门相关人员、班组长。活动对象包括全体员工。

⑦ 特点。示范教育；以一带多；与时俱进；帮带提高。

⑧ 关键。对榜样的培养要常抓不懈，对榜样的不足要及时指出，榜样犯错也要严厉批评，不搞特殊照顾。

（7）安全态度专项教育

① 内涵定义。安全态度教育是对那些已经具备了安全作业能力，而不实施安全行为或明知危险而又不执行规章制度的员工进行专项思想教育，培养其自觉安全行为意识。

② 内容要求。安全态度教育是安全教育的重要内容和方法，主要内容包括：a. 安全观念教育。主要针对班组员工的不良安全观念进行收集、整理，有针对性地纠正和改造，倡导正确的安全观念。b. 安全意识教育。通过事故警示及不安全行为后果严重度警示教育，让员工意识到不良安全态度或不具备安全意识带

来的后果和影响。

③ 目的意义。成功的安全态度教育可以端正企业员工的工作态度和对安全生产的认识，以便自觉地执行安全生产各项规章制度，正确地进行操作，实现安全生产。

④ 开展实施。a. 确定对象。确定安全态度教育的对象，对那些已经接受过一般安全知识、安全技能教育，但在一项作业中或是在设定的一段时间内仍有三次以上违章操作的人，就可对其所掌握的安全知识和安全技能以及性格、情绪变化、工作经历、家庭状况、有无事故档案记录等情况建立教育档案，编写指导计划书，并实行重点监控。当发现设定对象再次有违章作业行为时，不要限于规定时间和地点，而是应立即抓住机会，有的放矢地对其进行安全态度教育。b. 听取意见。发现有违章行为后，不要用指责的方法或强制性的方法来纠正，而是需要冷静，心平气和，耐心听取对方陈述，抓住有利时机，反复了解违章的真正原因。分析其行为处于何种状态，然后确定采取与之相适应的教育手段。c. 沟通理解。耐心地讲明道理、指出危害，采用不强迫、不勉强的方式进行沟通，在相互交谈和提问中，达成态度一致。d. 举例示范。要用事故教训、事故带来的后果、亲情关系进行人性化教育；可以将违章作业的过程制作成三维动画、漫画、图解等方式，完整地将违规行为进行演示，让员工按照正确操作程序去反复训练，达到操作熟练自如的程度；管理者带头遵守安全规程，亲自示范，督促实行。e. 评价效果。一般采取观察法、测验法和调查法评价安全态度教育的效果，不足的地方加以改进。评价的内容主要为进入作业现场是否按规定穿戴好劳保用品，作业时是否集中精力，发现异常情况是否及时报告，遇到险情是否有紧张心理或违章、蛮干、逞能现象。对于安全态度端正、对安全生产做出贡献的个人应大力表彰，对安全态度差的个人予以批评和惩罚。

⑤ 组织部门。安全部门收集和整理存在于企业员工内部具有代表性的不安全态度和意识并制定出相应的纠正措施。班组对本班组员工的不安全态度表现进行收集、上报安全部门并落实改进措施。

⑥ 参与人员。组织人员包括安全部门相关人员、班组长。活动对象包括基层员工。

⑦ 特点。抓住要害；心理教育；规范行为；注重长效。

⑧ 关键。必须要长时间地耐心说服和教育，必须反复强化，才能引导员工形成正确的安全习惯。

（8）"全优"班组长素质管理

① 内涵定义。开展"全优"班组长素质管理，明确优秀班组长标准，按照

"全优"班组长素质标准对班组长进行考核评优。

②内容要求。"全优"班组长的综合素质包括安全意识、能力、责任三个方面。

a.安全意识。班组长要增强安全生产意识，真正贯彻"安全第一，预防为主"的方针，意识到自己的工作安排和布置关系到每一位员工的利益，甚至关系到生命安危，要增强"保一方平安"的意识，自觉学习，随时随地督促班组成员落实安全措施，使"我要安全"在班组中成为风气。

b.安全能力。班组长必须具备必要安全理论知识，应熟悉安全生产规章制度，熟练掌握本班组、本岗位的安全操作技能，能解决影响班组安全生产的难题，即知识到位；能针对不安全因素，适时采取有效控制措施，以及具有必要的组织和协调安全工作的能力，即能力到位。

c.安全责任。班组长应增强责任心，积极履行班组安全责任人职责，更要掌握本班组的安全生产目标，把班组成员的安危作为头等大事来抓，要亲自教育、亲自到位检查、亲自监督整改隐患，应成为遵章守纪的模范，使班组安全工作责任到人、措施得力、落实到位。

③目的意义。全面提升班组长的安全综合素质，并以此为途径培养选拔优秀的安全管理人员。

④开展实施。a.培训。定期组织班组长参加安全知识培训教育活动，内容包括法律、法规要求、安全管理技巧等，也可组织到开展安全活动成效较显著的单位学习取经，从而不断提高班组长的安全生产意识和管理水平。b.考核。通过竞争上岗等形式，挑选有较强的安全生产意识和高度责任感，并具备相应的安全生产技术素质和应变能力，善于管理的员工担任班组长，并订立以安全工作指标为重点的考核措施。c.评优。开展评选优秀班组长活动，每季度在企业或车间中评选出优秀班组长进行奖励。

⑤组织部门。安全部门负责班组长安全教育培训工作及考核工作。工会负责评比活动的组织工作。

⑥参与人员。组织人员包括安全部门及工会相关人员。活动对象包括全体班组长。

⑦特点。动态管理；全面培养；择优上岗；政策激励。

⑧关键。考核和测评工作，要有明确分工、时间要求和结果审查表，形成制度化、规范化、程序化的"全优"班组长动态管理体系。

3.管理文化类

(1)负责人"蹲点"制度

①内涵定义。车间管理人员各自分管一个或几个班组，轮流深入作业现场

带班管理，参加班组安全活动。

② 内容要求。车间管理人员以辅导员和督察员的身份，深入到基层班组，辅导班组基础工作，监督班组制度的落实和安全活动的开展，发现问题并提出解决办法。

③ 目的意义。车间管理人员深入到班组安全生产工作中，通过了解班组安全生产实际情况，及时发现并解决班组中存在的安全问题，指导班组安全工作开展，夯实班组安全管理基础，提升班组安全管理水平。

④ 开展实施。a. 深入现场。各车间管理人员每月定期轮流深入作业现场带班管理，现场跟班盯岗，借此进一步了解班组安全工作开展情况，辅导班组基础工作，并能针对存在问题提出积极的整改意见，把安全生产管理的基础工作落实到班组。b. 现场帮教。各车间管理人员每月定期参加指定班组的安全活动，包括班前、班后会和危险源辨识等，对安全工作较薄弱的环节进行现场帮教。c. 考核记录。对车间管理人员"蹲点"制度执行情况进行考核和记录。

⑤ 组织部门。安全部门负责对该制度执行情况的考核和记录工作。生产部门负责"蹲点"工作的时间及流程安排。

⑥ 参与人员。组织人员包括安全部门相关人员、班组长。活动对象包括车间管理人员和基层班组。

⑦ 特点。深入参与；身入心入；现场监督；指导帮教。

⑧ 关键。加强组织领导，落实基层工作辅导，切实履行责任，避免"下不去、蹲不住、看不出、抓不实"的现象发生。

（2）安全责任管理制度

① 内涵定义。班组每一名员工都要在各自的分工范围内为安全生产尽职尽责，员工的安全职责需要用制度的形式予以明确，便于严格落实员工安全责任，加强监督管理。

② 内容要求。班组安全责任包括：班组长安全生产责任、安全员安全生产责任和员工安全生产岗位责任。

③ 目的意义。落实安全生产责任制度，班组员工职责分明，各尽其责，能增强员工对安全生产的主人翁感，能充分调动各个岗位人员的主观能动性。发生工伤事故，安全生产责任制可以帮助比较清楚地分析事故，弄清楚从管理到操作各方面的责任，对吸取教训、搞好整改、避免事故重复发生有重要意义。

④ 开展实施。a. 明确责任。安全部门制定班组安全生产责任制度，明确班组长、安全员、班组员工的安全职责。b. 落实责任。落实该项制度，组织员工学习，员工按照制度要求和职责内容认真落实安全承诺制度，班组长组织全员重

温安全承诺，牢牢掌握本岗位的安全职责，将责任落到实处。各岗位人员按照为自己负责、为他人负责、为大局负责的理念，落实好本岗位的安全职责。c. 考核奖惩。对班组以及班组长的安全生产责任的贯彻执行情况进行考核，考核结果直接与经济挂钩。安全生产责任制与奖惩制度的结合，也是加强安全生产规章制度教育的一个重要手段，对干部员工自觉执行安全生产规章制度，具有十分重要的作用。

⑤ 组织部门。安全部门建立班组安全生产责任制度并负责落实。

⑥ 参与人员。组织人员包括安全部门相关人员。活动对象包括班组长、安全员和员工。

⑦ 特点。职责分明；有章可循；奖惩激励；落实承诺。

⑧ 关键。班组安全生产责任制的落实与企业安全生产责任制的落实相结合，做到事事有人管，层层有专责，真正把安全生产的责任落到人头，管理落到实处。

（3）全面安全管理

① 内涵定义。全面安全管理是指开展全员参与、全过程控制、全方位开展的，以实现消除隐患、控制事故发生、减少事故损失为目的的一种安全管理活动。

② 内容要求。在全面安全管理中，实现企业一定时期安全目标，消除隐患、控制事故、减少损失是核心，全员、全过程和全企业参与是主体内容：a. 全员性。即对全面安全管理要求取得全体从业人员的认同和参与，因而，建立一个横向到边、纵向到底的安全管理网络是搞好企业安全工作的前提。从企业、科室（部门）、车间、班组都必须成立安全组织，指令专人负责安全工作。工作的职能主要包括安全工作的组织、指挥、协调与控制，做到人人管安全，使安全工作贯彻于生产的全过程和管理的各方面。b. 全程性。全面安全管理要体现在企业决策、资源分配、生产战略执行等各个环节，即整个生产过程中的管理。c. 全方位性。"全方位"管理是指企业、科室（部门）、车间、班组和个人，都应有明确的安全职责、具体的工作标准及奖惩考核规定。应从建立健全各项规章制度入手，健全和完善各级安全生产责任制，明确各级人员的安全职责，做到安全生产，人人有责。

③ 目的意义。保证人人、处处、事事把安全放在首位，激发员工的积极性和创造性，吸引企业员工积极参与企业安全管理，全面提高企业安全管理水平。

④ 开展实施。a. 树立全员参与意识。引导员工在认真做好岗位工作的同时，积极督促和监督他人的工作，时时刻刻把安全放在第一位，彻底实现从"要我安

全"到"我要安全"的转变。b. 建立目标考核机制。通过制定科学的安全目标考核标准，建立对各项安全工作质量的管理考核和评价办法，并且考核过程应在客观公正的基础上进行，实现其沟通、激励的目的。确定明确指标，并分解落实到车间、班组，自上而下层层展开；在生产过程中，要严格执行各项安全标准，全面进行安全管理。负责人员要深入现场，监督、检查安全质量标准的执行情况，严肃认真地行使安全否决权，以保证方针目标的实现。c. 建立评价指标体系。以企业安全为核心，以达到安全指标为目的，把各个环节严密地组织起来形成一个安全管理的有机整体。在建立企业安全管理评价的指标体系时，应从企业的实际出发，本着实事求是的原则，处理好以下三个关系：量化指标与非量化指标之间的关系；定性指标和定量指标之间的关系；现实目标与长远目标之间的关系。d. 加强安全培训。员工的整体素质是全面安全管理的基础，推行全面安全管理，必须切实搞好员工培训、教育。安全管理部门提出员工分层次培训计划，对企业管理者进行安全法规、安全管理、操作规程等不同层次的培训。根据岗位需要对员工进行必要的岗位技能、安全技术、全面安全管理制度和流程的培训，并对培训的有效性进行评价，增加全面安全管理的认同度和执行力。

⑤ 组织部门。安全部门组织全面安全管理工作开展。工会负责组织协调各部门全面参与。

⑥ 参与人员。组织人员包括安全部门及工会相关人员。活动对象包括全体员工。

⑦ 特点。管理到位；横竖到边；内容全面；整体提升。

⑧ 关键。企业领导应身体力行投入到企业的全面安全管理活动中，组建高效、精干的全面安全管理组织机构，为企业推行全面安全管理提供必要的资源，对积极参与推行全面安全管理的员工进行奖励等。

（4）"6S"现场管理

① 内涵定义。由班组长主要负责，对生产环境实施"整理（SEIRI）、整顿（SEITON）、清扫（SEISO）、清洁（SEIKETSU）、素养（SHITSUKE）、安全（SECURITY）"的6S现场安全管理。

② 内容要求。"6S"现场管理的主要内容：a. 整理。区分物品的用途，清除不用的东西，腾出空间，空间活用、防止误用，塑造清爽的工作场所。b. 整顿。把留下来的物品依规定位置摆放，放置整齐并明确标示，使工作场所的物品一目了然，消除寻找物品的时间和过多的积压物品，保证现有资源的最大化使用。c. 清扫。将工作场所内看得见与看不见的地方清扫干净，尽量保持工作场所干净，以使工作人员心情舒畅，时刻保持良好的工作状态。d. 清洁。维持整

理、整顿、清扫的成果，实现制度化、规范化。e. 素养。每位员工养成良好的习惯，并遵守相关规则，培养"习惯好、守规则、团队精神感强"的员工。f. 安全。重视全员安全教育，每时每刻都有"安全第一"的观念，防患于未然，建立起安全生产的环境，让每一位员工尽量在安全的环境中工作。

③ 目的意义。通过开展"6S"现场管理，可以营造良好的生产环境，使员工在整齐、舒适的环境中时刻保持心情舒畅，安全操作。

④ 开展实施。a. 建立标准。首先建立工作标准和考核标准。为提升班组管理水平，应对班组考核指标予以调整、完善，建立起内容具体、标准合理的班组"6S"管理办法。考核指标包括各种基础管理工作，以及"6S"整理、整顿工作、"6S"学习、"6S"改善情况等 4 项与"6S"有关的内容。b. 检查考核。考核标准制定后，确定对班组要实行两级检查。一是主管部门组织开展日常督察和年度大检查，对各车间班组管理工作进行检查和考核。二是车间对班组进行月度检查。实行月度检查反馈制度，各车间负责对本单位班组管理和推行"6S"情况按照标准进行月度检查，检查数量按一定比例抽取，填写"班组月度检查反馈表"上报企业。对优秀班组予以奖励，对不达标的班组予以罚款。每年年底，依据两级检查结果评选"6S"管理先进班组和个人，给予一次性表彰奖励。

⑤ 组织部门。安全部门随即检查，督促落实。班组是开展主体。

⑥ 参与人员。组织人员包括安全部门相关人员、班组长。活动对象包括基层员工及作业现场。

⑦ 特点。重视环境；标准细化；科学管理；奖罚分明。

⑧ 关键。要做到分工明确，落实有力；注重提高员工认识，形成"我要良好生产环境、我造良好安全生产环境"的惯性意识。

（5）"反三违"专项管理

① 内涵定义。以"反三违"为内容，以"安全培训""班组活动""'三违'手册"为载体，严格规范岗位作业，确保生产安全。

② 内容要求。"三违"是存在于企业班组的各种违规违章行为的统称，"反三违"专项管理就是针对各种违规违章行为开展的专项治理活动，其主要内容为向违章指挥、违规作业和违反劳动纪律宣战。

③ 目的意义。开展"反三违"专项管理，通过从员工思想、安全技能、班组建设、物态教育等几方面的提升，能够减少"三违"作业，提升基层单位乃至整个企业"反三违"的能力，提升企业安全建设水平。

④ 开展实施。a. 明确责任。规范明确车间负责人和班组长保安全责任，健全完善单位内部安全生产管理人员抓"三违"机制，与员工签订"反三违"责任

状。实行中层管理人员与基层单位联保制度，深入开展抓"三违"工作。b. 培训教育。重视开展"三违"危害性教育，开展"三违"人员现身说法等安全教育活动，使大家充分认清"三违"的严重危害和后果，增强员工"反三违"的安全意识。组织员工观看"三违"识别教学片，举行班组安全技能对抗赛，加强对规程和岗位应知应会内容的培训，提升员工安全知识水平和安全操作技能。c. "三违"识别手册。企业深入查找安全生产薄弱环节，进行风险识别，系统分析违章行为产生的原因，将查找出的"三违"行为根据岗位特点进行分类整理，编制一本《"三违"行为可视化识别手册》，并可配以漫画，使员工易于接受和理解。

⑤ 组织部门。安全部门组织开展"反三违"专项管理活动。工会共同监督违章指挥和违章作业行为。

⑥ 参与人员。组织人员包括安全部门及工会相关人员。活动对象包括班组长和基层员工。

⑦ 特点。方法多样；单一目标；全面监控；整体提升。

⑧ 关键。《"三违"行为可视化识别手册》的内容要依据本企业的实际情况编写，不能照搬照抄。

（6）日常安全检查制度

① 内涵定义。日常安全检查以车间为单位组织班组进行，从"思想意识、规章制度、生产设备、安全教育、劳动防护用品的发放使用、遵章守纪情况"等六大方面实行滚动式安全检查。

② 内容要求。班组日常安全检查是企业安全生产检查的一项重要内容，是将查处事故隐患、落实预防为主思想的基本措施，其主要内容有：a. 查思想。首先查各级领导对安全生产的认识态度，可根据本班组生产实际，主要指出领导的不足和缺点，当然也可谈领导重视生产的事例，激励领导继续重视安全。在指出领导安全思想优缺点的同时，认真开展自查，查"安全生产、人人有责"的思想是否真正落实。b. 查规章制度。首先查"五同时"是否认真执行；查新改建、技改工程是否贯彻"三同时"原则；查各种制度是否认真执行；查"两措"是否认真执行；查事故"三不放过"；查安全信息是否能迅速传达到班组。通过检查评价规章制度是否有效执行。c. 查生产设备、设施和安全工器具。首先查生产设备、设施有无安全隐患，查主要设备安全装置是否齐全、是否投用或正常工作。同时，检查劳动条件、作业环境等，如设备器材堆放是否整齐，通道是否畅通；查防尘、除灰、通风设备是否有效和投用；查电源、照明是否符合要求；查易燃易爆、有毒有害物质及防护措施是否符合安规要求；查锅炉压力容器、气瓶是否按监察规程执行；查孔洞、楼梯、平台扶梯、走道是否符合要求；查消防器

材是否按规定放置并定期检查更换；查安全工器具定期检查试验登记制度是否执行。d. 查安全教育。主要查新进人员、实习人员、调岗人员三级教育和特殊工种专门培训是否执行；查参加班组工作的合同工、临时工的安全教育是否进行；查安规考试是否认真、是否人人持证（安全合格证、特殊工种操作证）上岗。必要时进行抽考抽查。e. 查劳动防护用品的发放使用。查劳动防护用品使用情况；查采购用品是否有安全生产监察部门鉴定合格证书；查特殊防护用品是否齐全。f. 查遵章守纪。主要查有无违章违纪的现象；查有无隐瞒事故、障碍、异常情况；查人身受到伤害后是否到医护部门医治并到安监部门和工会登记等。

③ 目的意义。通过班组日常安全检查制度的落实，从多方面、多角度开展安全检查工作，能增强员工安全意识，有效提升班组安全自主管理水平，提高班组安全自我建设能力。

④ 开展实施。a. 检查周期。班组日常安全检查每周一小查，每月一次专项检查。b. 检查方式。每月查六方面中的一至两个方面，由班组结合自己管辖的设备、设施、专责区域编制出安全检查表格，列出检查栏目、合格标准和要求，格式固定后可交厂部审查并编印成册，一式两份，其中一份检查后报车间。c. 整改。每个方面指定专人，逐项检查。对检查出的问题要有整改措施，限期完成，并由班组长或上级检查验收。

⑤ 组织部门。安全部门负责班组日常自查制度的组织和推广。班组自行安排落实班组日常检查制度。

⑥ 参与人员。组织人员包括安全部门相关人员、班组长。活动对象包括基层员工。

⑦ 特点。内容翔实；细致全面；自检自查；及时整改。

⑧ 关键。切忌形式主义走过场。对查出的问题要贯彻"边检查、边整改"的原则，一般问题应立即整改，限期、定专人解决。

（7）"四、三、二、一"安全检查

① 内涵定义。在班组安全检查活动中，班组长、安全员以及员工要共同遵守不同内容的"四、三、二、一"。班组长应做到："四查""三掌握""二抓""一严"；安全员应做到："四感官""三勤""二实""一敢"；员工应做到："四查""三懂""二坚持""一杜绝"。

② 内容要求。

a. 班组长"四、三、二、一"安全检查

"四查"，即一查本班组人员的安全生产意识强不强；二查本班组人员的安全技术操作规程执行得好不好；三查本班组的危险部位、危险源（点）的安全措施是否到位有效；四查本班组的作业环境、作业现场是否符合安全生产要求。

"三掌握"，即一掌握本班组人员的个人家庭状况；二掌握本班组人员近期精神状况和思想倾向；三掌握本班组人员的个性特点。

"二抓"，即一抓岗位安全生产责任制落实与否，二抓隐患整改落实与否。

"一严"，即严格按班组安全生产规章制度考核奖惩。

b. 安全员"四、三、二、一"安全检查

"四感官"，即耳听、眼看、鼻闻、手摸。耳听，听机器设备有无异响；眼看，看机器设备的安全防护装置是否齐全有效和岗位员工有无"三违"行为；鼻闻，闻机器设备有无异味；手摸，摸机器设备有无异常振动。

"三勤"，即腿勤、嘴勤、脑勤。腿勤，到班组各个岗位、各个操作点巡回检查；嘴勤，及时宣传国家安全方针，纠正岗位违章行为，耐心讲明违章的危害；脑勤，想方设法，多出点子，对班组各类事故要有超前预防能力。

"二实"，即一是干安全工作要实，不能有浮夸作风；二是对待各类事故隐患整改要实。

"一敢"，即要有敢碰硬的精神。

c. 员工"四、三、二、一"安全检查

"四查"，即一查自己所操作的设备运行状况是否良好；二查自己岗位清洁是否符合要求；三查自己的操作、作业环境是否存在不安全因素或隐患；四查自己是否按劳保规定正确穿戴劳保防护用品。

"三懂"，即一懂自己操作的设备结构、性能、原理；二懂自己所辖工艺流程；三懂发生意外或事故的防护措施。

"二坚持"，即一是任何情况下都要坚持安全技术操作规程；二是任何情况下都要坚持标准化作业。

"一杜绝"，即杜绝违章作业。

③ 目的意义。通过"四、三、二、一"安全检查法在班组隐患管理的应用，为班组长、安全员和员工都提出了明确的检查工作指南，能够有效地从人因、物态和环境三方面消除岗位隐患，实现安全生产。

④ 开展实施。a. 班组长安全检查。班组长必须坚持生产任务与安全任务同时布置，生产工作与安全工作同时检查，务必做到"四查""三掌握""二抓""一严"。b. 安全员安全检查。班组安全员要有高度的安全生产责任感，每天一上岗必须坚持到岗位进行安全检查，查设备可靠性，查操作人员精神状态，查"三违"行为，务必做到"四、三、二、一"。c. 员工安全自查。班组员工每班

必须对自己所从事的工作和所操作的设备进行安全检查，务必做到"四、三、二、一"。

⑤ 组织部门。安全部门组织开展对班组的"四、三、二、一"安全检查法培训。

⑥ 参与人员。组织人员包括安全部门相关人员、班组长。活动对象包括班组长和基层员工。

⑦ 特点。内容不同；各有侧重；覆盖面广；指导性强。

⑧ 关键。企业应加大宣传动员力度，让每位员工将"四、三、二、一"安全检查法牢记心中，并做好监督反馈工作。

4. 环境物态文化类

（1）现场亲情活动

① 内涵定义。以亲情关怀为主题，将全家福照片、亲人寄语、家庭故事等制成展板、手册、宣传栏等进行展示，把亲情的力量引入安全工作之中，使每个员工认识到自己生命之宝贵，深知安全是亲人的重托和期望。

② 内容要求。现场亲情活动是以亲情为载体对员工进行温情熏陶从而增强员工安全意识的活动方法，是班组安全文化建设中可行性强、效果优良的方法之一。现场亲情活动主要内容应包括：a. 收集员工家属安全警句、安全寄语、家庭小故事等；b. 收集班组每一位员工的家庭照片；c. 制作"安全全家福"照片墙、制作"亲情手册""亲情宣传栏"等；d. 开展有员工亲人参与的"工亲互动"活动，进行亲情宣传；e. 设置反馈渠道，及时掌握员工的身心状态。

③ 目的意义。把包括员工家属在内的每一个人都纳入安全监督检查队伍，发动员工、家属互动监督，形成单位、家庭双向交错的安全监督网。以亲情文化持续引导和培育员工的安全观念，使员工在潜移默化中接受安全教育，时时想到家人的幸福与自己的安全紧密联系在一起，从而增强员工安全责任意识，切实做到用亲情讲安全，用亲情促安全，用亲情保安全。

④ 开展实施。a. 收集材料。班组长通过走访、召开座谈会、问卷、有奖征集等形式，向员工家属、子女征集温馨的安全祝福语、安全散文、亲人及全家福照片等。b. 资料评选。对收集到的家庭安全作品进行评比，评选优秀，被选中作品的员工家属可获得一定物质和精神奖励，并对作品进行展示宣传。c. 宣传展示。宣传部门负责将每个家庭的温馨安全寄语配以员工的全家福照片制作成"安全全家福"照片墙；把收集到的安全警语、安全祝福语、散文、照片等材料，制作图文并茂的《亲情手册》，人手一册分发到员工手中；设置班组亲情栏，栏内有每位员工的家庭成员合影相片、成员介绍、家人寄语、工作日记、日常工作

表现记录等。d. 家庭联谊会。班组长定期组织召开班组家庭联谊会，渲染共同讲安全的亲情氛围。e. 公诉箱。在明显位置设置公诉箱或者设置"网络公诉箱"，员工家属及其他与员工熟知者可将对安全工作的意见和建议、员工非工作时间内的表现、心理生理健康状况及生活中存在的困难等投信上报，可匿名。f. 访谈。对收集到的员工反馈信息及时整理，有针对性地解决每一个员工的问题，保证每一位员工保持良好的身心状态。

⑤ 组织部门。安全部门负责收集、整理资料，提供宣传内容，并协助宣传部门进行规划和活动组织。宣传部门负责照片墙、亲情手册、亲情宣传栏、展板等各种展示的制作。班组负责收集、提供资料，协助安全部门做好与本班组员工相关的各项工作。

⑥ 参与人员。组织人员包括安全部门和宣传部门相关人员、车间主任、班组长。活动对象包括基层员工及家属。

⑦ 特点。亲情氛围；人本关怀；形式活泼。

⑧ 关键。把亲情氛围贯穿于安全生产工作的始终。形式要生动，宣传要立体，所有内容必须定期更新，得到的有关员工信息需核实并及时给予回应，以免问题积小成大。

(2) 安全宣誓展示

① 内涵定义。通过安全宣誓让员工谨记自己对安全做出的承诺，时刻以身作则、谨慎行事。

② 内容要求。安全宣誓展示主要有口头宣誓和书面宣誓两种形式，主要内容包括：a. 岗前安全宣誓。岗前安全宣誓以口头宣誓为主，宣誓的内容可以是企业的安全核心理念、员工的安全行为准则或本班组的作业精神，等等；b. 宣誓书面展示。结合安全宣誓展示的内容，将员工的安全宣誓内容同员工宣誓照片等联系在一起，以图片、文字、板报等多种形式表现。

③ 目的意义。让员工时刻谨记自己肩负的安全使命，改变员工安全松散意识，提高警觉性，起到鼓舞士气的作用。

④ 开展实施。a. 提炼宣誓内容。以班组为单位，凝练具有本班组特色的安全宣誓内容，并以文字形式固定、宣贯、学习。b. 岗前安全宣誓。员工每天开工前的最后一道程序可以做安全宣誓，即先宣誓后开工，也可在班前会议上进行。c. 设置誓词展台。在作业现场、休息场所等的醒目位置，悬挂誓词，适当配以安全宣誓照片，并设置合理、醒目的字体、字号和颜色。

⑤ 组织部门。安全部门负责协助班组制作安全宣誓物态载体，审核安全宣誓内容等。班组落实每日例行安全宣誓。

⑥ 参与人员。组织人员包括安全部门相关人员、班组长。活动对象包括基层员工。

⑦ 特点。责任强化；形式直观；内容醒目；强化头脑。

⑧ 关键。建立长效机制，保证活动落实，端正员工宣誓态度，做到安全宣誓入脑入心。

（3）现场安全文化长廊

① 内涵定义。安全文化长廊是在员工上岗经常经过的地方设置一系列的安全展示板块、悬挂条幅等，以图文并茂的方式宣传安全知识、营造安全氛围，时时安全警示。

② 内容要求。安全文化长廊是企业安全文化建设的重要组成部分，是员工了解安全信息、学习安全知识、培养安全意识的园地。在园地内可设置文艺厅、亲情园、知识窗口、规范厅、格言警示区等，主要内容包括：a. 法规制度。法律法规及各种安全规章制度、现场作业安全规程等。b. 安全知识。危险作业注意事项、事故应急知识、风险辨识等基本知识。c. 警示教育。以习惯性违章及鲜活事故为题材，展示当日、本周、本月或历史上当天的类似行业作业事故等，让员工了解事故发生的根源、过程、后果等。d. 寄语。领导的安全寄语、安监员的警言；父母的嘱咐、妻子的叮咛、儿女的愿望；工程技术人员的心语。e. 心得。展示员工的安全生产心得，以书法、漫画、故事、散文等文艺的形式展示。

③ 目的意义。安全文化长廊使员工沐浴在浓厚的安全文化氛围之中，无意识地接受各方面安全信息，为员工提供了一种便捷的知识获取渠道，也提供了一种文化氛围浓厚的休闲场所，让员工在上下班途中方便、快捷地了解各种安全信息，在茶余饭后去欣赏、去学习、去感受。这种视觉冲击力强、环境良好的安全文化物化方式，充分发挥安全氛围的作用，为实现"要我安全"到"我要安全"的自觉安全思想转变奠定了良好的基础。

④ 开展实施。a. 选址。以醒目、方便为原则，选择长廊具体位置，选定在员工每日经过的地方，如员工上下班必经之路，通往作业现场或餐厅、宿舍、澡堂等生活场所的必经之处。b. 划分区域。设置文化厅、亲情厅、知识厅、规程厅和安全格言警语通道等，板块的划分和内容的选择可依据企业的实际情况而定。c. 责任划分。安排专人负责各板块内容的设置、材料的筛选、信息的更新等工作，调动各个班组进行材料收集。d. 充实内容。各负责人将收集好的各种材料加工整理，按区的划分，以生动活泼的形式，显现于各个板块。e. 监督台。每个区域的展板设置意见簿，让任何有想法的参观者可及时记录想法并对展板内

容发表意见。f. 定期观摩。可组织不同单位、不同车间的员工定期观摩其他团队的文化长廊，学习并警示。

⑤ 组织部门。安全部门负责安全文化长廊的组织、建立及资料的收集整理。宣传部门负责配合制作。

⑥ 参与人员。组织人员包括安全部门和宣传部门相关负责人员。活动对象包括全体员工。

⑦ 特点。生动活泼；寓教于乐；潜移默化。

⑧ 关键。内容要实际，贴近员工生活，切忌表面文章；要定时更新板面及内容。

（4）八大安全文化阵地

① 内涵定义。以"门庭、过道、车间、澡堂、餐厅、宿区、通勤车、家属区"为主，建设八大安全文化阵地，宣传安全理念、教授安全知识、传播安全信息、组织安全活动等。

② 内容要求。八大安全文化阵地是企业安全文化建设落在实处的一项创新活动，让员工能够时时处处感受企业浓郁的安全文化氛围，是基层安全文化建设的有效实用方法。八大安全文化阵地建设主要包括：a. 门庭安全文化阵地。在公共办公场所、会议室等地方，悬挂、摆放各种反映安全文化理念的警句格言、宣传画、安全方面报纸杂志，适当地设置安全文化宣传专栏，通过经典的语言和生动的形象，全面宣传和阐释企业安全文化的精神和内涵。b. 过道安全文化阵地。以办公楼室内室外各种过道墙为主，悬挂、张贴各种反映安全文化理念的标语、宣传画，营造良好的安全文化的氛围。c. 车间安全文化阵地。在厂区、车间悬挂、张贴各种安全标识、标语和安全宣传画，设置安全文化宣传专栏，栏内设置每日安全信息通报、岗位宣誓、每日安全一题、曝光"三违"、评选"安全岗位之星"等内容，同时对各企业的重点岗位悬挂安全警示标志。让各基层员工时刻感受安全文化，自觉形成"我要安全"的行为习惯。d. 澡堂安全文化阵地。在企业各澡堂的墙壁上，悬挂和张贴反映安全文化理念的安全警句格言及各种安全漫画，同时在适当位置安装多媒体电视，使工人洗澡之余，观赏喜闻乐见的安全文化宣传片，使员工得到安全文化的熏陶和培养。e. 餐厅安全文化阵地。在企业各餐厅，悬挂和张贴各种安全标语和安全漫画，安装电视，充分利用多媒体传播途径，使员工在吃饭之余，了解国家关于安全的方针政策、全国最新安全状况，以及不同下属单位的安全活动状况。f. 宿区安全文化阵地。在企业各宿舍楼前建立安全文化宣传栏；在员工宿舍内建立安全文化阅读栏，悬挂企业报纸及全家福照片、寄语；楼内张贴各种安全漫画、设置安全警句格言；每层楼安装电

视，坚持每日宣传企业的安全理念，并进行每日安全生产事故及案例通报。g. 通勤车安全文化阵地。在各通勤车上，设立小型报刊架，座位套上印制通俗易懂的安全语句，车内悬挂安全标语；发起员工自己讲安全故事的活动，使员工时时刻刻地沐浴安全文化。h. 家属区安全文化阵地。在企业各家属区，设置安全宣传栏，向家属宣传各种安全知识，开展安全社区、安全栋楼、安全家庭、安全家属区评比等活动，让企业的安全理念渗透到每一位员工家人的心中，发挥好家庭在企业安全文化建设中的积极作用，利用亲情的力量绷紧安全生产这根"弦"，增强安全生产的爱心防线。

③ 目的意义。在企业中全面开展安全宣传工作，营造浓厚的安全文化氛围，使员工在"潜移默化"中受到安全教育，改善员工不安全行为习惯，加强和提高员工的安全意识。

④ 开展实施。a. 阵地建设。门庭安全文化阵地、过道安全文化阵地、车间安全文化阵地、澡堂安全文化阵地、餐厅安全文化阵地、宿区安全文化阵地、通勤车安全文化阵地、家属区安全文化阵地的选择和布置等。b. 内容建设。根据各阵地特点，按照各阵地内容要求，充实安全阵地内容。

⑤ 组织部门。安全部门负责阵地宣传内容的收集、整理等。宣传部门负责场地规划及相关布置。班组实时、实地开展安全活动。

⑥ 参与人员。组织人员包括安全部门及宣传部门相关人员、班组长。活动对象包括全体员工及家属。

⑦ 特点。时时处处；图文并茂；内容丰富；潜移默化。

⑧ 关键。内容尽量属地化、特色化，避免各单位之间照搬照抄。

（5）一墙一卡建设

① 内涵定义。一墙一卡建设是指在作业现场建立一面"安全文化墙"，班组每位员工手握一张"平安卡"。

② 内容要求。一墙一卡建设是运用"安全文化墙"和"平安卡"这两大载体，开展安全文化建设的工作方法。

a. "一墙"即"安全文化墙"。主要是以图文并茂的形式，在班组员工工作现场尽可能展示员工自己创作的安全文化作品，如漫画、格言警句、文化理念、小故事等，以实现安全意识的渐进渗透和安全行为的自我养成。

b. "一卡"即"平安卡"。班组每个员工手握一张"平安卡"，主要记载接受培训情况、安全工作履历、安全生产工作履职履责情况、安全工作奖惩等内容。卡的正面设置照片、基本信息等，卡的背面可根据行业作业特点印制现场作业要求、规程等内容。

③ 目的意义。通过一墙一卡建设，员工对安全文化耳濡目染，从而令员工的安全意识、安全行为和安全习惯在无声中得到强化和规范。"平安卡"还可帮助企业了解每一位员工接受安全培训和近期的安全作业情况，有利于开展针对性安全管理工作，防止因员工个人状况不佳而导致违章违规和作业事故的发生。

④ 开展实施。a. 收集资料。在班组开展编写安全小歌谣、讲身边小故事、说安全小案例活动，在收集文化墙资料的过程中还能使员工得到自我教育。b. 设置现场"安全文化墙"。现场安全文化墙应安排专人负责，将活动征集的漫画、格言警句、诗歌、条文、案例、文化理念、小故事等优秀作品展示，借助多种形式将安全宣传主题传递给作业现场的每位员工。员工也可以把自己对安全生产的感悟、体会，通过文化墙展示出来，使之成为员工自我教育、相互交流的平台。c. 制作员工"平安卡"。安全部门根据行业特点和企业实际设计员工"平安卡"，并制作分发到每个基层班组。班组长负责依据员工的履历档案如实填写平安卡，有条件的企业还可以以磁卡的形式进行员工"平安卡"系统管理，员工必须持卡上岗。

⑤ 组织部门。安全部门负责资料收集、整理等。宣传部门负责场地布置、卡片制作等。

⑥ 参与人员。组织人员包括安全部门及宣传部门相关人员、班组长。活动对象包括基层员工。

⑦ 特点。内容丰富；方便操作；针对性强；易于管理。

⑧ 关键。"安全文化墙"要定期更新，"平安卡"一定要录入实时信息。

（6）安全科普知识展板

① 内涵定义。在作业现场或员工活动区设置展板，向员工普及安全科普知识。

② 内容要求。展板内容主要包括：安全生产法律法规知识、应急救援安全知识、生活安全知识、交通安全知识、消防安全知识等内容。

③ 目的意义。加强安全科普知识教育，全面提升员工的安全素质。

④ 开展实施。a. 准备材料。安全部门负责广泛搜集材料，选择实用的、贴近员工生活的安全科普知识内容。b. 制作展板。宣传部门制作安全科普知识展板，展板内容可采取条文、小故事、小案例等多种形式。将展板摆放在食堂、礼堂、办公楼大厅或者作业现场等，方便员工参观学习。c. 竞赛。针对安全科普知识学习内容，开展企业范围的安全科普知识竞赛，竞赛可采取抢答、笔答等多种形式进行，可以以个人或班组为单位参与。d. 更新。展板内容要定期更新，保证员工更广泛地学习安全科普知识。

⑤ 组织部门。安全部门负责安全科普知识展板活动开展，组织竞赛活动。宣传部门负责安全科普知识展板制作。

⑥ 参与人员。组织人员包括安全部门、宣传部门相关人员。活动对象包括全体员工。

⑦ 特点。涉及面广；贴近生活；易于接受；常更常新。

⑧ 关键。加大动员力度，引导全体员工参与到学习活动中。

三、班组安全文化建设个人方法体系

（一）班组安全教育

1. 班组安全教育的对象

（1）新进人员和变换工种人员教育。新调入班组的职工（包括学徒工、临时工、合同工、代培、实习生）和变换工种的职工，要经厂、车间、班组三级安全教育。班组安全教育由班组长或班组安全员讲授，教育后应进行登记。

（2）全员安全教育。为使全体职工牢固树立"安全第一"的思想，不断提高安全意识和操作技能，除企业每年应进行一次全员安全教育和考试外，班组每年至少应进行二次，并进行登记。

（3）复工教育。凡工伤假、病假、产假、学习、借调到外单位工作，离开生产岗位三个月以上的职工，上岗前均应结合班组情况进行安全生产思想教育，并进行登记。

（4）"四新"教育。试制新产品、采用新工艺、新设备、新材料等或当生产条件发生变更时，必须制定新的安全技术操作规程，并对操作工人进行安全技术教育后方能生产。

（5）特种作业人员教育。特种作业人员除按国家有关规定进行安全技术培训、复训外，班组还应加强对他们的日常教育，并对他们的培训和复训情况进行登记。

2. 班组安全教育的内容

（1）安全生产方针政策教育。安全生产方针政策教育，是对广大职工进行党和政府有关安全生产的方针、政策、法令、法规、制度的宣传教育，通过教育提高政策水平和法制观念。

（2）安全思想观念的教育。进行现代的安全活动，需要正确的安全观指导，只有对人类的安全态度和观念有着正确的理解和认识，并有高明安全行动艺术和技巧，人类的安全活动才能走出第一步。

通过安全思想观念的教育；要树立"安全第一"的哲学观；重视生命的情感观；安全效益的经济观；预防为主的科学观。

（3）安全技术知识教育。安全技术知识教育，包括生产技术知识、一般安全技术知识和专业安全技术知识教育。

生产技术知识的主要内容包括：班组的基本生产概况，生产技术过程，作业方法或工艺流程，与生产技术过程和作业方法相适应的各种机器设备的性能和有关知识，工人在生产中积累的生产操作技能和经验，以及产品的构造、性能、质量和规格等。

一般安全技术知识主要包括：车间内危险设备和区域，安全防护基本知识和注意事项，有关防火、防爆、防尘、防毒等方面的基本知识，个人防护用品性能和正确使用方法，本岗位各种工具、器具、安全防护装置的作用、性能及使用、维护、保养方法等有关知识。

专业安全技术知识教育，是指对某一工种的职工进行必须具备的专业安全知识教育。它包括安全技术、工业卫生技术方面的内容和专业安全技术操作规程。专业安全技术教育主要有锅炉、压力容器、起重机械、电气、焊接、车辆驾驶等方面的有关安全技术知识。工业卫生技术教育主要有电磁辐射防护、噪声控制、工业防尘、工业防毒以及防暑降温等方面的内容。

（4）典型经验和事故教训教育。典型经验教育是在安全生产教育中结合典型经验进行的教育，它具有榜样的作用，有影响力大、说服力强的特点。结合这些典型经验进行宣传教育，可以对照先进找差距，具有现实的指导意义。

在安全生产教育中结合厂内外典型事故教训进行教育，可以直观地看到由于事故给受害者本人造成的悲剧，给人民生命财产带来的损失，给国家带来的不良政治影响。使职工能从中吸取教训，举一反三，经常检查各自岗位上的事故隐患，熟悉本班组易发生事故的部位，以及有毒有害因素给人体带来的影响，从而采取措施，避免各种事故的发生。此外，还可以有针对性地开展反事故演习活动，以增强职工控制事故的能力。

（二）班组"三能四标五化"安全文化建设系统工程

在企业帅先推出班组安全文化建设的系统工程，称为"三能四标五化"系统工程。

"三能"：实施员工安全素质工程，提升员工安全生产三种能力，使班组中每一个工人具备事发前预防能力、事发中应急处置能力和事发后自救互救能力；

"四标"：推行岗位 4M 标准化，提高班组安全生产保障水平，即班组长安全素质达标、员工安全装备达标、岗位安全环境达标、现场管理达标；

"五化"：推进生产现场安全管理系统化，全面规范班组现场作业行为，即现场管理规范化、设备操作程序化、制度执行准军事化、员工行为团队化、工作考核严格化。

1. "员工三能"——员工素质工程建设

安全管理大师海因里希认为，88％的事故都是由人的原因引起的，人因是安全系统的首要保障和关键因素，是班组细胞中的细胞核。强健有力的细胞核是细胞成长的核心，如何强健细胞核？班组建设中员工应具备什么样的能力？员工仅仅具有安全生产的能力还不够，还要具备安全应急的能力。依据应急管理理论，对班组员工素质要求进行了扩展，使班组中每一个工人具备事发前预防能力、事发中应急处置能力和事发后自救互救能力。

（1）事故超前预防能力。针对员工的事故预防能力的培养，提出的思路如图 10-2 所示。

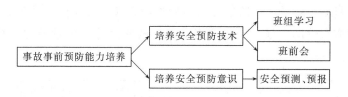

图 10-2　培养员工事故超前预防能力思路示意图

第一，充分重视班组学习的重要性。通过班组学习帮助工人掌握事故隐患的辨识方法，提高安全生产知识；同时通过事故案例警示教育法，请遇难员工的家属给员工们介绍失去亲人后给家庭造成的各种损失，用这些真实的事例教育打动员工，在班组提升警示的氛围。一方面在班组通过经常讲、看、听的学习，鞭策工人一丝不苟地去做好工作，防患于未然，更重要的是由于这些事故往往发生在他们身边，工人可通过借鉴别人、过去的案例识别自己的、现在的生产过程中可能存在的疏漏和损失，这种方法最为直观，也最有说服力。

第二，利用班前会。员工要在班前会上作好安全总结和交接工作，在贯彻规章制度同时，讲清下一班工作安全注意事项。班组严格把握不安全人员不允许上岗的原则，如有思想情绪、喝酒、有健康问题，等等。针对目前大多员工都为农民工的现象，在麦收、秋收农忙期间，管理制度上也应该有所改变，例如实行班前休息一天制、班前工作休息制，以及农忙上岗住宿制等制度。同时通过班前讨论，提升工人事前预防的技能，帮助员工上岗前能预知、预测自己所承担的责任和相应规程措施的要求等；能预知、预测现场可能出现的问题并对事故隐患进行

辨别、分析等；能预知、预测解除安全隐患的方法等。在班组层面上，务必做到下岗都是安全人，人员都知安全事。

第三，强化预防意识。一方面通过班组学习和班前会加强员工事前的预防知识，另一方面要通过安全预测、预报制度等方法强化员工的预防意识。实施安全预测、预报制度，针对生产地区和环境条件的变化，车间每月出一期安全预测、预报简报，班组每旬一次安全预测、预报，班组设安全预测、预报专栏，每周一次安全预测、预报，电子屏幕滚动发布。员工们对这些做法并不是十分理解，但自从经过培训，他们提高了事故事前预防意识之后，在这些简报、电子屏幕和预报专栏前经常会看到员工们驻足观看，互相提醒，班组安全意识大有提高。就像居民心中的天气预报一样，安全简报、安全预报现也应该成为员工生活中必不可少的一部分。

（2）紧急状态处置能力。紧急状态指的是事故或者意外事件发生时的状态，在这种情况下事故现场并没有达到一种无法控制的状态，而能否有效避免事故恶化或者消除事故，现场人员的紧急状态处置能力就起着至关重要的作用。为此，企业采取切实有效的方法，全方位提高员工的紧急状态处置能力，具体思路如图 10-3 所示。

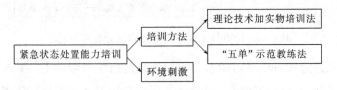

图 10-3　提高员工紧急状态处置能力思路示意图

企业实施"理论技术加实物培训"的安全培训工程，即在培训员工的安全理论、安全技术的基础上，结合现场实物如设备、设施、工具、装备等，培训员工在事故发生情况下的紧急处置能力，使他们不仅掌握对应急状态的控制，尽可能防止事故的扩大；而且能够进行紧急状态的汇报，保证事发时上级领导能在第一时间内准确获得事故信息。企业在安全培训过程中，摸索出了提高员工紧急处置能力的"单教、单学、单练、单考、单查"现场"五单"示范教练法，它采取因地制宜、现场上课的办法，要求班组长及管理人员、技术人员、安监人员等与试用期职工及不放心的职工签订包保合同，担负起现场观测陪练任务，对错误的操作方式现场指出，并进行说服、教育、正规示范，热情纠正；之后再跟踪观察、检查、培养正规操作习惯，确保职工紧急状态处置能力得以快速提高。为了把这一教育方法长期开展好，我们在岗位单位还实行了"五单"示范教练法记录备查制度，不定期对班组长等的"五单"示范教练情况进行抽查，确保这一制度贯彻执行，保证每名职工都能具备紧急状态的处置能力。

同时，为了强化职工这项能力，企业利用零散时间，开展"班前一道题，现场五分钟"安全培训法，目的是确保员工针对现场可能出现的各种紧急情况知道如何去做；还在入口和工作场所张贴了许多图片，其中很大一部分都是处理紧急状态时需要使用的工具的使用方法，在无形中强化了员工的紧急状态处置能力，并针对可能发生的事故，制定了详细而有针对性的应急响应程序，通过演练真正落实和提高员工的应急处置技能。

（3）事故自救互救能力。自救互救是发生事故后降低危害结果的最直接、最有效的措施。

多年来，企业将提高员工的自救互救能力作为企业安全培训工作的重要环节来抓。每年编写灾害预防计划，并在全企业进行会审，不断修改、完善。对新上岗的员工，在进行安全知识培训的同时，必须同时进行逃生、求救、救助、心肺复苏等技能的培训。对于所有员工，将现场避灾逃生作为年度企业灾害预防与处理计划的重要内容，定期和不定期对员工进行避灾演习，按照水灾、火灾的不同路线设置路标，在地区变化后及时由车间领导带领员工按照避灾路线实地行走，使每一位员工在上岗时都熟知自身所在工作地点的避灾线路，并在员工培训过程中针对各工种的应急逃生进行专门的考试。在日常培训中特别加强自救器的正确使用，用实物现场培训，让员工掌握利用自救器自救的操作要领，一旦出现险情能够实施正确的自救互救。在安全月和百日安全活动期间，组织企业总医院大夫到车间进行现场工伤急救知识培训，详细讲解不同部位受伤后如何抢救，提高院前急救的效果。通过采取各种措施，不断提高员工的自救互救能力。

2. "岗位四标"——岗位达标建设

班组管理的好坏直接影响着企业的管理效果，班组管理的关键体现在工作岗位上。员工是班组的细胞核，岗位则是班组细胞的细胞质。安全管理4M理论认为安全管理的要素是人（man）—机（machine）—环（media）—管（management），在班组中人的关键是班组长，机的表现为员工的安全装备，环是班组生产过程中的技术环境，管则主要体现在岗位的作业规程的落实上，其对应关系如图10-4所示。

（1）班组长安全素质达标

① 班组长的地位。在细胞核中，最重要的结构是染色质，那么，在"班组细胞"的细胞核中，它的染色质就是班组长。

在实际工作中，领导层的决策做得再好，如果没有班组长的有力支持和密

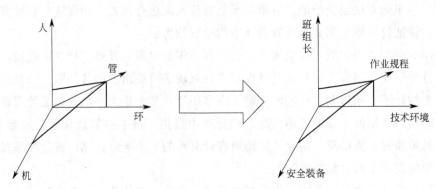

图 10-4　人—机　环　管相互作用图及应用

切配合，没有一批得力的班组长来组织开展工作，那么领导层的决策就很难落实。班组长既是班组活动的执行者和参加者，也是班组活动的组织者和管理者，集"兵"与"将"的双重职责于一身，在班组建设中具有重要的意义。因此，企业对于班组长从选拔到培养，从考核到激励摸索出一套行之有效的做法。

②　班组长的安全素质。企业对班组长的要求是：能够很好地保证规章制度、安全措施落实到岗位，能够认真地执行上级布置的各项工作，在工作分配上能够识人、用人，会管理，对生产过程能控制，会监督；在自己技术过硬、操作规范的基础上也能保证班组中每一人都能正规操作。

③　班组长的选拔原则与方法。对于班组长的选拔，企业应该本着任人唯贤、德才兼备；群众公认、注重实绩；公开、平等、竞争、择优；民主集中制；依法办事五项原则采用选拔、聘用制。

在具体的工作中，要及时发现人才，根据现在的用工制度，从招工一开始，就尽早关注那些素质较高、能吃苦耐劳、热心班组工作，有一定群众威望的职工，并在工作中为他们锻炼成才创造必要的条件；提倡竞争，引入班组长岗位竞争机制，不拘一格选拔班组长。还应对后备班组长的来源和选拔程序制定严格的制度和规定。

④　对班组长的培养。对于班组长的培养，企业要根据形势的要求和班组长的具体现状，有针对性地制定培养方案，并坚持每年对班组长进行一次较为系统的培训。而在学习的内容上，既应该包括业务技术、生产管理、安全规程、安全技能、成本核算、班组管理工作方法和社会主义市场经济等知识，也应该涉及党的建设、思想政治工作等方面的内容，使班组长不仅能带生产、搞安全，还会做员工的思想政治工作。在日常培训的实效性和针对性方面，要重点增强班组长的

技术能力、安全生产指挥能力和安全管理水平。在日常的工作中，班组长要学会识人、育人、选人、用人、管人，学会决策，会管理。特别是在用人上，要与安全紧密结合，观其言，察其行，适合什么工作给什么工作，适合什么岗位占什么岗位，适合干什么派什么活。什么时间派什么活最安全，都要事先掌握、钻研透彻、熟练运用，用精湛的用人之术确保职工的健康安全。

⑤ 对班组长的激励。激励是管理的重要手段。对于班组长的激励，分为物质与精神两方面。物质方面，可以实行安全津贴提前放置的办法，每月初把班组长当月的津贴提前划给基层，记在班组长名下，本班组全月无"三违"、无事故的，津贴全拿；出现"三违"或事故按规定扣除，少拿或不拿，甚至受罚，以此激励班组长的责任心。精神方面，一是鼓励班组长兼任政治班组长，成为班组思想政治工作的领导核心成员。二是在班组长之间经常性地开展竞赛活动，以此激励班组长不断提高自身能力，例如可以开展班组长六比六赛活动，即一比工作作风，赛思想境界；二比行为规范，赛业务素质；三比过程监督，赛工作质量；四比文明生产，赛思想境界；五比系统达标，赛服务质量；六比成果推广，赛科技创新等。再有，根据马斯洛的需求层次理论，人追求的最高境界是自我价值的实现，因此，企业还应该确认班组长的基础管理者的地位，建立班组长档案，对班组长的任免要经主管领导批准。通过班组管理，班组长提升了自己业务水平，特别是管理水平。"不想当元帅的士兵不是好士兵"，在企业中还可以实行"班组长职业生涯设计"的活动，鼓励班组长的自我发展。

（2）员工安全装备达标。在安全管理中，人因是最复杂的，企业要在不断提高人的素质的基础上，从员工的安全装备和设备上下工夫。

① 推广开展设备本质安全项目。即采用本质安全型的设备、工具、原材料等。

② 加大对员工自身安全装备的投入。例如安全帽、劳保用品、必备救生器材等，企业在购买时不仅满足、甚至超过国家标准或行业标准的要求，而且特别注重选择质量先进的三证设备。

③ 加强对员工安全设备的管理。在员工安全设备的管理上采取很多有效而广受员工支持的方法，对安全帽进行统一的编码，一人一码，通过编码记录员工升上岗信息，了解员工个人情况；在入口设置工作人员，对工作服实行统一管理，保证每一名工人每一次上岗时都能穿上干净、舒适的工作服。

（3）岗位安全环境达标。环境是安全管理中又一要素，岗位安全环境指的是班组工作岗位的客观技术环境。

岗位安全环境是企业投资最为巨大的方面，为班组环境达标创造了基础条件。企业更换各岗位的主要设施设备；下大力解决无安标志设备问题；检测认证大型固定设备，并取得企业"四大件"设备安全使用合格证；加强监测监控，生产现场全部安装使用监测监控装备，并且按照国家有关规定，将各车间的安全监控中心室设在调度室，与企业联网运行，集中监测，从硬件上保证岗位安全环境达标；在此基础上认真落实综合防尘防电措施，大大改善岗位工作环境，并注重加强安全出口的管理问题，从软件上保证岗位安全环境达标。

（4）现场管理达标。现场管理规范是企业安全生产的最基本保障。

① 现场管理达标竞赛活动。根据现代化生产的要求，以班组为单位开展现场管理达标竞赛活动。各班组以"4E"管理为基础，制定详细的现场管理标准，通过组织职工对照标准认真对标、贯标、提标，按照"6S"现场管理方法严抓细管，使作业现场实现环境整洁、码放整齐、设备良好，促进生产系统的整体优化。通过现场管理达标竞赛，生产现场的不安全状态能得到有效治理，设备状况明显改善，不仅促进生产效率的提高，更为重要的是培养职工的遵章守制意识，较好地约束和控制不安全行为。

② 安全质量动态评估和安全确认。强化安全质量动态评估和安全确认工作，通过"六位一体"安全质量管理制度的落实，坚持动态评估结果和经济挂钩的方法，实现静态达标向动态达标的转变。推行安全质量责任区域分工挂牌制度，实现现场管理的规范化和严格化。通过这些制度的严格落实，现场隐患得到及时排除，基础管理得到巩固和提高。还要在全企业班组长中推行"安全报告制"和"手指口述"的管理模式，对所有的下岗管理人员实行"安全隐患、事故跟踪处理卡"管理办法，做到安全隐患限期整改的要求。要求班组长在进入作业现场前，必须对人员的精神状态、设备、环境等情况进行安全确认，通过定期检查和讲评，提高员工执行安全确认的自觉性，促进现场管理水平的稳步提高。

③ "安全三部曲"的实施。每一个企业都应该详细制定每个专业，每个工种岗位的安全生产操作规程，使企业的每一专业、每一工种岗位员工在工作中都有规程可依据，明确员工的职责和操作标准，也便于班组管理。而且在此基础上，各企业还应结合企业实际编制《企业职工安全手册》，通过各单位贯彻落实，形成工序操作步骤严格规范的局面。

为了便于班组现场作业规程的落实，树立员工作业程序观，在企业中可以实施简便易行的"安全三部曲"。

"安全三部曲"，即：一动脑筋想（对班组长：怎么派活最安全，以人择岗保安全；对员工：动脑子想法干安全活，保个人和工友平安）；二用眼睛看（认真查看岗位有无隐患，仔细看，看出问题，解决问题，处理问题保安全）；三然后才能按规程干（先处理环境安全隐患，而后才能专心致志按规程干）。培养职工按程序操作的意识，保证现场作业规程达标。

3. 班组的管理科学化——"现场五化"

继 20 世纪 30 年代海因里希的事故多米诺骨牌理论之后，70 年代哈登提出了能量意外释放的事故致因理论，认为所有事故的发生都是由于能量的意外释放或能量流入了不该流通的渠道以及人员误闯入能量流通的渠道造成的。可以通过消除能量、减少能量或以安全能量代替不安全能量、设置屏蔽等方式阻止事故的发生。能量理论是事故致因理论的另一重要分支，而企业又是一个集热能、动能、势能、化学能等于一体的场所，避免事故发生的重要手段是对能量的控制，而控制能量的关键在班组，班组的重心在现场，现场是班组细胞的细胞壁，现场管理是班组细胞成长的屏障，提高班组现场安全管理的系统化水平，是企业应不懈努力的方向。应该通过现场管理规范化阻止能量意外释放的可能，通过员工操作过程的标准化和制度执行准军事化减少人员操作失误，通过设备操作程序化和工作考核严格化提升班组的凝聚力。

（1）现场管理规范化。现场管理规范化就是为了阻止能量的意外释放，而阻止能量意外释放的一个有效手段就是改变物的不安全状态。在班组日常的工作环境中，固定设备、流动设备、生产所需的原材料如果没有一定的标准，随意摆放，就可能引起能量意外释放，从而导致事故的发生。

企业在安全理论的指导下积极探索班组工作现场管理规范化的方法。企业借鉴了现场管理中较有影响的"6S"管理，将其延伸到班组现场工作中，可以请专家来企业授课，指导工作。

为使"6S"管理在岗位中得以真正落实，还要求员工在下岗后首先要以班组为单位对岗位现场进行安全确认，填写安全确认卡，并对现场进行清理整顿，按照标准摆放消防器材、物料等，消除脏乱差的不合理布局。工作前对现场进行清理，目的是消除危险源，保证本班工作安全；工作后班组仍要对现场进行再清理，目的是确保消除安全隐患，保证下班工作正常进行。

为了避免能量的意外释放，还要求现场员工对工具的拿放要规范，例如：下井时手拿工具不能超过一定高度，避免工具在高处碰到裸露的电线释放电能或从高处掉下释放动能；为了做到现场管理持续规范化，要结合单位具体的生产现状，提出每个人、每件事、每一天、每一处进行"6S"管理的"4E"标准，保证员工在生产现场"上标准岗，干标准活"。

在企业，"6S"管理的目的就是为了规范现场的环境以及员工的行为。为了

第十章 现场员工安全行为管理

便于整顿，在现场应对物料等进行了统一编号，使设备、物品摆放整齐有序。在工作现场，大到物资设备，小到一个道板、门窗玻璃都有明确的责任人，每一个细节的管理都有人过问，有人落实。

（2）行为养成军事化。企业管理制度的制定固然重要，但更为重要的是制度的执行。为了提高企业的执行力，规范员工行为，在企业中引入准军事化管理。

准军事化管理的基本内涵就是非军事单位仿效军队管理的模式，实行内部规范化管理，它比一般的管理要求更严格，内容更规范、标准更高。目的在于用军队的管理思想来提升企业的管理效能，用军队的管理手段来锻造过硬的员工队伍，用军人的执纪作风来培养员工的执行力。在企业中推行准军事化管理要以班组为单位进行军训，通过从规范员工行为，然后逐渐向其他方面延伸。

第一，在车间外，可以将员工的日常生活行为纳入行为养成管理，在厂区内马路上划上人行道线和道口斑马线，并设置准军事化督导员站岗督导，对不按人行线行走、不按斑马线穿越路口、解衣敞怀、流动吸烟等不良行为，严格按准军事化要求随时指正、考核，务必使整个厂区成为规范行为的教练场。一条人行道线、道口斑马线等构成一款款规章和制度，时刻提醒着每一名员工要规范自己的行为，增强员工到工作现场对各项规章制度的执行意识和执行力。

第二，员工在下岗之前，要以班前会礼仪作为切入点，对准军事化管理进一步深化，创立班前礼仪六步骤："一唱"：唱企业之歌；"二诵"：背诵企业及企业理念；"三评"：对当班优秀员工、试用员工进行讲评；"四讲"：讲上班安全生产情况和当班工作安排、安全注意事项等；"五嘱"：对员工进行亲情嘱托；"六宣誓"：全体起立，进行安全宣誓。

第三，要将准军事化行走从车间外延伸到车间内，而且推行岗位汇报制，操作工人要主动向走动巡查管理人员进行准军事化汇报，汇报时先敬礼后报告。通过汇报制，既便于管理人员了解工作现场情况，易于发现生产中问题，更便于员工主动辨识隐患，提高管理的执行力。

（3）班组行动团队化

① 集体上下岗制度。企业在班组的团队化建设中，以过去事故为切入点，对过去的意外事件和事故进行分析。为了完善管理，堵塞漏洞，企业制定集体上下岗制度。

集体上下岗是以班组为单位进行，员工在指定地点集合，由班组长统一带队上下岗。上下岗是以班组队旗为标志，一班两面旗帜，由正负班组长持有。工人下岗时，先换好工作服，在指定地点集合后按顺序打卡上岗，正班长举旗走在队伍的最前列，副班长走在队伍的最后面。通过集体上下岗，规范岗位员工的安全行为，增强员工的安全意识，提高劳动效率。

企业在此基础上进一步完善集体上下岗制度，在各岗口设立候车室，这是下岗员工的集合地点，然后再集体上岗；在岗位，同样设立了收工集合地点，班组长在这个地方清点人数，集体下岗。

② 群体风险激励机制。为了促使班组拧成一股绳，采取群体风险激励机制，设立群体健康安全风险奖。以班组为单位集体考核，本班组出现一次一般性"三违"或工伤，减少本班组奖励标准的50%；出现一名严重"三违"，取消全班组此项奖励。发生工伤，当月工伤的医疗费首先从此项奖金中列支，班组奖金不够支付时，从本单位此项奖金中列支，单位此项奖金用完后，剩余部分医疗费由单位支付。如果此项奖金支付工伤医疗费用后有结余的，结余部分仍可按规定发放，促进班组团队化。

③ 班组互保联保制度。在上述团队化的基础上实行班组互保联保制度，开展争创五好班组活动。进行班组劳动竞赛，例如开展班组达标升级活动，将班组分为三个等级，一级为优秀班组，二级为一般班组，三级为不合格班组。建立班组升级达标竞赛牌板，三个级别分别用红黄蓝三色小旗表示，根据每月班组考核情况，每季一评定，对获得优秀的班组给予奖励。这些做法都把班组的每一个员工紧密结合在一起，最终体现为一种团队精神。

（4）生产操作程序化。安全理论中人因失误模型告诉我们，人的误操作是事故发生的主要因素。企业在不断提升人员素质、实现设备、装备本质化的基础上，进一步在设备操作上下工夫，探索避免人员误操作的种种可能，总结出一些富有成效的做法。

① 班前会上安全确认。班组长在班前会上针对前班工作总结现场工作要点，指出设备可能存在的问题，提出解决的办法；在现场操作设备之前，员工们要在班组长带领下，对机电设备、仪器仪表的状况进行安全确认，避免机器带病作业，保证设备可靠、灵活；同时，还要对各种安全保护、防护装置的完好和可靠程度进行安全确认，根据检查的情况填写安全确认卡，做好安全防范工作。

② 手指口述。员工在对具体设备进行操作的时候，员工要按照设备操作规程的具体要求采取"手指口述"的做法进行操作前最后确认。手口示意运动，使大脑更加灵活，提高示意，正确地确认对象，避免走神出错，最大限度地减少人员对设备的误操作。

第十章 现场员工安全行为管理

手指口述，指在保证安全作业的行为习惯中的一种眼看、心想、手指、口述联动的确认办法。手指口述主要是针对作业者操作失误造成的事故这一现实提出的。操作失误往往是由于作业者恍惚、发呆、遗忘、不留神、想当然等造成注意力不集中、判断失误而形成的。这种情况，几乎每个人都会发生。手指口述，就是每个作业者对可能引发危险的每个操作行为，都要通过手指口述进行安全确认。

手指口述的要求是：在操作前，用手指着被操作的设备，眼睛随手指观察，刺激脑子同时思考，把最关键的话大声说出来。这样可以使作业者集中注意力，避免无意识的行为，预知操作的危险性，防止在未经确认的情况下盲目操作。

③ 其他做法。为了能够进一步保证设备操作程序化，同时还实行设备巡检维修制、包机责任制，对设备按规定、按标准进行定期试验，例如机械使用性能试验，并且做好记录，保证设备操作的准确无误和有效使用。

（5）班组考核严格化。"根本在制度，成败在考核。"监督考核是保证各项工作有效实施的必要手段。在强化班组监督考核方面，企业也大胆创新，创造出了一系列班组考核的方法。

① 实行 ABC 三卡制度考核。通过 A 卡的工作记录、B 卡的日排序考核和 C 卡的月工资兑现，合理制造收入落差，有效提高员工的工作积极性。

② 建立严格的班组绩效考核评价体系。将班组工作质量、工作数量、工作效率、安全等指标有效联挂，作为评价班组整体工作价值的标准。通过评价和沟通的过程，有效提高班组员工对工作的关注态度和完成程度，做到互促互补、共同进步。

③ 建立员工安全职业健康档案，实施全过程考核。通过记录员工的"三违"、工伤等情况，采取停工学习、兑现处罚、岗前喊话、班前会讲评、上亮相台等形式，激励和教育员工不断提高安全生产意识。

（三）班组岗位"三法三卡"模式应用

1. "三法三卡"应用基础

编写作业岗位的"三法三卡"，首先要以高危作业为对象，选择企业各种岗位中危险性较高的作业岗位进行，遵循"从高危险到一般""从难到易"的原则推进。可以采取分批的方式推进。

"三法三卡"设计的理论主要涉及风险辨识理论、文化学理论、安全系统论原理、《生产过程危险和有害因素分类与代码》（GB/T 13861—92）等安全生产专业学科知识。特别是要根据国标 GB/T 13861—92 的分类要素，对作业岗位的危险危害因素进行辨识和设计。

危险因素：对人造成伤亡或对物造成突发性损害的因素。

有害因素：影响人的身体健康，导致疾病，或对物造成慢性损害的因素。

GB/T 13861 将危险危害因素分为 6 大类，37 个小类。

6 大类为：

物理性危险、有害因素，共 15 小类；

化学性危险、有害因素，共 5 小类；

生物性危险、有害因素，共 5 小类；

心理、生理性危险、有害因素，共 6 小类；

行为性危险、有害因素，共 5 小类；

其他危险、有害因素，共 1 小类。

"三法三卡"是班组安全文化系统的一大特色，是企业现场安全文化建设载体的重要表现形式。"三法"体现了行为文化方面的内容，而"三卡"则是对观念、知识文化的要求。

2．"三法三卡"行业应用特点

"三法三卡"管理模式在企业进行推广应用，是一套专属高危现场的风险控制模式体系，弥补了员工在初级培训、三级教育以及日常培训中的不足，其特点主要体现在以下几个方面。

（1）深入基层。作为一个风险控制管理体系，"三法三卡"的主要对象不是各层领导，而是深入到班组的每个员工，体现了他们的切身利益。

（2）针对性强。体现班组不同岗位操作员工所应注意的不同问题，具有较强的岗位区别性。

（3）信息实用易懂。处于基层的员工，有些并没有很高的学历，然而"三法三卡"六张卡片上所记录的信息简单明了，而且都是平时岗位工作可能接触的情况，因此，接受信息容易，反应迅速。

（4）携带方便。由于"三法三卡"管理模式的实体形式为六张 32 开大小的卡片，因此，员工携带方便，也便于平日时刻提醒自己相关危险的注意事项和应急处理。

3．"三法三卡"模板设计

（1）岗位健康保障法——H 法。H 法是预防职业病的方法体系，是现场急救的方法体系。其主要内容为危害类型、危害因素名称、预防及控制措施，见表 10-1。

表 10-1　岗位 H 法——岗位健康保障法

行业：　　　　　　　　单位：

工种：　　　　　　　　编号：＊＊＊＊-H

姓名：　　　　　　　　班组长：

危害类型	危害因素名称	预防及控制措施
物理危害因素	1.	
	2.	
化学危害因素	1.	
	2.	
生物危害因素	1.	
	2.	
行为危害因素	1.	
	2.	
生理危害因素	1.	
	2.	

（2）岗位安全保障法——S 法。S 法是预防作业岗位事故发生的方法体系，是事故初期的应急方法体系。其主要内容为危险类型、危险因素名称、预防及控制措施，见表 10-2。

表 10-2　岗位 S 法——岗位安全保障法

行业：　　　　　　　　单位：

工种：　　　　　　　　编号：＊＊＊＊-S

姓名：　　　　　　　　班组长：

危险类型	危险因素名称	预防及控制措施
物理危险因素	1.	
	2.	
化学危险因素	1.	
	2.	
生物危险因素	1.	
	2.	
行为危险因素	1.	
	2.	
生理危险因素	1.	
	2.	

（3）岗位环境保护法——E 法。E 法是防范环境有害事件的方法体系。其主要内容为污染类型、环境污染因素名称、预防及控制措施，见表 10-3。

表 10-3　岗位 E 法——环境保护法

行业：　　　　　　　　　　单位：

工种：　　　　　　　　　　编号：＊＊＊＊-E

姓名：　　　　　　　　　　班组长：

污染类型	环境污染因素名称	预防及控制措施
废液污染因素	1.	
	2.	
废气污染因素	1.	
	2.	
固体污染因素	1.	
	2.	

（4）岗位作业安全检查卡——MS 卡。MS 卡是员工作业前和作业过程中安全检查要求，必须达到的安全条件及禁止行为，见表 10-4。

表 10-4　岗位 MS 卡——作业安全检查卡

行业：　　　　　　　　　　单位：

工种：　　　　　　　　　　编号：＊＊＊＊-MS

姓名：　　　　　　　　　　班组长：

类型	观察点	表现形式
MUST 安全条件	1. 人的因素	
	2. 设备因素	
	3. 环境因素	
	4. 管理因素	
STOP 禁止行为	1. 人的因素	
	2. 设备方面	
	3. 环境因素	
	4. 管理因素	

（5）岗位危害因素信息卡——HI 卡。HI 卡是作业岗位可能接触到的危害物质信息。其主要内容为危害因素名称、致因物、物理特性、化学特性、特性识别、接触反应、急救措施等，见表 10-5。

表 10-5　岗位 HI 卡——危害因素信息卡

行业：　　　　　　　　　　单位：

工种：　　　　　　　　　　编号：＊＊＊＊-HI

姓名：　　　　　　　　　　班组长：

危害因素	致因物	物理特性	化学特性	特性识别	接触反应	急救措施
有毒有害气体						
酸类						
机械振动						
噪声						
辐射						
粉尘						
传染病						
高温/低温						
潮湿						

（6）岗位危险因素信息卡——DI 卡。DI 卡是作业岗位的危险因素、危险源、危险状态信息。其主要内容为危险因素名称、起因物、产生原因、后果影响、救护反应及风险等级等，见表 10-6。

表 10-6　岗位 DI 卡——危险因素信息卡

行业：　　　　　　　　　　单位：

工种：　　　　　　　　　　编号：＊＊＊＊-DI

姓名：　　　　　　　　　　班组长：

危险因素	起因物	产生原因	后果影响	救护反应	风险等级
触电					
高处坠落					
物体打击					
瓦斯爆炸					
火灾爆炸					
中毒窒息					
淹溺					
灼烫伤					
机械伤害					
起重机伤害					
车辆伤害					
冒顶片帮					
透水					

（四）超前预防和事故应急方法

1. 超前预防类

（1）岗位人为差错预防法

① 内涵定义。针对精细度不同、事故后果程度不同的作业岗位，为减少作业岗位隐患，采取不同的岗位人为差错预防办法。

② 内容要求。现场岗位人为差错预防法主要包括：双岗制、岗前报告制和交接班制度。

a. 双岗制。在一些精细度高、事故后果严重、人为控制的重要岗位，为了避免人为差错，保证施令的准确，设置一岗双人制度。

b. 岗前报告制。对管理、指挥的对象采取提前报告、超前警示、报告重复的措施。

c. 交接班重叠制度。在危险性较大的行业，严格执行岗位交接班制度，岗位交接班之间执行"接岗提前准备、离岗接续辅助"的办法，以减少交接班差错率。

③ 目的意义。通过有针对性地开展现场岗位人为差错预防，避免人员差错，减少岗位隐患，提升现场岗位安全水平。

④ 开展实施。

a. 制度制定。制定双岗、岗前报告和交接班相关制度措施，形成执行文件。

b. 宣传学习，对文件内容下发并开展全面学习，使员工明确步骤与内容。

c. 实际考核。由安全部门协同工会人员，在岗位现场实施检查和记录查阅工作，并进行考核，完善制度内容。

⑤ 组织部门。安全部门负责组织推进现场岗位人为差错预防工作，制定规范，加强监督。工会协助安全部门监督检查制度落实状况。

⑥ 参与人员。组织人员包括安全部门、工会相关人员。活动对象包括全体员工。

⑦ 特点。严格规范；岗不离人；确保安全；万无一失。

⑧ 关键。针对不同岗位制定规范、完善的岗位人为差错预防制度。

（2）"手指口述"安全确认法

① 内涵定义。"手指口述"安全确认法就是指，将某项工作的操作规范和注意事项编写成简易口语，当作业开始的时候，不是马上开始而是用手指出并说出那个关键部位进行确认，以防止判断，操作上的失误。

第十章　现场员工安全行为管理

257

② 内容要求。"手指口述"是一种安全确认的方法，目前主要应用于危险性较大的工种、行业，它的意义与作用在于能够起到安全确认的作用，提高工作效率。手指口述的具体确认方法是：在操作前，用手指着被操作的设备，眼睛随手指观察，刺激脑子同时思考，把最关键的话大声说出来。

③ 目的意义。手口示意运动，使大脑更加灵活，正确地确认对象，避免走神出错，最大限度地减少人员对设备的误操作，培养员工"不安全不作业"的安全行为习惯，提高员工的安全意识，防止事故发生。

④ 开展实施

a. 举办启动仪式。通过发放宣传单、倡议书，以安全签名、安全宣誓等形式，营造浓厚活动的氛围，叫响"手指口述严确认，规范操作保安全"等口号。

b. 制定"手指口述"内容。企业各车间主管牵头负责，针对不同工种、不同岗位，分别制定"手指口述安全确认"操作口诀。内容包括作业程序、动作标准、安全要点等。力求通俗易懂，简明扼要。

c. 学习"手指口述"内容。将手指口述安全确认操作口诀制作成卡片，印发到相关岗位的所有员工。组织员工学习，做到学深学透，精准掌握，熟记于心。

d. 现场演示操作。通过肢体和语言的配合，达到规范操作的目的。可以利用班前会、班后会由员工在现场进行模拟演练"手指口述"安全确认操作内容，深化掌握，促使员工在操作前、操作过程中及操作完成后，深思牢记安全操作及作业要领，杜绝错误操作。

e. 全面落实。每个员工在某项相关操作前，都要进行"手指口述"安全确认。多名员工进行同一类作业，可以进行团队同时"手指口述"安全确认，这样可以形成良好的氛围。为确保活动效果，可定期举行"手指口述"操作法现场比赛或对抗赛，按得分成绩奖励相应员工和相应部门。将安全作业规范同手指口述活动结合起来，把安全规范编印成"手指口述册"，让员工熟记。在实际工作现场示范"手指口述"，作为安全培训考核的重要方式，采取全面学习检查与随时抽查相结合，奖与惩结合，促进"手指口述"活动的开展。也可作为评定岗位技能的重要内容，这样能更有效地提高安全培训效果，更多地让员工应知应会，更有效地为安全生产撑起"保护伞"。另外，企业还可以管理看板等形式开办"手指口述"专栏，及时总结推广"手指口述"安全确认操作法活动中的好做法、好经验，发布活动进展情况。

⑤ 组织部门。安全部门组织开展"手指口述"安全确认工作，安排员工进行"手指口述"操作法的学习与培训。车间制定本车间"手指口述"的操作口诀

并配合落实。宣传部门负责活动的宣传和竞赛的开展。

⑥ 参与人员。组织人员包括安全部门、技术部门相关人员、车间负责人。活动对象包括基层员工。

⑦ 特点。手口结合；科学可行；简单易学；操作性强。

⑧ 关键。重视宣传和动员，让员工能够意识到"手指口述"安全确认法的重要意义，从而自愿遵守操作要求。

（3）"三好四会"设备管理

① 内涵定义。"三好四会"是针对基层员工提出的设备管理方法。"三好"指管好设备，用好设备，维护好设备。"四会"指会使用，会维护，会检查，会排除故障。

② 内容要求。操作设备的"三好"：

a. 管好设备。即要精心管理设备，运行中要勤巡视、勤观察、勤对比分析，认真记录，不随意改变规定的运行参数。

b. 用好设备。即要按操作规程要求操作，不超负荷、超安规使用设备。

c. 维护好设备。即要认真执行设备维护保养规程、计划和规定，按期保质完成，不敷衍应付。

操作设备的"四会"：

a. 会使用。即熟练掌握设备操作程序和方法，熟悉设备的结构、性能、传动原理和安全运行规范。

b. 会维护。即熟悉设备维护保养工作内容和质量要求，并能进行设备日常维护保养。认真执行设备维护、润滑规定，保持设备外观清洁。润滑、冷却及运转状态良好。

c. 会检查。即能基本判断故障产生的部位及产生原因。熟悉设备故障检查的基本程序和方法。

d. 会排除故障。即具有分析自用设备一般故障能力，能正确判断设备故障部位、元器件、部件产生故障的原因，并能排除。对个人不能排除的故障也能提出有一定参考价值的处理意见，积极协同专业维修人员共同排除。

③ 目的意义。通过开展员工"三好四会"目标管理，提高员工设备操作和维护的能力，规范设备管理，减少设备隐患。

④ 开展实施。a. 广泛动员。加大宣传力度，积极开展"三好四会"员工个人管理方法的学习活动，让员工了解作业现场设备管理的重要性。b. 教育培训。开展针对"三好四会"管理方法的教育培训工作，以班组范围的学习为主要方式，以安全日活动、安全课堂和作业现场操作培训为载体，以"三好四会"为目

标，深入开展员工设备管理教育培训活动，要做好完善的课程安排，准备好学习内容。c. 考核。班组长和车间管理员负责"三好四会"考核工作，通过现场操作考核以及笔试的方式进行，对考核结果优秀的员工予以嘉奖，不合格的员工要接受再训，考核结果记入员工安全考核积分。

⑤ 组织部门。安全部门安排"三好四会"教育培训和验收。设备部门协助安全部门进行"三好四会"验收和典型评比。

⑥ 参与人员。组织人员包括安全部门及设备部门相关人员。活动对象包括基层员工。

⑦ 特点。自主管理；全面要求；规范行为；本质安全。

⑧ 关键。做好员工安全意识和技能教育工作，培养员工"三好四会"良好行为方式的养成。

（4）操作确认挂牌制度

① 内涵定义。操作确认挂牌制，是指为了防止错误操作，在每次操作或作业前，通过挂牌提示的方式，对机器设备等操作对象在思维中做出"确实安全可靠、确实能准确运行"的状态认定制度。

② 内容要求。操作确认挂牌制度必须要明确四项内容：操作对象名称、操作要求、设备性能、设备危险性。

③ 目的意义。利用挂牌提示的方法，规定员工对操作对象进行操作前的确认检查，保证机器设备的可靠性，最大程度地消除设备隐患，减少现场事故，提高员工的安全意识和技能，提升班组作业的安全水平。

④ 开展实施。

a. 基本确认。认定这个操作"对象"的名称、作用，运转方向，是否达到负荷要求和能否影响危害到他人或其他设备。

b. 挂牌确认。在认定了上一条的前提下，还要做到能读出或默诵出操作对象的名称、作用，认定无误后方可操作。对于关键性的操作、按钮、开关，阀门等，要加安全防护罩或挂牌子，方便操作者在任何情况下都有思维过程，不致失误。

c. 交接班检查确认。上、下岗交接班时，要检查确认诸如设备（润滑、坚固、制动控制）、电器（供电系统是否完好）、压力、温度、易燃易爆物质（存放位置是否合适），有无事故因素等。认为确实无误，方可上下班。

⑤ 组织部门。安全部门制定操作确认挂牌制度并负责落实。宣传部门配合制作安全挂牌。技术部门负责给出设备设施性能及安全信息。

⑥ 参与人员。组织人员包括安全部门、宣传部门、技术部门相关人员。活

动对象包括基层员工。

⑦ 特点。形式直观；内容全面；程序严格；操作规范。

⑧ 关键。挂牌不能影响员工正常作业，可采用金属铭牌形式的提示牌或者加安全防护装置进行提醒。

（5）事故案例警示教育

① 内涵定义。以本企业或本行业有代表性的重大事故案例为材料，对员工进行警示教育。

② 内容要求。事故案例教育是企业安全警示教育的一种重要的形式，其具有实物性，主要包括以下内容。

a. 真实案例宣讲。收集典型的事故案例，组建宣讲团，进行事故宣讲。

b. 事故教育展览。将典型事故案例以展板的形式展示，组织员工参观、学习。

c. 交流互动开展。分析事故发生的原因，并就事故心得开展互动交流。

③ 目的意义。通过事故案例学习，从中找出引以为戒的经验教训，使大家更加明确事故的危害性，引导员工通过事故案例吸取教训，消除大家在安全方面的侥幸和麻痹思想，强化员工的安全意识。

④ 开展实施

a. 材料准备。企业党政部门制定宣传提纲，安全部门组织整理本企业或本行业典型安全事故案例，制作事故案例课件，及时下发给各单位、各基层班组。

b. 安全教育展览。利用安全教育展览等形式进行形象化教育，如展出有代表性的安全事故的图片、原因分析、经济损失图表以及伤亡者的实物等，图文并茂、声光并现、生动逼真，使员工观看后深受教育，对增强员工的安全意识会起到巨大的作用。

c. 案例宣讲。企业组建安全事故案例宣讲团，将企业典型事故案例，深入各单位班前会进行宣讲，用身边的事教育身边的人，营造氛围，提升案例教育质量。

d. 基层自学。各单位、班组围绕企业下发的事故案例和自己整理的事故案例，结合企业及本单位排查出的隐患，从管理责任、可能导致的危险、整改措施三方面进行分析，紧紧围绕影响安全生产的人、物、管理三个主要方面，重点查找人的不安全行为、物的不安全状态和管理上的缺失。

e. 讨论表态。各个基层单位在深入分析事故案例的基础上要深入讨论，广泛交流，引导员工谈谈自己的学习心得，并就今后本岗位的安全工作进行表态。

⑤ 组织部门。党政部门制定宣传提纲。安全部门组织事故案例，制作案例课件，申请多媒体活动室，播放事故资料并参与讨论活动。班组是落实基层自学的主体。

⑥ 参与人员。组织人员包括企业党政部门、安全部门相关人员、班组长。活动对象包括全体员工。

⑦ 特点。反面教育；警钟长鸣；形象生动；震撼人心。

⑧ 关键。基层自学阶段，各单位可以将事故案例学习与每周的安全日和班前会学习结合起来。

（6）员工读书读报活动

① 内涵定义。组织员工利用业余时间，阅读车间或班组订阅的相关安全读物。

② 内容要求。开展员工读书读报活动是创建学习型班组，加强员工自我安全教育的有效方法。通过班组自学、竞赛、座谈等形式，营造浓厚的读书氛围。员工通过读书读报，学习政治理论和业务技术、安全知识，分析事故案例，提高员工的安全水平。

③ 目的意义。开展员工读书读报活动不仅能够丰富员工的业余文化生活，也能够使员工提高安全认识，增加安全知识，达到全面提升企业员工安全素质的目标。

④ 开展实施

a. 建立阅览室。车间（班组）组织订阅各类安全报刊、安全书籍，建立小型的车间（班组）阅览室，组织员工利用业余时间进行读书读报。可建立每周规定 2 个小时的读书课堂，由班组长组织班组成员集中学习，其他时间员工自主学习的学习模式。

b. 树立读书楷模。选择爱读书、素质高、能力强、业务精、能够助人为乐的员工为"小楷模"，宣传他们的读书成果，让他们在读书活动中发挥表率作用。

c. 征集读书小点子。积极鼓励员工为读书活动献计献策，鼓励大家将读书成果转化为安全生产中的小改革、小发明、小创造，并进行奖励。

d. 开展读书竞赛。每季度开展一次以班组为单位的知识竞赛，内容为安全相关政策法规、行业安全规程、安全知识等，对竞赛优胜班组及员工给予奖励。

e. 召开读书座谈会。利用每周的安全日活动开座谈会，让大家交流读书经验和心得体会，达到交流思想、解疑释惑的目的，进一步提升班组的整体安全水平，提高班组的凝聚力和战斗力。

⑤ 组织部门。安全部门协调相关部门组建阅览室，购买阅读书籍、报刊、杂志等。宣传部门对阅读资料进行整理、归类。班组是落实读书读报活动的主体。

⑥ 参与人员。组织人员包括安全部门及宣传部门相关人员、班组长。活动对象包括全体员工。

⑦ 特点。积极充电；自我提高；内容丰富；持之以恒。

⑧ 关键。车间确保为员工提供必要的安全读物，为员工读书读报活动的开展提供必要的物质条件。重视读书竞赛和交流座谈会活动，使员工的自我学习能力通过交流和总结得到全面的提高。

2. 事故应急类

（1）事故预想法

① 内涵定义。员工根据自身岗位特点，针对危险性高、危害多、事故多发的作业情况进行事故预想活动。

② 内容要求。以行业常发的灾害事故为主要对象，根据工作中涉及的某项操作可能引发灾害事故的异常情况，员工预想出具体的处理方法，可由有经验的员工对其处理方法进行评价，选择出最优做法。班组长可定期安排有针对性的座谈或考核，并记录在案。

③ 目的意义。了解违章行为的危害性和异常情况的处理办法，做到提前心中有数，能够增强员工的防范意识，提高员工正确判断和处理事故的能力。

④ 开展实施

a. 事故类别预想。员工根据自身岗位特点，针对危险性高、危害多、事故多发的作业情况，进行事故类别预想活动，分析并确定可能存在的事故类型。

b. 事故原因预想。根据确定的事故类型，预想引发该类事故的可能原因。

c. 处理方法预想。根据分析出来的原因，找出原因所依赖的客观对象，预想最可行的险情及事故处理方法。

d. 集体点评。班组成员、安全操作标兵（能手）、班组长对预想方法进行点评，好的结果可作为特殊贡献积分记入员工安全考核。

⑤ 组织部门。安全部门负责对事故预想活动的定期考核工作。班组是预想实施主体。

⑥ 参与人员。组织人员包括安全部门相关人员、班组长。活动对象包括基层员工。

⑦ 特点。应急处理；积极参与；具体分析；防患未然。

⑧ 关键。对员工事故预想活动进行定期考核，形成制度。

第十章　现场员工安全行为管理

263

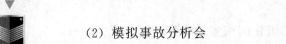
（2）模拟事故分析会

① 内涵定义。模拟事故分析会是通过员工将自己假想为事故当事人，并进行角色互换，开展预想、预知、预处理的安全教育的方法。

② 内容要求。模拟事故分析会是一种事故案例的宣传教育方法，是班组安全教育的一种创新教育模式，它由以往的灌输式教育转变为互动式教育。模拟事故分析会中，模拟事故当事人的员工主要就以下内容进行分析：a. 分析事故中自己所犯的错误；b. 分析事故发生后，自己所应承担的责任；c. 分析事故发生后，自己有可能受到的处理；d. 分析自己如果处在当事人的位置，心理感受会是如何；e. 分析自己日常工作或本工区日常作业中是否存在类似的问题；f. 分析如何避免此类错误的发生。

③ 目的意义　通过开展模拟事故分析会，使员工在一定程度上能够与事故当事人的心理和思想产生共鸣，做到全方位、多层面地分析事故，最大程度地投入到安全教育中，提升安全思想意识，吸取教训，防止悲剧重演。

④ 开展实施

a. 选择案例。班组长或者安全员选择案例素材。事故案例可选以往的典型事故，也可以选择近期发生的事故，并应事前将所选案例素材通告每位员工。

b. 员工自学。在召开模拟事故分析会之前，至少预留一天的时间，让员工自行学习，并对照相关的规章、制度、措施确定问题症结所在。

c. 模拟分析。通过自学，员工对事故概况有了解，对事故造成的原因有了一定的认识，此时趁热打铁，由班组长正式组织召开模拟事故分析会，将本起事故模拟为本单位发生的一起事故。会上由班组长用随机抽签的方式（事故责任者有几名即抽几名）决定由哪位员工模拟当事人，进行重点分析。中签人员按所抽中的角色，模拟事故当事人，对照事故进行详细分析。

d. 补充发言。事故分析之后，其他员工进行补充发言。为鼓励大家的积极性，对于发言积极、表现突出的员工，可以给予适当奖励。

e. 总结。班组长进行总结，并正式宣读事故的原因、相关责任人的处理和单位的相关要求，使大家在理解的基础上加深记忆。

f. 巩固提高。重视日常作业中的继续再教育，日常作业前的班前安全讲话中，可联系分析过的事故，对员工进行简短的安全教育，巩固记忆。

⑤ 组织部门。安全部门提供案例及员工学习材料，并定期参与事故模拟分析会。班组是事故模拟开展主体。

⑥ 参与人员。组织人员包括安全部门相关人员、班组长。活动对象包括基层员工。

⑦ 特点。形式新颖；方法简单；易于操作；强化意识。

⑧ 关键。案例的选材要准确，要与自身行业密切相关；案例的描述要清晰，以便展开客观、细致的分析；案例讨论时，既要气氛严肃又要人人积极参与；案例总结要深入分析，总结要全面。

（3）"四个一"应急管理

① 内涵定义。班组员工在事故应急中应掌握"四个一"，即"一图、一点、一号、一法"。

② 内容要求

a. "一图"——逃生路线图。所有作业现场发生突发事故，班组员工除了抢救身边的伤者，最重要的任务不是救灾抢险，而是逃生，这是现代应急管理的基本原则，是以人为本的具体体现。既然是逃生，就要事先熟悉现场逃生路线，班组应急演习也是为了熟悉这条逃生路线，否则临时抱佛脚，乱了方向，成为无头的苍蝇。

b. "一点"——紧急集合点。紧急集合地点是逃生路线的终点。它的重要作用体现在：紧急疏散后，集中到此点，便于应急指挥部门点名，核实员工人数，如有缺员，可以立即展开寻救。

c. "一号"——报警电话号码。这里所说的"一号"，指员工应牢记所在单位的应急指挥中心的电话号码，此外，员工也要知道直接上级领导的电话。

d. "一法"——常用的急救方法。突发事件发生后，如何在第一时间内对伤者采取急救措施，争取挽救伤者的机会，对于减少人员伤亡起着重要的作用。

③ 目的意义。通过深化"四个一"班组应急教育，增加员工应急知识，指导员工在发生异常情况时做出正确的反应。

④ 开展实施。a. 应急准备。依据班组工作地点、环境和特点，制定逃生路线图、选择紧急集合点、设置报警电话号码、总结常用的急救方法，并形成文件格式。b. 下发宣传。对制定出的"四个一"文件内容下发并在全班内部展开宣传教育，让所有班组员工掌握详细内容。c. 实地演练。组织针对"四个一"具体内容的实地演练，让员工将理论与实践结合起来，同时评估演练实效性，改进应急方案。

⑤ 组织部门。安全部门负责配合班组制定"四个一"班组应急内容。宣传部门负责"四个一"相关信息的宣传。

⑥ 参与人员。组织人员包括安全部门、宣传部门相关人员。活动对象包括基层员工。

第十章 现场员工安全行为管理

265

⑦ 特点。未雨绸缪；应急避险；救人自救；胸有成竹。

⑧ 关键。"四个一"班组应急管理法是班组应急管理工作的方法保障，应配合应急演练方法共同开展应急管理工作。

（4）避灾演练法

① 内涵定义。针对员工所在岗位可能发生的事故，定期进行避灾演练。避灾演练主要针对班组常发、易发的事故类型。

② 内容要求。避灾演练的主要内容包括：避灾路线演练、避灾方式演练和避灾防护设备使用演练。

a. 避灾路线演练。避灾路线是指事故发生后供遇险人员最安全、距离最短、能迅速撤离的路线，它直接关系到遇险人员的生命安全。在避灾时，按照灾害的不同类型设置不同路线的路标。在工作场所有变化后，及时按照避灾路线实地行走演练，每位员工应熟知自身所在工作地点的避灾路线。

b. 避灾方式演练。根据设定险情的不同类型，快速、准确做出判断，选择正确的避灾方式。

c. 避灾防护设备使用演练。必须严格组织培训，并定期演练，确保员工对安全防护及急救设备使用熟练，在紧急情况下，能应用自如，做到短期自我保护。

③ 目的意义。使员工熟悉避灾路线、避灾方式和防护设备的用法，提高员工安全意识和避灾自救能力，减少员工事故突发时的慌乱和紧张感，能够做到科学避险。

④ 开展实施。a. 制定演练计划。规划每一年的班组应急演练计划项目，做出一个整体规划方案。b. 确定演练主题。针对不同时间段内可能发生的不同危险事故，确定当次演练主题。c. 制定演练方案。根据演练主题，从演练路线、演练方式、设备使用三个方面，制定演练方案。d. 开展具体演练。根据演练方案，开展具体演练。e. 演练总结。对演练效果进行评估总结，肯定成绩，分析不足，为下次演练打好基础。

⑤ 组织部门。安全部门负责制定演练方案，开展演练宣传并监督演练实施。消防部门负责现场监督和指导演练实施。

⑥ 参与人员。组织人员包括安全部门、消防部门相关人员。活动对象包括班组长和基层员工。

⑦ 特点。注重自救；现场演练；有的放矢；科学避险。

⑧ 关键。根据行业危险性和企业实际情况自行确定避灾演练的周期，确保员工认真对待避灾演练，不搞形式。

第三节　人为因素事故预防技术

一、事故可预防性理论

根据事故特性的研究分析，事故具有如下性质。

（1）事故的因果性。工业事故的因果性是指事故是由相互联系的多种因素共同作用的结果，引起事故的原因是多方面的。在伤亡事故调查分析过程中，应弄清事故发生的因果关系，找到事故发生的主要原因，才能对症下药，有效地防范。

（2）事故的随机性。事故的随机性是指事故发生的时间、地点、事故后果的严重性是偶然的。这说明事故的预防具有一定的难度。但是，事故这种随机性在一定范畴内也遵循统计规律。从事故的统计资料中可以找到事故发生的规律性。因而，事故统计分析对制定正确的预防措施有重大的意义。

（3）事故的潜伏性。表面上，事故是一种突发事件，但是事故发生之前有一段潜伏期。在事故发生前，人、机、环境系统所处的这种状态是不稳定的，也就是说系统存在着事故隐患，具有危险性。如果这时有一触发因素出现，就会导致事故的发生。在工业生产活动中，企业较长时间内未发生事故，如麻痹大意，就是忽视了事故的潜伏性，这是工业生产中的思想隐患，是应予克服的。掌握了事故潜伏性对有效预防事故起到关键作用。

（4）事故的可预防性。现代工业生产系统是人造系统，这种客观实际给预防事故提供了基本的前提。所以说，任何事故从理论和客观上讲，都是可预防的。认识这一特性，对坚定信念，防止事故发生有促进作用。因此，人类应该通过各种合理的对策和努力，从根本上消除事故发生的隐患，把工业事故的发生降低到最小限度。

二、事故的宏观战略预防对策

《安全生产法》确立了"安全第一、预防为主、综合治理"的安全生产工作"十二字方针"，明确了安全生产的重要地位、主体任务和实现安全生产的根本途径。《安全生产法》：一是生产经营单位必须建立生产安全事故隐患排查治理制度，采取技术、管理措施及时发现并消除事故隐患，并向从业人员通报隐患排查治理情况的制度。二是政府有关部门要建立健全重大事故隐患治理督办制度，督促生产经营单位消除重大事故隐患。三是对未建立隐患排查治理制度、未采取有效措施消除事故隐患的行为，设定了严格的行政处罚。四是赋予负有安全监管职责的部门对拒不执行执法决定、有发生生产安全事故现实危险的生产经营单位依法采取停电、停供民用爆炸物品等措施，强制生产经营单位履行决定。五是国家建立应急救援基地和应急救援队伍，建立全国统一的应急救援信息系统。生产经营单位应当依法制订应急预案并定期演练。参与事故抢救的部门和单位要服从统一指挥，根据事故救援的需要组织采取告知、警戒、疏散等措施。

采取综合、系统的对策是搞好职业安全卫生和有效预防事故的基本原则。随着工业安全科学技术的发展，安全系统工程、安全科学管理、事故致因理论、安全法制建设等学科和方法技术的发展，在职业安全卫生和减灾方面总结和提出了一系列的对策。安全法制对策、安全管理对策、安全教育对策、安全工程技术对策、安全经济手段等都是目前在职业安全卫生和事故预防及控制中发展起来的方法和对策。

（一）职业安全卫生的法制对策

职业安全卫生的法制对策是通过如下几方面的工作来实现的。

（1）职业安全卫生责任制度。职业安全卫生责任制度就是明确企业一把手是职业安全卫生的第一责任人；管生产必须管安全；全面综合管理，不同职能机构有特定的职业安全卫生职责。如一个企业，要落实职业安全卫生责任制度，需要对各级领导和职能部门制定出具体的职业安全卫生责任，并通过实际工作得到落实。

（2）实行强制的国家职业安全卫生监督。国家职业安全卫生监督就是指国家授权劳动行政部门设立的监督机构，以国家名义并运用国家权力，对企业、事业和有关机关履行安全生产职责、执行安全生产政策和劳动卫生法规的情况，依法进行的监督、纠正和惩戒工作，是一种专门监督，是以国家名义依法进行的具有高度权威性、公正性的监督执法活动。

（3）建立健全安全法规制度。这是指行业的职业安全卫生管理要围绕着行业职业安全卫生的特点和需要，在技术标准、行业管理条例、工作程序、生产规范，以及生产责任制度方面进行全面的建设，实现专业管理的目标。

（4）有效的群众监督。群众监督是指在工会的统一领导下，监督企业、行政和国家有关安全生产、安全技术、工业卫生等法律、法规、条例的贯彻执行情况；参与有关部门制定职业安全卫生和安全生产法规、政策的制定；监督企业安全技术和安全生产经费的落实和正确使用情况；对职业安全卫生提出建议等方面。

（二）工程技术对策

工程技术对策是指通过工程项目和技术措施，实现生产的本质安全化，或改善劳动条件提高生产的安全性。如，对于火灾的防范，可以采用防火工程、消防技术等技术对策；对于尘毒危害，可以采用通风工程、防毒技术、个体防护等技术对策；对于电气事故，可以采取能量限制、绝缘、释放等技术方法；对于爆炸事故，可以采取改良爆炸器材、改进炸药等技术对策，等等。在具体的工程技术对策中，可采用如下技术原则。

（1）消除潜在危险的原则。即在本质上消除事故隐患，是理想的、积极、进步的事故预防措施。其基本的做法是以新的系统、新的技术和工艺代替旧的不安全系统和工艺，从根本上消除发生事故基础。例如，用不可爆材料代替可爆材料；以导爆管技术代替导致火绳起爆方法；改进机器设备，消除人体操作对象和作业环境的危险因素，排除噪声、尘毒对人体的影响等，从本质上实现职业安全卫生。

（2）降低潜在危险因素数值的原则。即在系统危险不能根除的情况下，尽量地降低系统的危险程度，使系统一旦发生事故，所造成的后果严重程度最小。如手电钻工具采用双层绝缘措施；利用变压器降低回路电压；在高压容器中安装安全阀、泄压阀抑制危险发生等。

（3）冗余性原则。通过多重保险、后援系统等措施，提高系统的安全系数，增加安全余量。如在工业生产中降低额定功率；增加钢丝绳强度；飞机系统采用双引擎；系统中增加备用装置或设备等措施。

（4）闭锁原则。在系统中通过一些元器件的机器联锁或电气互锁，作为保证安全的条件。如冲压机械的安全互锁器，金属剪切机室安装出入门互锁装置，电路中的自动保安器等。

（5）能量屏障原则。在人、物与危险之间设置屏障，防止意外能量作用到人体和物体上，以保证人和设备的安全。如建筑高空作业的安全网，反应堆的安全壳等，都起到了屏障作用。

（6）距离防护原则。当危险和有害因素的伤害作用随距离的增加而减弱时，应尽量使人与危险源距离远一些。噪声源、辐射源等危险因素可采用这一原则减小其危害。化工厂选址远离居民区、爆破作业时的危险距离控制，均是这方面的例子。

（7）时间防护原则。即使人暴露于危险、有害因素的时间缩短到安全程度之

第十章 现场员工安全行为管理

内。如开采放射性矿物或进行有放射性物质的工作时，缩短工作时间；粉尘、毒气、噪声的安全指标，随工作接触时间的增加而减少。

（8）薄弱环节原则。即在系统中设置薄弱环节，以最小的、局部的损失换取系统的总体安全。如电路中的保险丝、锅炉的熔栓、煤气发生炉的防爆膜、压力容器的泄压阀等。它们在危险情况出现之前就发生破坏，从而释放或阻断能量，以保证整个系统的安全性。

（9）坚固性原则。这是与薄弱环节原则相反的一种对策。即通过增加系统强度来保证其安全性。如加大安全系数，提高结构强度等措施。

（10）个体防护原则。根据不同作业性质和条件配备相应的保护用品及用具。采取被动的措施，以减轻事故和灾害造成的伤害或损失。

（11）代替作业人员的原则。在不可能消除和控制危险、有害因素的条件下，以机器、机械手、自动控制器或机器人代替人或人体的某些操作，摆脱危险和有害因素对人体的危害。

（12）警告和禁止信息原则。采用光、声、色或其他标志等作为传递组织和技术信息的目标，以保证安全，如宣传画、安全标志，板报警告等。

显然，工程技术对策是治本的重要对策。但是，工程技术对策需要安全技术及经济作为基本前提，因此，在实际工作中，特别是在目前我国安全科学技术和社会经济基础较为薄弱的条件下，这种对策的采用受到一定的限制。

（三）安全管理对策

管理就是创造一种环境和条件，使置身于其中的人们能协调工作，从而完成预定的使命和目标。安全管理是通过制定和监督实施有关安全法令、规程、规范、标准和规章制度等，规范人们在生产活动中的行为准则，使安全生产工作有法可依，有章可循，用法制手段保护职工在劳动中的安全和健康。安全管理对策是工业生产过程中实现职业安全卫生基本的、重要的、日常的对策。工业安全管理对策具体由管理的模式，组织管理的原则，安全信息流技术等方面来实现。安全的手段包括法制手段：监督、监管；行政手段：责任制等；科学的手段：推进科学管理；文化手段：进行安全文化建设；经济手段：伤亡赔偿、工伤保险、事故罚款等。

（四）安全教育对策

安全教育是对企业各级领导、管理人员以及操作工人进行安全思想政治教育和安全技术知识教育。安全思想政治教育的内容包括国家有关安全生产的方针政策、法规法纪。通过教育提高各级领导和广大职工的安全意识、政策水平和法制观念，牢固树立安全第一的思想，自觉贯彻执行各项安全生产法规政策，增强保护人、保护生产力的责任感。安全技术知识教育包括一般生产技术知识、一般安全技术知识和专业安全生产技术知识的教育，安全技术知识寓于生产技术知识之中，在对职工进行安全教育时必须把二者结合起来。一般生产技术知识含企业的基本概况、生产工艺流程、作业方法、设备性能及产品的质量和规格。一般安全技术知识教育含各种原料、产品的危险危害特性，生产过程中可能出现的危险因素，形成事故的规律，安全防护的基本措施和有毒有害的防治方法，异常情况下的紧急处理方案，事故时的紧急救护和自救措施等。专业安全技术知识教育是针对特别工种所进行的专门教育，例如锅炉、压力容器、电气、焊接、化学危险品的管理、防尘防毒等专门安全技术知识的培训教育。安全技术知识的教育应做到应知应会，不仅要懂得方法原理，还要学会熟练操作和正确使用各类防护用品、消防器材及其他防护设施。

安全教育的对策是应用启发式教学法、发现法、讲授法、谈话法、读书指导法、演示法、参观法、访问法、实验实习法、宣传娱乐法等，对政府官员、社会大众、企业职工、社会公民、专职安全人员等进行意识、观念、行为、知识、技能等方面的教育。安全教育的对外通常有政府有关官员、企业法人代表、安全管理人员、企业职工、社会公众等。教育的形式有法人代表的任职上岗教育；企业职工的三级教育、特殊工种教育、企业日常性安全教育；安全专职人员的学历教育等。教育的内容涉及专业安全科学技术知识、安全文化知识、安全观念知识、安全决策能力、安全管理知识、安全设施的操作技能、安全特殊技能、事故分析与判断的能力等。

三、人为事故的预防

人为事故在工业生产发生的事故中占有较大比例。有效控制人为事故，对保障安全生产发挥重要作用。

人为事故的预防和控制，是在研究人与事故的联系及其运动规律的基础上，认识到人的不安全行为是导致与构成事故的要素，因此，要有效预防、控制人为事故的发生，依据人的安全与管理的需求，运用人为事故规律和预防、控制事故原理联系实际，而产生的一种对生产事故进行超前预防、控制的方法。

（一）人为事故的规律

在生产实践活动中，人既是促进生产发展的决定因素，又是生产中安全与事

第十章 现场员工安全行为管理

故的决定因素。我们已清楚地揭示了人方面是事故要素，另一方面是安全因素。人的安全行为能保证安全生产，人的异常行为会导致和构成生产事故。因此，要想有效预防、控制事故的发生，必须做好人的预防性安全管理，强化和提高人的安全行为，改变和抑制人的异常行为，使之达到安全生产的客观要求，以此超前预防、控制事故的发生。表10-7为揭示了人为事故的基本规律。

表 10-7　人为事故规律

异常行为系列原因		内在联系	外延现象
产生异常行为内因	一、表态始发致因	1. 生理缺陷	耳聋、眼花、各种疾病、反应迟钝、性格孤僻等
		2. 安技素质差	缺乏安全思想和安全知识，技术水平低，无应变能力等
		3. 品德不良	意志衰退、目无法纪、自私自利、道德败坏等
	二、动态续发致因	1. 违背生产规律	有章不循、执章不严、不服管理、冒险蛮干等
		2. 身体疲劳	精神不振、神志恍惚、力不从心、打盹睡觉等
		3. 需求改变	急于求成、图懒省事、心不在焉、侥幸心理等
产生异常行为外因	三、外侵导发致因	1. 家庭社会影响	情绪反常、思想散乱、烦恼忧虑、苦闷冲动等
		2. 环境影响	高温、严寒、噪声、异光、异物、风雨雪等
		3. 异常突然侵入	心烦意乱、惊慌失措、恐惧失措、恐惧胆怯、措手不及等
	四、管理延发致因	1. 信息不准	指令错误、警报错误
		2. 设备缺陷	技术性能差、超载运行、无安技设备、非标准等
		3. 异常失控	管理混乱、无章可循、违章不纠

在掌握了人们异常行为的内在联系及其运行规律后，为了加强人的预防性安全管理工作，有效预防、控制人为事故，我们可从以下四个方面入手。

第一，从产生异常行为表态始发致因的内在联系及其外延现象中得知：要想有效预防人为事故，必须做好劳动者的表态安全管理。例如，开展安全宣传教育、安全培训，提高人们的安全技术素质，使之达到安全生产的客观要求，从而为有效预防人为事故的发生提供基础保证。

第二，从产生异常行为动态续发致因的内在联系及其处延现象中得知：要想有效预防、控制人为事故，必须做好劳动者的动态安全管理。例如，建立、健全安全法规，开展各种不同形式的安全检查等，促使人们的生产实践规律运动，及时发现并及时改变人们在生产中的异常行为，使之达到安全生产要求，从而预防、控制由于人的异常行为而导致的事故发生。

第三，从产生异常行为外侵导发致因的内在联系及其外延现象中得知：要想有效预防、控制人为事故，还要做好劳动环境的安全管理。例如，发现劳动者因受社会或家庭环境影响，思想散乱，有产生异常行为的可能时，要及时进行思想工作，帮助解决存在的问题，消除后顾之忧等，从而预防、控制由于环境影响而导致的人为事故发生。

第四，从产生异常行为管理延发致因的内在联系及其处延现象中得知：要想有效预防、控制人为事故，还要解决好安全管理中存在的问题。例如，提高管理人员的安全技术素质，消除违章指挥；加强工具、设备管理，消除隐患等，使之达到安全生产要求，从而有效预防、控制由于管理失控而导致的人为事故。

（二）强化人的安全行为，预防事故发生

强化人的安全行为，预防事故发生，是指通过开展安全教育，提高人们的安全意识，使其产生安全行为，做到自为预防事故的发生。主要应抓住两个环节：一要开展好安全教育，提高人们预防、控制事故的自为能力；二要抓好人为事故的自我预防。如何开展安全教育，提高人的预防、控制事故的自为能力，在第四章第二节已做了叙述，下面仅就人为事故的自我预防加以概述。

第一，劳动者要自觉接受教育，不断提高安全意识，牢固树立安全思想，为实现安全生产提供支配行为的思想保证。

第二，要努力学习生产技术和安全技术知识，不断提高安全素质和应变事故能力，为实现安全生产提供支配行为的技术保证。

第三，必须严格执行安全规律，不能违章作业，冒险蛮干，即只有用安全法规统一自己的生产行为，才能有效预防事故的发生，实现安全生产。

第四，要做好个人使用的工具、设备和安全生产用品的日常维护保养，使之保持完好状态，并要做到正确使用。当发现有异常时要及时进行处理，控制事故发生，保证安全生产。

第五，要服从安全管理，并敢于抵制他人违章指挥，保质保量地完成自己分担的生产任务，遇到问题要及时提出，求得解决，确保安全生产。

（三）改变人的异常行为，控制事故发生

改变人的异常行为，是继强化人的表态安全管理之后的动态安全管理。通过强化人的安全行为预防事故的发生，改变人的异常行为，控制事故发生，从而达到超前有效预防、控制人为事故的目的。

如何改变人的异常行为，控制事故发生，主要有如下五种方法。

1. 自我控制

自我控制，是指在认识到人的异常意识具有产生异常行为，导致人为事故的规律之后，为了保证自身在生产实践中的自为改变异常行为，控制事故的发生。自我控制是行为控制的基础，是预防、控制人为事故的关键。例如，劳动者在从事生产实践活动之前或生产之中，当发现自己有产生异常行为的因素存在时，像身体疲劳、需求改变，或因外界影响思想混乱等，能及时认识和加以改变，或终

第十章 现场员工安全行为管理

止异常的生产活动，均能控制由于异常行为而导致的事故。又如当发现生产环境异常，工具、设备异常时，或领导违章指挥有产生异常行为的外因时，能及时采取措施，改变物的异常状态，抵制违章指挥，也能有效控制由于异常行为而导致的事故发生。

2. 跟踪控制

跟踪控制，是指运用事故预测法，对已知具有产生异常行为因素的人员，做好转化和行为控制工作。例如，对已知的违安人员指定专人负责做好转化工作和进行行为控制，防其异常行为的产生和导致事故发生。

3. 安全监护

安全监护，是指对从事危险性较大生产活动的人员，指定专人对其生产行为进行安全提醒和安全监督。例如，电工在停送电作业时，一般要有两人同时进行，一人操作、一人监护，防止误操作的事故发生。

4. 安全检查

安全检查，是指运用人自身技能，对从事生产实践活动人员的行为，进行各种不同形式的安全检查，从而发现并改变人的异常行为，控制人为事故发生。

5. 技术控制

技术控制是指运用安全技术手段控制人的异常行为。例如，绞车安装的过卷装置，能控制由于人的异常行为而导致的绞车过卷事故；变电所安装的联锁装置，能控制人为误操作而导致的事故；高层建筑设置的安全网，能控制人从高处坠落后导致人身伤害的事故发生等。

第十一章 基础建设与行为管理

第一节 安全生产"三基"建设概述

员工行为安全管理以"重心下沉、关口前移、监督有效、保障有力"为思路，因此，抓基层、夯基础、苦练基本功，把各项安全生产工作落实到员工作业的每个环节、每个岗位、每个人，提高安全生产科学预防能力，为安全生产的长治久安奠定坚实基础。

安全生产基础是指安全生产的基本要求，包括最基本的物资信息、仪器设备、人员队伍、管理措施、安全投入、规章制度等。"三基"建设指的是基本规范、基础管理和基层建设。基本规范指设备的使用规则、人的操作章程、环境的管理等，是进行安全生产的基本条件。基础管理指企业安全生产实际操作中的作业工艺等一系列过程管理，是进行安全生产的关键。基层建设是企业进行安全生产建设的基本单元、分支阶段，对安全生产起着最直接的决定性作用。

安全生产"三基"体系建设工作应坚持系统性原则、坚持可持续性原则、坚持科学性原则、坚持前瞻性原则、坚持反馈性原则、坚持实效性原则。

强化基础管理和基本规范工作，推进和提升安全生产标准化建设和精细化管理水平，改善员工工作条件，完善企业安全生产规章制度，提高设备的运行能力和效率等。

强化基层建设工作，培养和维持基层员工对本职工作的兴趣；严格执行岗位安全生产责任制和安全操作规程；严格执行上岗证制度；进行系统的安全教育与培训，提高员工的安全意识和安全技能。

安全生产"三基"体系建设所需要的过程应当包括与日常的生产管理活动、资源提供、记录资料、持续改进、绩效考核等有关的过程。

在员工中广泛宣传安全生产"三基"建设工作的内容和重要性；明确职责、分工负责；统一认识、统一计划、统一行动、统一检查、统一考核。

第二节　安全生产"三基"建设体系及模式

一、"三基"体系结构

为了科学创建安全生产"三基"体系，需要构建"三基"建设的体系结构。一个企业的安全生产"三基"建设体系的构建可借鉴系统工程学的霍尔模型，其原理由于三个维度构成，即：建设内容、建设环节与建设主体，如图 11-1 所示。

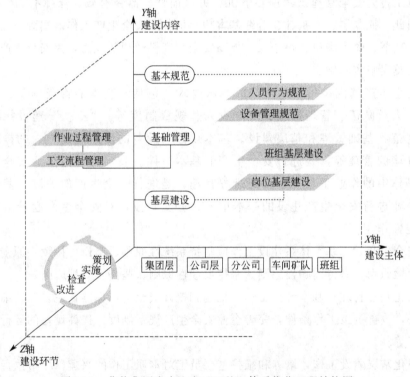

图 11-1　华能集团安全生产"三基"体系优化工程结构图

（1）五类建设主体：主要包括集团、二级公司、电厂、专业部门（比如运营、维修等部门）、班组。

（2）三大建设内容：从基本规范、基础管理、基层建设三个方面着手，细化到人员、设备、作业、工艺、班组、岗位六个要素的建设。

（3）四个建设环节：主要包括策划、实施、检查、改进四个管理环节。

二、"三基"体系建设模式

安全生产"三基"体系的建设理论，需要遵循"策划、实施、检查、改进"动态运行模式，即PDCA循环，如图11-2所示。

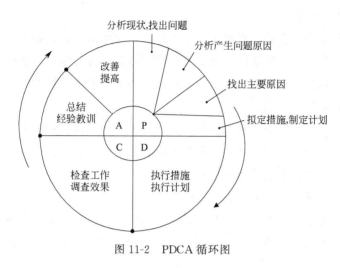

图 11-2　PDCA 循环图

（1）P（plan）策划阶段：确立建设目标→确定范围→设计方案→制定规划等。

（2）D（do）实施阶段：发布任务→组织实施→过程控制等。

（3）C（check）检查阶段：检查评估→总结经验→形成规范（标准）→扩大应用等。

（4）A（act）评审改进阶段：审核验收→完善优化→新的目标→新的循环等。

三、"三基"体系建设要素

企业安全生产"三基"体系建设要素包括六个方面，如图11-3所示。

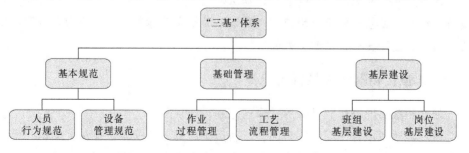

图 11-3　企业"三基"体系要素结构图

（1）员工要素。安全生产取决于人员、设备、环境、管理等综合因素。公司的安全生产归根结蒂还是看员工的操作安全情况，每一个员工的现场工作情况都是安全生产系统的重要环节。因此，要建立和维持员工对安全工作的兴趣，严格执行作业标准化和岗位安全操作规程，进行系统的安全教育与训练，提升员工的安全操作意识和技能。

（2）设备要素。设备是指员工在生产过程中使用的仪器，是进行生产的基本物质保障。生产设备的质量决定着安全生产的质量，保障生产设备的完好，能够在一定程度上减少生产事故的发生，保证员工的生命安全，因此，生产设备在安全生产中起着重要的作用。

（3）作业要素。以企业现场安全生产、技术活动的全过程及其要素为主要内容，按照企业安全生产的客观规律和要求进行安全生产活动。

（4）工艺要素。工艺是指劳动者利用生产工具对各种原材料、半成品进行增值加工或处理，最终使之成为制成品的方法与过程。

（5）班组要素。班组管理是企业管理的基础，班组安全工作是企业一切工作的落脚点。班组安全是加强企业管理、搞好安全生产、减少伤亡和各类灾害事故的基础和关键。

（6）岗位要素。岗位是指在特定的组织中，在一定的时间、空间范围内，按照一定的技术要求或操作规范，劳动者从事某种有目的、承担相关职责、并被赋予相关权限、具有相对独立内容的生产（工作）活动的一名或一组员工的工作位置或区域。

第三节　安全生产"三基"建设任务

以电力行业为例说明。

通过企业基本规范、基础管理、基层建设的"三基"系统工程，夯实人员与设备、作业与工艺、班组与岗位"六要素"的安全保障根基。与行为安全管理相关的基本的建设任务包括四个方面。

一、强化和落实人员行为规范

强化和落实现场作业员工的操作规范和行为规范。

（1）实施"每日一题"安全问答。对员工应具备的安全法律法规知识、生产技术知识、职业技能、岗位操作水平及电气安全常识等内容进行"每日一题"的提问和回答式教育。

（2）推行安全专业技能培训。各单位围绕安全工作规程、危险点预控分析等内容，重点开展心肺复苏法、电气作业安全常识高空作业安全常识、起重作业安全常识、受限空间作业常识、脚手架搭设常识等安全技能培训，确保100％人员参加培训、100％人员通过考试。

（3）应用安全科普知识展板。在作业现场或员工活动区设置展板，向员工普及安全科普知识。展板内容主要包括：安全生产法律法规知识、应急救援安全知识、生活安全知识、电气作业安全常识、消防安全知识、心肺复苏法等。

（4）开展基层安全日活动。开展默画系统图、背写标准操作票和工作票、技术问答等基础性工作；观看电力系统事故案例警示片，吸取本单位和兄弟单位的事故教训，反思、讨论防止事故发生的方法措施，并结合实际有重点地学习规程。

（5）进行模拟事故分析会。以电力行业常发的灾害事故为主要对象，根据工作中涉及的某项操作可能引发灾害事故的异常情况，分析以下内容：事故中自己所犯的错误；事故发生后，自己所应承担的责任；事故发生后，自己有可能受到的处理；自己如果处在当事人的位置，心理感受如何；自己日常工作或本工区日常作业中是否存在类似的问题；如何避免此类错误的发生。

（6）员工读书读报活动。组织员工利用业余时间，阅读生产中心或班组订阅的相关电力安全读物。

（7）亲情教育。充分发挥亲情的力量感化人、启发人，变以往的强制性管理教育为亲情教育，使员工在人性化管理中转变观念，自觉投入安全工作之中。

（8）"反思周"安全警示教育。以企业历史重大安全事故为主线，在每年事故发生日所在的一周开展安全事故反思活动。"反思周"主要以事故案例学习和现场危险源（点）辨识为主。主要内容包括：①历史事故有感教育。可以通过有感演讲、讲故事等方式，缅怀在事故中不幸丧生的工友们，并对后来者给予启示和教育。②事故案例学习。以同行业、邻企业、本企业近期事故案例为题材，开展安全事故讨论会等，分析事故发生的原因，总结应对措施。③日常行为反思。开展班组员工不安全行为总结活动，总结自己或自己身边的不安全行为，并以不记名方式上交上级部门，通过归类整理后，提出改进措施。

（9）员工"三违"档案管理制度。建设员工"三违"档案的主要包括：①违章统计。收集"三违"行为，并进行量化统计。②违章分析。对统计到的"三违"行为定性分析，总结规律。③违章教育。对典型的"三违"行为进行教育改造，直到合格为止。

第十一章　基础建设与行为管理

（10）"五单"现场示范。在作业现场，因地制宜，采取教与练充分结合的现场上课方式对员工进行安全培训教育。"五单"指单教、单学、单练、单考、单查。

（11）安全互保（联保）制度。将本班全体人员按从事的工种、岗位、作业场所，以3～5人一组结成互保对子，让彼此间的责任和义务以条约形式确定下来，制定联保互保制度和考核办法，使其共同承担风险、共同履行义务、共同接受安全考核。

（12）员工安全考核分级制度。根据员工安全培训考核、安全生产表现（有无违章作业）以及日常安全教育的成绩，将员工按照安全考核结果划分等级。

（13）危险预知训练。危险预知训练，简称KYT，是日本企业普遍采用的一种预防性安全教育方式，包括现场安全管理分析；制作危险预知训练资料；实施危险预知训练。

二、强化生产作业过程管理

（1）现场模拟操作培训。现场模拟操作培训是指在基层作业现场模拟安全事故的发生，由基层管理人员或者安全员在现场督察和指导，使员工在岗位安全操作、安全器材使用以及应急反应等方面进行模拟操作的培训方法。作业现场模拟操作培训的内容主要包括安全器材的使用培训和危险性设备物料的使用培训。

（2）严格作业"两票三制"。严格控制工作票、操作票（执行"继电保护安全措施票"）；落实作业现场交接班制、巡回检查制、设备定期试验轮换制。

（3）现场作业"五化"系统工程。具体包括现场管理规范化、行为养成军事化、班组行动团队化、生产操作程序化、班组考核严格化。

（4）现场环境改善法。通过现场改善，可以从源头上控制职业危害，预防职业病的发生。

（5）手指口述确认法。将电厂某项工作的操作规范和注意事项编写成简易口语，当作业开始的时候，不是马上开始，而是用手指出并说出那个关键部位进行确认，以防止判断、操作上的失误。

（6）现场"三点控制"法。对生产现场的"危险点、危害点、事故多发点"挂牌，实施分级控制和分级管理。

（7）现场"安全正计时"活动。在生产作业现场，记录生产线安全运行时间，无事故和无伤害时间，开展班组之间安全生产正计时竞争活动，并对终止安全正计时的事故、时间、行为进行分析、展示。

（8）"三讲一落实"风险管理。班组在组织生产工作过程中，在讲工作任务的同时，要讲作业过程的安全风险，讲安全风险的控制措施，抓好安全风险控制措施的落实。

（9）操作确认挂牌。操作确认挂牌制，是指为了防止错误操作，在每次操作或作业前，通过挂牌提示的方式，对机器设备等操作对象在思维中做出"确实安全可靠、确实能准确运行"的状态认定制度。操作确认挂牌制度必须要明确四项内容：操作对象名称、操作要求、设备性能、设备危险性。

三、加强班组基层建设

（1）班组轮值学习法。班组轮值学习法是通过班组成员轮流当主讲人对班组员工开展安全教育的方法。班组轮值学习法要求轮值主讲人自备讲课资料，授课内容可以是事故案例、专项危害预防、讲述与安全相关的故事等。

（2）班组规范化无伤害管理。伤害事故的发生具有一定的偶然性，它与无伤害事故的致因、产生的机理是一致的，都是由于人的不安全行为、物的不安全状态、管理失误和环境因素导致的。通过开展班组规范化无伤害管理，从中挖掘出无伤害事故中包含的有价值的安全生产信息，并找出控制伤害事故发生的规律，从而采取有效的措施。无伤害管理的主要内容就是对班组无伤害事故进行收集、分析、查找原因并制定相应的对策。

（3）班组安全自查。根据本班组工艺与设备的事故预防控制要点，建立班组安全隐患检查表，组织员工认识并学习应检查内容，在检查中及时发现并记录查出的隐患，上报并分析处理。

（4）"四有"班组安全工作法。"四有"班组安全工作法的主要内容包括：

① 工作有计划。通过科学制定安全工作计划，有效执行计划，大大提高工作效果。

② 行动有方案。凡是行动都制定科学、严谨的方案。

③ 事后有总结。对任何生产过程、方案的实施都要进行总结，归纳出好做法。

④ 步步有确认。对现场进行的任何一项工作，都设计确认步骤。

（5）班组安全科技创新活动。班组安全科技创新活动主要是指针对促进节能降耗、安全生产等问题进行的小科技攻关、提合理化建议。

（6）"全优"班组长素质管理。"全优"班组长的综合素质包括安全意识、能力、责任三个方面。

（7）班组轮值安全监督员。班组每月或每周安排一名员工担任安全监督员，对工作现场进行督促、监控，并且要求班组中有 50％的人员能得到"轮值"。

（8）"五型班组、六好生产中心"考核制度。

①"五型六好"考核制度是根据考核内容对生产中心、班组综合表现进行量化的考核。

②"五型"指"安全技能型、民主管理型、纪律严明型、团结协作型、作风顽强型"班组。

③"六好"指"班子素质好、队伍作风好、思想政治工作好、安全生产好、民主管理好、经济效益好"的生产中心。

（9）本质安全型基层建设。"本质安全"建设的主要内容包括四个方面。

① 人的本质安全。

② 物（装备、设施、原材料等）的本质安全。任何时候、任何地点，都始终处在能够安全运行的状态。

③ 系统（工作环境）的本质安全。系统本身在日常生产过程中，不会因为人的不安全行为或物的不安全状态而发生事故。

④ 管理体系的本质安全。建立健全完善的规章制度和规范、科学的管理制度，并规范地运行，实现管理零缺陷。

（10）安全工作积分考核制度。班组安全管理积分考核实行月度考核、季度兑现的办法。每班组每月总分为 100 分，由安全部门牵头对各班组从事故情况、安全标准化考核、安全培训、安全活动开展、"三违"数量、隐患排查工作开展情况、安全台账检查、现场安全自检等方面进行考核。

四、加强岗位基层建设

（1）岗位练兵安全培训。①思想练兵。破除"要我安全"旧观念，树立"我要安全"新理念，充分发挥先进典型的示范带动作用，倡导生命高于一切的价值取向，鼓励员工为自己的生命负责的自觉自律意识；破除"安于现状"旧观念，树立"终生学习"新理念，提出"能力靠学习提升、工作靠学习推进"，倡导员工以学习为助推剂，不断提升岗位操作技能，避免因技能不过关而导致的安全生产事故。②技能练兵。针对不同岗位和工种，进行针对性的实际操作培训，开展模拟操作竞赛、应急预案演练、安全知识抢答赛、安全员竞岗考试、操作现场问答等系列练兵活动。以考促学、以学促用、以析促改，激发员工的练兵积极性，提高操作技能。

（2）岗位"四标"建设。安全管理 4M 理论认为安全管理的要素是人（man）—机（machine）—环（media）—管（management），在班组中人的关键是班组长，机的表现为员工的安全装备，环是班组生产过程中的技术环境，管则主要体现在岗位的作业规程的落实上。

（3）岗位轮换制。让员工轮换担任若干种基层岗位不同的工作。

（4）岗位安全"三法三卡"。①"三法"："职业健康保障法——H法""职业安全保障法——S法""环境保护法——E法"。②"三卡"："安全作业指导卡——MS卡（MUST\STOP卡）""岗位危害因素信息卡——HI卡""岗位作业安全检查卡——DI卡"。

（5）岗位人为差错预防法。现场岗位人为差错预防法主要包括：双岗制、岗前报告制和交接班重叠制度。①双岗制。在一些精细度高、事故后果严重、人为控制的重要岗位，为了避免人为差错，保证施令的准确，设置一岗双人制度。②岗前报告制。对管理、指挥的对象采取提前报告、超前警示、报告重复的措施。③交接班重叠制度。在危险性较大的行业，严格执行岗位交接班重叠制度，岗位交接班之间执行"接岗提前准备、离岗接续辅助"的办法，以减少交接班差错率。

基于安全生产"三基"建设体系的方法论，员工、作业、岗位、班组四个要素与人员的行为管控具体的行为管控方案可参见表 11-1。

表 11-1　安全生产"三基"体系建设的行为管控方法

三基	要素	建设方法	实施流程	组织实施	参与对象
基本规范	员工	"每日一题"安全问答	(1)抽查。(2)提问。(3)答案核对。(4)讨论。(5)稳固	安全部门相关人员、生产中心负责人、班组长	基层员工
		安全专业技能培训	(1)选择培训内容。(2)请专家或者安全部门进行指导培训。(3)现场模拟。(4)考核	安全部门相关人员、生产中心负责人、班组长	生产中心管理人员、班组长和基层员工
		安全科普知识展板	(1)准备材料。(2)制作展板。(3)竞赛。(4)更新	安全部门、宣传部门	安全部门、宣传部门相关人员以及基层员工
		基层安全日活动	(1)选择开展的活动。(2)规章学习。(3)总结安全工作。(4)领导监督。(5)考核检查	现场安全员、生产中心负责人或班组长	基层员工
		模拟事故分析会	(1)选择案例。(2)员工自学。(3)模拟分析。(4)补充发言。(5)总结	安全部门	全体员工
		员工读书读报活动	(1)建立阅览室。生产中心(班组)组织订阅各类安全报刊、安全书籍，建立小型的生产中心(班组)阅览室。(2)树立读书楷模。(3)征集读书小点子。积极鼓励员工为读书活动献计献策，鼓励大家将读书成果转化为安全生产中的小改革、小发明、小创造，并进行奖励。(4)开展读书竞赛。(5)召开读书座谈会	班组、车间、基层负责人	全体员工

员工安全行为管理

YUANGONG ANQUAN XINGWEI GUANLI

三基	要素	建设方法	实施流程	组织实施	参与对象
基本规范	员工	亲情教育	(1)亲情信件。(2)座谈交心。(3)现场服务。(4)亲属家教	安全部门、工会	全体员工及家属
		"反思周"安全警示教育	(1)材料准备。(2)宣传。(3)组织活动。(4)总结评比,奖励活动中表现良好者。(5)活动反馈,对反思的问题进行改造改进	安全部门、宣传部门	全体员工
		员工"三违"档案管理制度	(1)建立员工违章档案。(2)跟踪教育。(3)利用档案资料,开展多种形式安全教育	安全部门相关人员	基层员工
		"五单"现场示范	(1)现场教授。要求班组长及管理人员、技术人员、安检人员等与试用期员工及不放心人员签订包保合同,担负起现场观测、陪练任务,对错误的操作方法现场指出,并进行说服、教育、正规示范,热情纠正。(2)跟踪检查。跟踪观察、检查,培养正规操作习惯,确保员工紧急状态处置能力得以快速提高。(3)加强监督。实行"五单"示范教练法记录备查制度,不定期对班组长等的"五单"示范教练情况进行抽查,确保这一制度贯彻执行,保证每位员工都具备紧急状态的处置能力	安全部门、技术部门	基层员工
		安全互保(联保)制度	(1)确定对象,签订责任书。合理安排确定安全互保(联保)对象,各联保班组和互保员工签订安全互保责任书。(2)制度实施。各联保班组和互保员工在自我保护的同时,互相关心、互相监督。(3)责任落实。各联保班组和互保员工出现违章现象或受到伤害,下班前必须汇报到生产科室,瞒报及弄虚作假的将给予严肃处理。对互保、联保实行同奖同罚。(4)监督检查。不定期地对各班组制度执行情况进行监督抽查	安全部门及宣传部门相关人员	基层员工
		员工安全考核分级制度	(1)奖励。员工安全考核每月一统计,每季一汇总,详细规定每个考核标准的分值权重。考核可设为四个等级,以生产中心为单位分配第一等级名额,设置"安全标兵奖",季度末达到第一等级的员工获得奖金和"安全标兵"称号,享有安全评先的资格。(2)鼓励。对本季度等级在三级或以上,下一季度等级升高的进步员工,采取发放生活用品的方法给予激励。(3)教育。对季末考核处于最低等级的员工,班组长负责与其谈心、对其教育,找出原因,开展针对教育	安全部门相关人员	全体员工

三基	要素	建设方法	实施流程	组织实施	参与对象
基本规范	员工	危险预知训练	(1)展示现场安全图片,让受训员工无限制思维地指出图片中存在的安全隐患或安全问题点,并探讨解决办法。通过这个过程加强员工发现安全问题的意识和能力。(2)展示现场安全图片,结合工序实际状况,由训练讲师向受训员工指出图片中存在的安全隐患或安全问题点,以及防范措施。(3)以岗位危险预知训练表作为教材,组织相关员工进行系统学习,必要时结合现场操作和演示进行,使员工全面掌握本岗位安全要点	安全部门和技术工人	基层负责人
基础管理	作业	现场模拟操作培训	(1)安全器材培训。(2)应急救护知识培训。(3)电气设备培训。(4)总结	安全部门相关人员、基层管理人员和安全员	活动对象为基层员工
		严格"两票三制"	(1)对于操作票和工作票,继续落实运行专工的标准操作票和工作票编写责任、落实总工程师的标准操作票审核入库责任、落实运行值长的现场审核把关责任。(2)认真执行交接班制度。重点加强交接班流程、班前会、班后会、交接班具体内容、数据分析、交接班记录的标准化;应加强交接班的动态检查;必须每天抽查一次交接班质量,安全监督部门应不定期进行监督、检查、考核。(3)提高运行人员监盘、巡检质量。运行人员对参数变化要有分析对比,对设备运行状态要心中有数	安全部门相关人员、基层负责人和安全员	基层操作员、维修员、基层负责人
		现场作业"五化"系统工程	(1)现场管理规范化。总结经验或借鉴其他企业先进的、科学的、规范的现场安全管理方法。(2)行为养成军事化。(3)班组行动团队化。(4)生产操作程序化:a.班前会上安全确认;b.手指口述;c.其他做法。(5)班组考核严格化:a.建立严格的班组绩效考核评价体系;b.建立员工安全职业健康档案,实施全过程考核	安全部门	活动对象为全体基层员工
		现场环境改善法	(1)环境高温改善:a.热源控制;b.隔离热源;c.夏季生产加强防暑降温工作。(2)环境噪声改善:a.环境噪声改善;b.隔断噪声传播途径;c.对员工定期进行听力检查。(3)环境粉尘改善:a.从源头控制粉尘产生;b.加强劳动防护	安全环保部门人员	改善对象是现场作业环境,管理对象为现场的人员和物料

第十一章 基础建设与行为管理

员工安全行为管理

YUANGONG ANQUAN XINGWEI GUANLI

三基	要素	建设方法	实施流程	组织实施	参与对象
基础管理	作业	手指口述确认法	(1)制定"手指口述"内容。各生产中心主管牵头负责,针对不同工种和岗位,分别制定"手指口述安全确认"操作口诀。(2)学习"手指口述"内容。将手指口述安全确认操作口诀制作成卡片,印发到相关岗位的所有员工,组织员工学习。(3)现场演示操作。通过肢体和语言的配合,达到规范操作的目的。(4)全面落实。每个员工在某项相关操作前,都要进行"手指口述安全确认"。多名员工进行同一类作业,进行团队同时"手指口述安全确认"	安全部门、技术部门相关人员、生产中心负责人	基层员工
		现场"三点控制"法	(1)辨识分类。以班组或岗位为单位,对现场"危险点、危害点、事故多发点"进行辨识,并上报。(2)管理控制。分别编制应急预案,制定班组长"三点"巡检制度,加大"三点"的检查力度和频率。(3)现场控制。在"三点"设立监控、监测措施;在"三点"配备相应的安全器材和设施,保持现场清洁、文明、通道畅通。设置明显的安全标志和警示牌,标明其危险或危害的性质、类型、数量、注意事项等内容。(4)改善。对被警示危险源及时动用各种资源,改善危险单元环境	安全部门、技术部门相关人员	班组长
		现场"安全正计时"活动	(1)宣传准备。在作业现场设置安全生产计时牌和班组安全日计时牌,安排专人更新数据。(2)竞赛开展。班组安全员负责每日更新班组安全日计时牌数据,对结果奖罚并行	安全部门相关人员及车间(班组)负责人	基层员工
		"三讲一落实"风险管理	(1)配齐学习资料,各单位制定班组应配备规程、制度、图纸等资料清单,按照清单配置到班组和个人。(2)大力开展"人人讲",利用班前会、班后会和安全活动日,班组人员除讲当日工作任务、安全措施和危险点外,轮流讲解安全规程、事故案例、违章案例等安全知识,要求有讲解计划、讲解记录。(3)运行控制室、检修作业现场,执行动态工作(操作)信息牌制度,要求现场危险点与具体工作相对应,现场组织讲解和学习。(4)"三讲一落实"执行视频录像,利用厂内媒体正向引导和宣传	安全部门、党政工团及工会相关人员	班组长和基层员工

三基要素	要素	建设方法	实施流程	组织实施	参与对象
基础管理	作业	操作确认挂牌	(1)基本确认。认定操作"对象"的名称、作用、运转方向,是否达到负荷要求和能否影响、危害到他人或其他设备。(2)挂牌确认。在认定上一条的前提下,做到能读出或默诵出操作对象的名称、作用,认定无误后方可操作。对于关键性的操作、按钮、开关、阀门等,要加安全防护罩或挂牌子。(3)交接班检查确认。上下岗交接班时,要检查确认诸如设备(润滑、坚固、制动控制)、电器(供电系统是否完好)、压力、温度、易燃易爆物质(存放位置是否合适),有无事故因素等	安全部门、宣传门、技术部门相关人员	基层员工
基层建设	班组	班组轮值学习法	(1)确定轮值计划。(2)准备工作。(3)安排授课。(4)总结讨论	班组长、班组负责班组轮值学习的开展落实	活动对象为基层员工
		班组规范化无伤害管理	(1)从思想上引起重视。加强班组规范化无伤害管理的宣传和动员,帮助广大员工认识到无伤害事故管理的重要性。(2)广泛收集信息。采用多种形式、多种渠道收集无伤害事故的有关信息	安全部门相关人员、班组长	基层员工
		班组安全自查	(1)开工前。要求班组根据本班组作业特点和岗位实际进行安全自查。(2)工作中。工作过程中,要留意设备及周围环境有无异常情况,班组长及其他管理人员要对员工安全操作规程执行情况、落实安全措施及穿戴劳动保护用品情况等进行认真的监督检查。(3)随机检查。企业领导或车间负责人每月组织人员深入班组,随机考问员工本周或上周班组自查活动的内容。记录不符合要求或考问答不上来的,按规定考核该班组	安全部门及技术部门相关人员、班组长	基层员工
		"四有"班组安全工作法	(1)制定工作计划。(2)设计行动方案。(3)确认步骤。(4)事后归纳总结	安全部门及工会相关人员	班组长和基层员工
		班组安全科技创新活动	(1)活动宣传。大力开展"我为安全献一技"的科技创新思想,力求全体员工参与科技创新。(2)创新评比。本着可实施性和实效性原则,对员工创新成果进行评比,对创新成功者给予一定奖励。(3)成果转化。对评比出的有实用价值的创新成果,在全企业范围内开展成果转化工作	安全部门、技术部门及宣传部门相关人员	全体员工

第十一章 基础建设与行为管理

287

员工安全行为管理

YUANGONG ANQUAN XINGWEI GUANLI

三基	要素	建设方法	实施流程	组织实施	参与对象
基层建设	班组	"全优"班组长素质管理	(1)培训。定期组织班组长参加安全知识培训教育活动。(2)考核。挑选有较强的安全生产意识和高度责任感,并具备相应的安全生产技术素质和应变能力,善于管理的员工担任班组长。(3)评优	安全部门及工会	全体班组长
		班组轮值安全监督员	(1)轮值安排。"轮值安全监督员"每月或每周轮换一次。(2)工作要求。轮值期间,"轮值安全监督员"必须按规定佩戴安全标志,对本班组(岗位)的安全检查、违规纠章、隐患排查与整改、组织开展安全活动等负责,对当值期间发生的事故承担连带责任。(3)协助班组长。积极协助班组长做好安全互保联保、安全确认和安全考核工作。(4)做好记录。"轮值安全监督员"负责做好当值期间本班组安全活动栏目的有效填写。(5)述职。轮值结束后,应将本轮值安全状况、活动开展情况以及存在的问题和注意事项等向下一个轮值人员做详细交底,并在班组会上对轮值期间的安全工作进行述职。(6)考核。定期进行讲评,表现突出的可给予适当的奖励,并记入员工安全考核,作为年终评比的依据	安全部门	基层员工
		本质安全型基层建设	(1)抓人的安全意识。(2)抓物(设备)的安全状态。(3)优化安全生产环境。(4)强化安全管理	安全部门及宣传部门相关人员	基层员工
		安全工作积分考核制度	(1)减分。对于出现"三违"现象、轻伤以上事故、安全标准化建设不达标、没有员工培训计划、培训效果不理想、隐患排查整改等安全管理制度落实不到位的,将酌情对班组做出从2分至100分不等的扣分处理。(2)加分。设立相应的加分奖励制度。(3)考核。将班组安全管理积分纳入月绩效考核。班组安全管理积分制度的奖惩以绩效工资的形式实现,一月一考,一季度一清算。班组每位员工的工资都将与班组安全管理积分直接挂钩	安全部门相关人员	基层班组

三基	要素	建设方法	实施流程	组织实施	参与对象
基层建设	岗位	岗位练兵安全培训	(1)制定计划。制定好切实可行的计划。(2)建立奖惩机制。建立健全安全岗位练兵活动的奖惩制度,激发员工练兵热情。(3)宣传。广泛宣传,营造氛围,确保练兵活动有序开展。(4)示范。练兵前,应请安全技术全面、安全操作经验丰富的员工进行示范表演。(5)评比考核。组织好评比考核工作,建立岗位练兵台账,严格依照标准进行记录,然后组织小组评议,并将评议结果记入个人安全技术考核的档案中	安全部门	全体员工
		岗位"四标"建设	(1)班组长安全素质达标(2)要保证安全装备达标,主要从以下三个方面入手:a.推广开展设备本质安全项;b.加大对员工自身安全装备的投入;c.加强对员工安全设备的管理。(3)岗位安全环境达标。(4)现场管理达标	活动安全部门	基层人员
		岗位轮换制	(1)新员工巡回实习。(2)培养"多面手"员工的轮换。(3)消除僵化、活跃思想的轮换	管理部门	基层员工
		岗位安全"三法三卡"	(1)设计。(2)督促实施。将"三法三卡"设置在作业现场显著位置,以便员工随时学习、观瞻。各班组长组织班组成员开展"三法三卡"学习活动,使每位员工将岗位安全的危害及预防牢记心中。(3)信息反馈。要注意"三法三卡"效果反馈,定期召开班组长会议,针对"三法三卡"的缺陷和不足进行讨论,设计者再对"三法三卡"补充改正,不断地改进和完善	安全部门相关人员、班组长	基层员工
		岗位人为差错预防法	(1)制度制定。制定双岗、岗前报告和交接班相关制度措施,形成执行文件。(2)宣传学习,下发文件并开展全面学习,使员工明确步骤与内容。(3)实际考核。由安全部门协同工会人员,在岗位现场实施检查和记录查阅工作,并进行考核,完善制度内容	安全部门、工会	全体员工

第十一章 基础建设与行为管理

附录　员工安全心理测评量表

附录1　精神状态测试

测试量表第一套

　　性别：　　　年龄：　　　工龄：　　　岗位：　　　学历：

1. 在做事条理性方面，你更接近：

　　A. 每晚准备好明天上班要带的东西

　　B. 家庭摆设井井有条，随手可取

　　C. 每天晚上要花许多时间找东西

2. 工作的态度更接近：

　　A. 凡是能做的，耐心做，决不拖拉

　　B. 遇到困难，不勉强自己，有时重做

　　C. 得过且过，"明天再做"

3. 工作或生产中当遇到使自己失望的事时，你的反应如何？

　　A. 能控制住感情，冷静思考后行动

　　B. 开始有些激动，最终能够控制自己

　　C. 有时麻木不仁，有时惊惶失措

4. 与单位同事相处时，自我感觉如何？

　　A. 能互相尊重，和睦相处

　　B. 与家人还可以，与其他人无所谓好坏

　　C. 对周围人疑虑重重

5. 假日或业余时间，是怎样度过的？

　　A. 事先已有充分安排

　　B. 根据当时的心情，即兴作出决定

　　C. 用于休息，很少外出

6. 近一段时期，你的睡眠情况如何？

　　A. 睡眠充裕，醒后很舒服

　　B. 睡得不深，易醒

C. 有失眠症，且常做噩梦

7. 对待本职工作，有何看法？

    A. 觉得很有意义，工作愉快

    B. 习以为常，没什么看法

    C. 把工作看成负担，没有兴趣

8. 工作中当遇到困难或挫折时，你的反应如何？

    A. 能控制住情绪，冷静思考后行动

    B. 开始有些激动，最终能够控制自己

    C. 有时反应不过来，有时惊惶失措

9. 对自己的记忆力，有何评价？

    A. 和以往一样，没什么异常

    B. 最近发生的事也难以记起

    C. 过去发生的事已想不起来了

10. 在工作的时候，你是否会想起工作以外的一些事情？

    A. 不会，工作的时候很专心

    B. 是的，偶尔会想

    C. 是的，经常会想

测试量表第二套

    性别：   年龄：   工龄：   岗位：   学历：

下列情况我更符合：

1. A. 我从不觉得比别人差许多；

    B. 我对自身的缺点和错误感到有些自卑；

    C. 我对自己的过错总是不能原谅；

2. A 我从无大失所望的感觉；

    B. 我有时对自己感到非常失望；

    C. 我对自己感到厌恶；

3. A. 我没有悲哀的感受；

    B. 我有时感到悲伤；

    C. 我总是感到悲伤，而且不能自拔；

4. A. 我对将来有足够的信心；

    B. 我对将来信心不足；

附录 员工安全心理测评量表

C. 我觉得没什么可指望的；

5. A. 我总是没有失败的感觉；

B. 我觉得比一般人失败的次数多些；

C. 回顾往事，我想起的几乎都是失败的情景；

6. A. 我像以往一样对一切都不抱偏见；

B. 我已不像以往一样对一切都很欣赏；

C. 我再不能对任何事情做到真正满意了；

7. A. 我毫无犯罪感；

B. 有时我感到自己有罪；

C. 大部分时间里，我有犯罪感；

8. A. 我从不觉得我应该得到惩罚；

B. 我觉得我有可能得到惩罚；

C. 我期待着别人对我的惩罚；

9. A. 我从没有自杀的念头；

B. 我有过自杀的念头，但没有实施；

C. 我愿意自杀；

10. A. 我不担心自己的健康；

B. 我担心身体各种不适；

C. 我对健康感到忧虑。

测试量表第三套

性别：　　　年龄：　　　　工龄：　　　　岗位：　　　　学历

1. 最近睡眠不稳不深。

A. 符合　　　　B. 介于 A 和 C 之间　　　C. 不符合

2. 工作中不能集中注意力。

A. 符合　　　　B. 介于 A 和 C 之间　　　C. 不符合

3. 自己不能控制地发脾气。

A. 符合　　　　B. 介于 A 和 C 之间　　　C. 不符合

4. 感到难以完成工作任务。

A. 符合　　　　B. 介于 A 和 C 之间　　　C. 不符合

5. 感到领导和同事不理解您。

A. 符合　　　　B. 介于 A 和 C 之间　　　C. 不符合

6. 感到紧张或容易紧张。

    A. 符合　　　　　B. 介于 A 和 C 之间　　　　C. 不符合

7. 当别人看着您或谈论您时感到不自在。

    A. 符合　　　　　B. 介于 A 和 C 之间　　　　C. 不符合

8. 感到未来没有前途，没有希望。

    A. 符合　　　　　B. 介于 A 和 C 之间　　　　C. 不符合

9. 工作中出现失误后，我感到惊惶失措。

    A. 符合　　　　　B. 介于 A 和 C 之间　　　　C. 不符合

10. 工作中必须做得很慢以保证做得正确。

    A. 符合　　　　　B. 介于 A 和 C 之间　　　　C. 不符合

测试量表第四套

    性别：　　　年龄：　　　工龄：　　　岗位：　　　学历

1. 有想摔坏或破坏东西的冲动。

    A. 符合　　　　　B. 介于 A 和 C 之间　　　　C. 不符合

2. 别人对您的成绩没有作出恰当的评价。

    A. 符合　　　　　B. 介于 A 和 C 之间　　　　C. 不符合

3. 感到自己的身体有健康问题。

    A. 符合　　　　　B. 介于 A 和 C 之间　　　　C. 不符合

4. 感到自己没有什么价值。

    A. 符合　　　　　B. 介于 A 和 C 之间　　　　C. 不符合

5. 为了工作我早出晚归，早晨起床，我常常感到疲惫不堪。

    A. 符合　　　　　B. 介于 A 和 C 之间　　　　C. 不符合

6. 头脑中有不必要的想法或字句盘旋。

    A. 符合　　　　　B. 介于 A 和 C 之间　　　　C. 不符合

7. 感到自己的精力下降，活动减慢。

    A. 符合　　　　　B. 介于 A 和 C 之间　　　　C. 不符合

8. 感到领导或同事对您不友好，不喜欢您。

    A. 符合　　　　　B. 介于 A 和 C 之间　　　　C. 不符合

9. 面对突如其来的问题难以做出决定。

    A. 符合　　　　　B. 介于 A 和 C 之间　　　　C. 不符合

10. 最近经常与人争论。

附录 员工安全心理测评量表

A. 符合　　　　　B. 介于 A 和 C 之间　　　　　C. 不符合

附录 2　自信安全感测试

测试量表

性别：　　　　年龄：　　　　工龄：　　　　岗位：　　　　学历：

你有安全感吗？你谦虚吗？你对自己有信心吗？你骄傲吗？阅读以下题目，回答"是"或"否"，然后按照统计得分结果察看测试结果。

1. 一旦你下了决心，即使没有人赞同，你仍然会坚持做到底吗？

2. 参加重要活动时（如会议、宴会），即使很想上洗手间，你也会忍着直到结束吗？

3. 如果发现同事有违章行为，你会报告领导吗？

4. 你常常对自己的工作成果满意吗？

5. 领导或同事对你的工作不满意，你会觉得自责难过吗？

6. 工作配合中，你很少对同事说出你的想法和意见吗？

7. 领导对同事的赞美，你经常持怀疑的态度吗？

8. 在工作和生产中，你总是觉得自己比别人差吗？

9. 你对自己的工作能力满意吗？

10. 你认为自己的能力比别人强吗？

11. 你对自己的外表形象满意吗？

12. 工作中，只有你一个人出了差错，你会感到自责吗？

13. 在公司里，你是个受领导和同事们欢迎的人吗？

14. 你认为自己很有魅力吗？

15. 目前从事的工作是你的专长吗？

16. 生产作业过程中，发生危急情况时，你能冷静处理吗？

17. 在工作中，你与同事合作关系良好吗？

18. 你经常希望自己长得像某某人吗？

19. 你经常羡慕同事的工作成就吗？

20. 你为了不使他人难过，而放弃自己喜欢做的事吗？

21. 安全检查人员到现场时，你会比平常做得更好吗？

22. 你勉强自己做许多不愿意做的事吗？

23. 工作中，你常常是由同事来决定工作的方式吗？

24. 你认为你的优点比缺点多吗？

25. 你经常跟人说抱歉吗？即使是在你没有过错的情况下。

26. 如果在非故意的情况下伤了别人的心，你会难过吗？

27. 你希望自己具备更多的才能和天赋吗？

28. 你经常听取别人的意见吗？

29. 在单位，你经常等别人先跟你打招呼吗？

30. 你认为你的个性很强吗？

31. 你是个优秀的员工吗？

32. 你的记性很好吗？

33. 你对异性有吸引力吗？

34. 你懂得理财吗？

35. 接到一项新的工作任务时，你通常先听取领导或别人的意见吗？

36. 你认为你能胜任现在岗位的工作吗？

37. 你能够保障作业过程不会因你而引发事故吗？

38. 你对自己每一项作业的安全保障心里有数吗？

附录 3　意志力测试

测试量表第一套

　　性别：　　　　年龄：　　　　工龄：　　　　岗位：　　　　学历：

你是否每年都为自己定下大的计划，如减肥、存钱旅行，又是否每每能坚持到底，抑或多是半途而废？

在以下题目中选择你的答案，然后按照统计得分结果察看测试结果。

1. 你正在朋友家中，茶几上放着一盒你爱吃的巧克力，但你的朋友无意给你吃。

　　当她离开房间时，你会：

　　A. 对自己说："什么巧克力？我很快就有一顿丰盛的晚餐。"

　　B. 静坐着，抗拒它的诱惑

　　C. 立即吞下一块巧克力，再抓一把塞进口袋里

　　D. 一块接一块地吃起来

2. 你发现你的好友未将日记锁好便离开房间，你一向很想知道她对你的评语及她和男朋友的关系，你会：

　　A. 急不可待地看，然后责问她居然敢说你好管闲事

　　B. 立即离开房间去找她，不容许自己有被引诱偷看的机会

C. 匆匆翻过数页，直至内疚感令你停下来为止

3. 你从他人处听到好友的秘密，你会：

    A. 极力忘记它

    B. 什么也不做，为好友守秘密

    C. 不告诉其他人，但会转告好友，提醒他注意

    D. 立即告知别人，传播好友的秘密

4. 你正努力存钱准备年底去旅行，但你看到了家人喜欢的东西，你会：

    A. 每次经过那商场时，都没有动心要购买

    B. 放弃它，没有任何东西能阻碍你的旅游大计

    C. 想其他办法满足家人的愿望，也不影响旅行计划

    D. 不顾一切买下它，宁愿借钱去旅行

5. 你的好友或同事请你去喝酒，但碰上狂风暴雨，你会

    A. 立即打电话取消约会

    B. 电话征求朋友意见，是否取消约会

    C. 不愿好友失望，冒雨去参加约会

6. 你对新年中许下的诺言所抱的态度是：

    A. 维持 2～3 年

    B. 到适当的时候就违背它

    C. 只能维持几天

    D. 懒得去想什么诺言

7. 如果你平常上班需要 6 点起床，在休息日不用上班时，你会：

    A. 坚持习惯，准时在 6 点起床进行晨练

    B. 由于是休息日，可以多睡会儿

    C. 睡到几点算几点，醒了再起床

    D. 即使醒了也不愿起床

8. 对于要求在 6 周内完成一项重要工作任务，你会：

    A. 在委派后 5 分钟即开始进行，以便有充足的时间

    B. 立即进行，并确定在限期前两天完成

    C. 每次想开始时都有其他事分神，你不断告诉自己还有 6 周时间

    D. 限期前 30 分钟才开始进行。

9. 医生建议你多做运动，你会：

    A. 拼命运动，直至支持不住

    B. 最初几天依指示去做，待医生检查后即放弃

C. 只在前一两天照做

D. 每天漫步去买雪糕，然后乘计程车回家

10. 家人要求你戒烟、戒酒，你会：

A. 对我有好处，一定做到

B. 坚持一段时间后放弃

C. 口头上答应，实际不去做

D. 自己的习惯，坚决不愿放弃

测试量表第二套

性别： 年龄： 工龄： 岗位： 学历：

下面共 22 道测试题，请根据你的情况作答。完全符合你的情况，则选 A；比较符合你的情况，则选 B；一时难以确定是否符合你的情况，则选 C；不大符合你的情况，则选 D；完全不符合你的情况，则选 E。

1. 你总是很早起床、从不睡懒觉。

2. 你信奉不干则已，干就要干好的格言。

3. 你投入地做一件事，是因为其重要，应该做，而不是因为兴趣。

4. 当工作和娱乐发生冲突的时候，你会放弃娱乐，虽然它很有吸引力。

5. 你下了决心要坚持做下去的事，不论遇到什么困难，你都能持之以恒。

6. 你能长时间做一件非常重要但却无比枯燥的工作。

7. 一旦决定行动，你一定说干就干，决不拖延。

8. 你不喜欢盲目听从别人的意见和说法，而善于分析、鉴别。

9. 凡事你都喜欢自己拿主意，别人的建议只作参考。

10. 你不怕做没做过的事情，不怕独自负责，你认为那是锻炼机会。

11. 你和同事、朋友、家人相处，从不无缘无故发脾气。

12. 你一直希望做一个坚强的、有毅力的人。

13. 你给自己定了计划，但常常因为主观原因不能完成计划。

14. 你的作息时间没什么标准，完全靠一时的兴趣与情绪决定，且常常变化。

15. 你认为凡事不能太累，做得成就做，做不成就算了。

16. 有时你临睡前发誓第二天要干一件重要事情，但第二天却又没兴趣干了。

17. 你常因为读一本妙趣横生的小说或看一个精彩的电视节目而忘记时间。

18. 如果你工作中遇到了什么困难，首先想到请教别人有什么办法。

19. 你的爱好广泛而善变，做事情常常因为心血来潮。

20. 你喜欢先做容易的事情，困难的能拖就拖，不能拖时则马虎应付了事。

21. 遇到复杂莫测的情况，你常常拿不定主意。

22. 你相信机会的作用大大超过个人的艰苦努力。

附录4 乐观程度测试

测试量表第一套

性别：　　　年龄：　　　　工龄：　　　　岗位：　　　　学历：

你是个乐观主义者或悲观主义者吗？在以下题目中选择你的答案，然后按照统计得分结果察看测试结果。

1. 如果你深夜接到电话或听见有人敲门，你会认为那是坏消息，或有麻烦发生了吗？是　否

2. 你随身带着安全别针或一条绳子，以防万一衣服或别的东西裂开吗？是　否

3. 你跟人打过赌吗？是　否

4. 你曾梦想过赢了彩券或继承一笔大遗产吗？是　否

5. 出门的时候，你经常带着一把伞吗？是　否

6. 你用自己的收入买保险吗？是　否

7. 度假时，你曾经没预定旅馆就出门了吗？是　否

8. 你觉得大部分的人都很诚实吗？是　否

9. 度假时，把家门钥匙托朋友或邻居保管，你会将贵重物品事先锁起来吗？是　否

10. 对于新的工作计划，你会激动或非常热衷吗？是　否

11. 只要朋友需要，并表示一定奉还，你就会答应借钱给他吗？是　否

12. 明天安排好的野外活动，如果今天碰到下雨，你仍会照原定计划准备吗？是　否

13. 对你的领导和同事，你充分信任吗？是　否

14. 如果有重要的约会，你会提早出门，以防塞车或意外发生吗？是　否

15. 如果医生叫你做一次身体检查，你会怀疑自己可能有病吗？是　否

16. 每天早晨起床时，你会期待又是美好一天的开始吗？是　否

17. 收到意外的来函或包裹时，你会特别开心吗？是　否

18. 你会随心所欲地花钱，等花完以后再发愁吗？是　否

19. 你工作过程中，对可能发生的事故担心吗？是　否

20. 你对未来的十二个月的工作和生活充满希望吗？是　否

测试量表第二套

性别：　　　　年龄：　　　　工龄：　　　　岗位：　　　　学历

对于下列题目做出"是"或"否"的回答。

1. 你是否与别人笑得一样多？

2. 你是否觉得自己的运气还不错？

3. 你是否感到前途渺茫？

4. 早晨醒来时，你感到精神振奋吗？

5. 当你受到挫折时，是否仍相信自己最终能成功？

6. 你是否认为生活基本就是受苦受难的？

7. 你觉得现在愉快吗？

8. 你经常回忆过去自己遭到的挫折吗？

9. 你是否认为好人比坏人多？

10. 你认为随着社会的发展，大家的生活会更好些吗？

11. 你是否愿意购买正在试销的新产品？

12. 假如第二天你要参加一个关系重大的考试，晚上你会失眠吗？

13. 你认为你会相当长寿吗？

14. 生病时，你总担心疾病会恶化吗？

15. 你认为所有的困难都有办法克服的吗？

16. 你是否常常连续几天都不开心？

17. 你同意"活着就是一种幸福"这句话吗？

18. 如果你做一件事遇到困难，通常你宁愿放弃而不想再做更多的努力吗？

19. 你是否常常想象将来自己会很富有？

20. 当你作出一个决定时，你总是要好好想一下如果失败会导致的后果吗？

附录 5　性格类型测试

测试量表

　性别：　　　　年龄：　　　　工龄：　　　　岗位：　　　　学历：

性格类型分为三种：理智型、情绪型、平衡型，不同类型性格的人会有不同的行
为方式，不妨测试一下你的性格是哪种类型。

在以下题目中选择你的答案，然后按照统计得分结果察看测试结果。

1. 如果让你选择，你更愿意：

　　A. 喜欢独自工作

　　B. 和熟悉的人一起工作

　　C. 愿意同许多人一起工作，能够相互激励

2. 你平常喜欢读的书籍是：

　　A. 读史书、秘闻、传记类

　　B. 读历史小说、社会问题小说

　　C. 读幻想小说、荒诞小说

3. 你对恐怖影片反应如何？

　　A. 不能忍受

　　B. 害怕

　　C. 很喜欢

4. 以下哪种情况符合你：

　　A. 很少关心他人的事

　　B. 爱听新闻，关心别人的生活细节

　　C. 关心熟人的生活

5. 去外地出差时，你经常会：

　　A. 挂念家人，每天电话联络报平安

　　B. 利用机会，多游玩一些地方

　　C. 陶醉于自然风光和名胜

6. 遇见朋友时，经常是：

　　A. 点头问好

　　B. 微笑、握手和问候

　　C. 拥抱他们

7. 你看电视或电影时会哭或觉得要哭吗？

　　A. 从不

　　B. 有时

　　C. 经常

8. 如果在车上有烦人的陌生人要你听他讲自己的经历，你会怎样？

　　A. 真的很感兴趣

　　B. 显示你颇有同感

　　C. 打断他，做自己的事

9. 被别人问及私人问题时，你会怎样？

　　A. 平静地说出你认为适当的话

　　B. 虽然不快，但还是回答了

　　C. 感到不快和气愤，拒绝回答

10. 是否想过给本单位的文化媒体写文章或报道？

　　A. 有可能想过

　　B. 想过

　　C. 绝对没想过

11. 如果在公园或公共场所，碰到一位女性在哭泣，你会怎样？

　　A. 想说些安慰话，但却羞于启口

　　B. 问她是否需要帮助

　　C. 远离她

12. 在朋友家聚餐之后，朋友和其爱人激烈地吵了起来，你会怎样？

　　A. 觉得不快，但无能为力

　　B. 尽力为他们排解

　　C. 立即离开

13. 送礼物给朋友，你如何做？

　　A. 仅仅在新年和过生日时

　　B. 在觉得有愧或忽视他们时

　　C. 全凭兴趣

14. 一个刚相识的人对你说了些恭维话，你会怎样？

　　A. 谨慎地观察对方

　　B. 感到窘迫

　　C. 非常喜欢听，并开始喜欢对方

15. 如果你因家事不快，上班时你会：

　　A. 工作起来，把烦恼丢在一边

　　B. 尽量理智，但仍因压不住火而发脾气

　　C. 继续不快，并显露出来

16. 生活中的一个重要人际关系破裂了，你会：

　　A. 无可奈何地摆脱忧伤之情

　　B. 感到伤心，但尽可能正常生活

　　C. 至少在短暂时间内感到痛心

17. 一只迷路的小猫闯进你家，你会：

附录　员工安全心理测评量表

A. 扔出去

B. 想给它找个主人，找不到就让它安乐死

C. 收养并照顾它

18. 对于信件或纪念品，你会：

　　A. 刚收到时便无情地扔掉

　　B. 两年清理一次

　　C. 保存多年

19. 你是否因内疚或痛苦而后悔？

　　A. 从不后悔

　　B. 偶尔后悔

　　C. 是的，一直到很久

20. 同一个很羞怯或紧张的人谈话时，你会：

　　A. 有点生气

　　B. 因此感到不安

　　C. 觉得逗他讲话很有趣

21. 你喜欢的孩子是：

　　A. 长大了的时候

　　B. 能同你谈话的时候，并且形成了自己的个性

　　C. 很小的时候，而且有点可怜巴巴

22. 爱人或家人抱怨你花在工作上的时间太多了，你会怎样？

　　A. 解释说这是为了你们两人的共同利益，然后仍像以前那样去做

　　B. 对两方面的要求感到矛盾，并试图使两方面都令人满意

　　C. 试图把时间更多地用在家庭上

23. 在一场特别精彩的演出结束后，你会：

　　A. 勉强地鼓掌

　　B. 加入鼓掌，但觉得很不自在

　　C. 用力鼓掌

24. 当拿到母校出的一份刊物时，你会：

　　A. 不看就扔进垃圾桶

　　B. 通读一遍后扔掉

　　C. 仔细阅读，并保存起来

25. 听说一位朋友误解了你的行为，并且正在生你的气，你会怎样？

　　A. 等朋友自己清醒过来

B. 等待一个好时机再联系，但对误解的事不作解释

C. 尽快联系，作出解释

26. 看到路对面有一个熟人时，你会：

A. 走开

B. 招手，如对方没有反应便走开

C. 走过去问好

27. 怎样处置不喜欢的礼物？

A. 立即扔掉

B. 藏起来，仅在送者来访时才摆出来

C. 热情地保存起来

28. 你对示威游行、爱国主义行动、宗教仪式的态度如何？

A. 冷淡

B. 使你窘迫

C. 感动得流泪

29. 有没有毫无理由地感觉害怕？

A. 从不

B. 偶尔

C. 经常

30. 下面哪种情况与您最相符：

A. 感情没什么要紧，结局才最重要

B. 十分留心自己的感情

C. 总是凭感情办事

附录6　心理承受力测试

测试量表

性别：　　　年龄：　　　工龄：　　　岗位：　　　学历

你的性格能承受多大的压力呢？是热衷于激烈的竞争和挑战，还是喜欢安于现状，不思进取，或者是逃避现实和不接受压力呢？

请在以下题目中选择你的答案，然后按照统计得分结果察看测试结果。

1. 在你成长道路上，考学或工作等曾经有过多次挫折。

选择：是　否　不确定

2. 你在初恋时被恋人甩掉后，几乎失去了生活的勇气。

选择：是　否　不确定

3. 你的收入不高，但手头总感到宽裕。

选择：是　否　不确定

4. 你的睡眠很好，从来不需要服用安眠药物助睡。

选择：是　否　不确定

5. 单位原定涨工资的人员名单有你，可实际公布时换成了另一个同事，即便如此，你也心情坦然，并向他祝贺。

选择：是　否　不确定

6. 你认为公司发布新的规定、新的安全制度，并强制员工执行，这些都是顺理成章的事。

选择：是　否　不确定

7. 即使与曾经有过矛盾和冲突的同事一起工作，你也能心平气和。

选择：是　否　不确定

8. 你与单位新任领导或上司建立关系相当容易。

选择：是　否　不确定

9. 在完成工作任务中，即便多次失败，你也不放弃再尝试的机会。

选择：是　否　不确定

10. 只要有50％的成功把握，你就会去干有些风险的事。

选择：是　否　不确定

11. 一有空闲时间，你就能做自己想做的事。

选择：是　否　不确定

12. 别人若对你不公正，你会找机会进行报复。

选择：是　否　不确定

13. 你是独生子，或是单亲的家庭。

选择：是　否　不确定

14. 让你和与自己性情不同的人一起工作，你会感到难以接受。

选择：是　否　不确定

15. 单位对你的岗位制定了新的安全规范，你会感到厌烦。

选择：是　否　不确定

16. 领导对你的工作提出的批评不正确，你会感到难以接受。

选择：是　否　不确定

17. 你接连遇到几件不愉快的事，会一次比一次感到苦恼。

选择：是　否　不确定

18. 别人擅自动用你的物品，你会生气很长时间。

选择：是 否 不确定

19. 如果当天没有完成工作任务，你会吃不下饭、睡不好觉。

选择：是 否 不确定

20. 听说同龄人有不治之症，你就会很担心自己身体。

选择：是 否 不确定

附录 7　气质类型测试

测试量表

　　性别：　　　　年龄：　　　　工龄：　　　　岗位：　　　　学历：

你在回答下面"量表"问题时，认为很符合自己情况的计 2 分，比较符合的计 1 分，介于符合与不符合之间的计 0 分，比较不符合的计-1 分，完全不符合的计-2 分。

在以下题目中选择你的答案，然后按照统计得分结果察看测试结果。

1. 做事力求稳妥，不做无把握的事。

2. 遇到可气的事就怒不可遏，想把心里话全说出来才痛快。

3. 宁肯一个人干事，不愿很多人在一起。

4. 到一个新环境很快就能适应。

5. 厌恶那些强烈的刺激，如尖叫、噪声、危险镜头等。

6. 和人争吵时，总是先发制人，喜欢挑衅。

7. 喜欢安静的环境。

8. 善于和人交往。

9. 羡慕那种能克制自己感情的人。

10. 生活有规律，很少违反作息制度。

11. 在多数情况下情绪是乐观的。

12. 碰到陌生人觉得很拘束。

13. 遇到令人气愤的事，能很好地自我控制。

14. 做事，总是有旺盛的精力。

15. 遇到问题常常举棋不定，优柔寡断。

16. 在人群中从不觉得过分拘束。

17. 情绪高昂时，觉得干什么都有趣；情绪低落时，又觉得干什么都没有意思。

18. 当注意力集中于一件事时，别的事很难使你分心。

19. 理解问题总比别人快。

20. 碰到危险情境，常有一种极恐惧感。

21. 对学习、工作、事业怀有很高的热情。

22. 能够长时间做枯燥、单调的工作。

23. 符合兴趣的事情，干起来劲头十足，否则就不想干。

24. 一点小事就能引起情绪波动。

25. 讨厌做那种需要耐心、细致的工作。

26. 与人交往不卑不亢。

27. 喜欢参加剧烈的活动。

28. 爱看感情细腻、描写人物内心活动的文艺作品。

29. 工作学习时间长了，常会感到厌倦。

30. 不喜欢长时间谈论一个问题，愿意实际动手干。

31. 宁愿侃侃而谈，不愿窃窃私语。

32. 别人说你总是闷闷不乐。

33. 理解问题常比别人慢些。

34. 疲倦时只要经过短暂的休息就能精神抖擞，重新投入工作。

35. 心里有话宁愿自己想，不愿说出来。

36. 认准一个目标就希望尽快实现，不达目的，誓不罢休。

37. 学习、工作同样一段时间后，常会比别人更感疲倦。

38. 做事有些莽撞，常常不考虑后果。

39. 老师或老师傅讲授新知识、技术时，总希望他讲慢些，多重复几遍。

40. 能够很快地忘记那些不愉快的事情。

41. 做作业或完成一件工作总比别人花时间多。

42. 喜欢剧烈、运动量大的体育活动，或喜欢参加各种文娱活动。

43. 不能很快地把注意力从一件事转移到另一件事上去。

44. 接受一个任务后，希望把它迅速完成。

45. 认为墨守成规比冒风险强些。

46. 能够同时注意几件事物。

47. 你烦闷的时候，别人很难使你高兴起来。

48. 爱看情节起伏跌宕、激动人心的小说。

49. 对工作抱认真严谨、始终一贯的态度。

50. 和周围的人总是相处不好。

51. 喜欢复习学过的知识，重复做已经掌握的工作。

52. 希望做变化大、花样多的工作。

53. 小时候背诗歌，你似乎比别人记得清楚。

54. 别人说你"出语伤人"，可你并不觉得。

55. 在体育活动中，常因反应慢而落后。

56. 反应敏捷，头脑机智。

57. 喜欢有条理而不甚麻烦的工作。

58. 兴奋的事情常使你失眠。

59. 老师讲新概念，常常听不懂，但是弄懂以后就很难忘记。

60. 假如工作枯燥无味，马上就会情绪低落。

附录8　性格趋向测试

测试量表

性别：　　　　年龄：　　　　工龄：　　　　岗位：　　　　学历：

在以下题目中选择你的答案，然后按照统计得分结果察看测试结果。

1. 在工作中，与观点不同的同事也能友好往来。

选择：符合　难以回答　不符合

2. 你读书较慢，力求完全看懂。

选择：符合　难以回答　不符合

3. 在工作中，你做事较快，但较粗糙。

选择：符合　难以回答　不符合

4. 你经常分析自己、研究自己。

选择：符合　难以回答　不符合

5. 生气时，你总不加抑制地把怒气发泄出来。

选择：符合　难以回答　不符合

6. 在人多的场合你总是力求不引人注意。

选择：符合　难以回答　不符合

7. 你不喜欢写日记。

选择：符合　难以回答　不符合

8. 你待人总是很小心。

选择：符合　难以回答　不符合

9. 你是个不拘小节的人。

选择：符合　难以回答　不符合

10. 你不敢在领导和同事面前发表演说。

选择：符合　难以回答　不符合

11. 你能够做好领导团体的工作。

选择：符合　难以回答　不符合

12. 你常会猜疑别人。

选择：符合　难以回答　不符合

13. 受到领导表扬后你会工作得更努力。

选择：符合　难以回答　不符合

14. 你希望过平静、轻松的生活。

选择：符合　难以回答　不符合

15. 你从不考虑自己几年后的事情。

选择：符合　难以回答　不符合

16. 你常会一个人想入非非。

选择：符合　难以回答　不符合

17. 你喜欢经常变换工作岗位。

选择：符合　难以回答　不符合

18. 你常常回忆自己过去的生活。

选择：符合　难以回答　不符合

19. 你很喜欢参加集体娱乐活动。

选择：符合　难以回答　不符合

20. 你在完成一项工作任务时，总是三思而后行。

选择：符合　难以回答　不符合

21. 使用金钱时你从不精打细算。

选择：符合　难以回答　不符合

22. 你讨厌在工作时有人在旁边观看。

选择：符合　难以回答　不符合

23. 你始终以乐观的态度对待人生。

选择：符合　难以回答　不符合

24. 你总是独立思考后回答问题。

选择：符合　难以回答　不符合

25. 你不怕应付麻烦的事情。

选择：符合　难以回答　不符合

26. 对陌生人你从不轻易相信。

选择：符合　难以回答　不符合

27. 你几乎从不主动定工作计划。

选择：符合　难以回答　不符合

28. 你不善于结交朋友。

选择：符合　难以回答　不符合

29. 你的意见和观点常会发生变化。

选择：符合　难以回答　不符合

30. 你很注意交通安全。

选择：符合　难以回答　不符合

31. 你肚里有话藏不住，总想对人说出来。

选择：符合　难以回答　不符合

32. 你常有自卑感。

选择：符合　难以回答　不符合

33. 你不大会注意自己的服装是否整洁。

选择：符合　难以回答　不符合

34. 你很关心别人会对你有什么看法。

选择：符合　难以回答　不符合

35. 和别人在一起时，你的话总比别人多。

选择：符合　难以回答　不符合

36. 你喜欢独自一个人在房内休息。

选择：符合　难以回答　不符合

37. 你的情绪很容易波动。

选择：符合　难以回答　不符合

38. 看到房间里杂乱无章，你就静不下心来。

选择：符合　难以回答　不符合

39. 遇到不懂的问题你就去问别人。

选择：符合　难以回答　不符合

40. 旁边若有说话声或广播声，你总无法静下心来学习。

选择：符合　难以回答　不符合

41. 你的口头表达能力还不错。

选择：符合　难以回答　不符合

42. 你是一个沉默寡言的人。

选择：符合　难以回答　不符合

43. 在一个新的工作环境里你很快就能熟悉了。

选择：符合　难以回答　不符合

44. 要你同新来的领导或同事打交道，常感到为难。

选择：符合　难以回答　不符合

45. 常会过高地估计自己的能力。

选择：符合　难以回答　不符合

46. 遭到失败后你总是难以忘却。

选择：符合　难以回答　不符合

47. 你感到脚踏实地地干比探索理论原理更重要。

选择：符合　难以回答　不符合

48. 你很注意同事所取得的工作成绩。

选择：符合　难以回答　不符合

49. 比起小说和看电影，你更喜欢郊游和跳舞。

选择：符合　难以回答　不符合

50. 买东西时，你常常犹豫不决。

选择：符合　难以回答　不符合

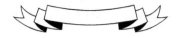

参考文献

[1] 罗云.安全行为学.北京：中国科学文化音像出版社，2008.
[2] 罗云，程五一.现代安全管理.北京：化学工业出版社，2004.
[3] 李树刚等.安全科学原理.西安：西北工业大学出版社，2008.
[4] 郭伏，杨学涵.人因工程学.第2版.沈阳：东北大学出版社，2005.
[5] 吴甲春.安全文化建设理论与实务.乌鲁木齐：新疆科学技术出版社，2006.
[6] 罗云.企业安全文化建设——实操创新优化.北京：煤炭工业出版社，2007.
[7] 梁民，张旭.煤矿安全行为学.徐州：中国矿业大学出版社，2006.
[8] 胡君辰，杨永康.组织行为学.上海：复旦大学出版社，2002.
[9] 程立茹，周煊.组织行为学教程.北京：对外经济贸易大学出版社，2007.
[10] 刘鑫.电力企业生产事故人因差错及其心理因素研究.北京：北京交通大学，2006.
[11] 杨大明.人为失误原因分析与控制对策研究.中国安全科学学报，1997（07）.
[12] 李伟昌.企业激励方法研究.哈尔滨：哈尔滨工程大学，2003.
[13] 黄明霞，王永刚.安全管理中的激励因素.安全与环境学报，2006，6：57-59.
[14] 田华.激励理论及电力企业激励管理研究.重庆：重庆大学，2006.
[15] 李强.企业员工激励机制研究.济南：山东大学，2005.
[16] 史有刚，罗云，刘卫红.企业安全文化建设读本.北京：化学工业出版社，2009.
[17] 罗云等.安全文化百问百答.北京：北京理工大学出版社，1995.
[18] 张曾乾，王义宏.现代企业班组管理.上海：上海交通大学出版社，2006.
[19] 崔政斌.班组安全建设方法100例新编.北京：化学工业出版社，2006.
[20] 罗云.现代安全管理.第2版.北京：化学工业出版社，2010.
[21] 罗云.现代安全管理理论.北京：中国工人出版社，2003.
[22] 罗云.班组安全建设100法.北京：煤炭工业出版社，2010.
[23] 沈刚等."三讲一落实"创新班组安全管理.中国电力企业管理，2001（2）.
[24] 李成林."全面安全管理"在煤矿安全管理中的应用.煤矿安全，2008（2）.
[25] 罗云.中西安全文化与安全意识的差异.安全生产，2004（6）.
[26] 罗云.现代安全管理——理论、模式、方法、技巧.北京：中国安全生产科技学会，1997.
[27] 余关棋.企业班组安全管理.杭州：浙江人民出版社，1990.
[28] 罗云.班组长安全知识读本.北京：煤炭工业出版社，2008.
[29] 罗云，裴晶晶等.班组安全文化建设的理论与实践.机电安全，2008，10.
[30] 罗云.大陆现代安全管理方法综述.第六届海峡两岸及香港澳门地区职业安全卫生学术研讨会论文集，1998.
[31] 国家安全生产监督管理总局政策法规司.安全文化新论.北京：煤炭工业出版社，2002.
[32] 国家安全生产监督管理总局政策法规司.安全文化论文集.北京：中国工人出版社，2002.
[33] 苗久合等.塑造本质型安全人.北京：煤炭工业出版社，2006.
[34] 李辉明.电力企业班组管理.北京：中国水利水电出版社，2001.
[35] Antao P. Fault-tree Models of Accident Scenarios of RoPax Vessels. International Journal of Automa-

tion and Competing，2006（2）：107-1161.

［36］ Samuel P. Workman's Compensation and Occupational Safety under Imperfect Information. American Economic Review，1981，71（1）：80-931.

［37］ Gray W B. The Declining Effects of OSHA Inspections On Manufacturing Injuries，1979-1998. Industrial and Labor Relations Review，2005，58（4）：571-587.

［38］ Gunningham N A. Towards Innovative Occupational Health and Safety Regulation. Journal of Industrial Relations，1998，40（6）：204-2311.

［39］ Sunstein C R. Congress，Constitutional Moments，and the Cost-Benefit State. Stanford Law Review，1996（1）：247-3091.

［40］ 韩贵山．推进"三基"工程 提高消防能力．水上消防，2007，02：20-21.

［41］ 胡俊喜．安全生产"三基"建设模式和方法研究．北京：中国地质大学，2014.

［42］ 黄盛初．把握规律特点强化预防治本 提升监管执法科学化水平．中国安全生产，2015，12：36-41.

［43］ 黄雯婷．基层安全生产监管的困境与对策．厦门：厦门大学，2014.

［44］ 王建中．夯实"三基"工作 确保装置安稳生产．安全、健康和环境，2005，12：3-4.

［45］ 王杰．煤矿企业加强安全"三基"工作的研究与探索．科技致富向导，2011，24：283－291.

［46］ 杨军．抓"三基"、促"六化"，加强班组安全管理．电力安全技术，2013，02：3-4.

［47］ 杨雷．浅论"三基"工作与安全管理．安全、健康和环境，2006，06：46－48.

［48］ 余生安．强化监管风险，狠抓双基保平安．实践探索，2011，10（496）：147-148.

［49］ 越瑞华．美国劳工部职业安全卫生监察局机构介绍．劳动安全与健康，2001，06：51.

［50］ 中国石化集团公司．推进"三基"标准化、规范化．安全、健康和环境，2009，02：1.